新工科建设·智能化物联网工程与应用系列教材

物联网大数据处理技术与实践
（第2版）

王桂玲　王　强　赵卓峰　韩燕波　著

電子工業出版社
Publishing House of Electronics Industry
北京 • BEIJING

内 容 简 介

本书是作者在物联网大数据平台等企业合作项目及国家级项目中多年实践的结晶。本书首先对物联网大数据技术体系进行了系统归纳，阐述了物联网环境下感知数据的特性、数据模型、事务模型及调度处理方法等核心概念与关键技术，并对物联网大数据存储、管理、计算及分析的基本概念与关键技术进行了剖析；其次介绍了物联网大数据管理与应用的感知数据库和平台产品，所介绍的产品来自作者所在团队的实际应用项目，大部分在物联网项目中得到了实践应用；最后给出了适合读者在开源软件上动手实践的相关案例。本书提供配套 PPT，请登录华信教育资源网（https://www.hxedu.com.cn/）下载。

本书由高校教师联合一线企业工程师编写，充分结合了教学和应用，适合作为物联网工程、数据科学与大数据技术、人工智能等新兴工科专业的教学用书，也可为相关领域的技术人员提供参考。

图书在版编目（CIP）数据

物联网大数据处理技术与实践 / 王桂玲等著. —2 版. —北京：电子工业出版社，2024.1
ISBN 978-7-121-47206-0

Ⅰ. ①物… Ⅱ. ①王… Ⅲ. ①物联网－数据处理－研究 Ⅳ. ①TP393.4②TP18

中国国家版本馆 CIP 数据核字（2024）第 019106 号

责任编辑：米俊萍
印　　刷：河北鑫兆源印刷有限公司
装　　订：河北鑫兆源印刷有限公司
出版发行：电子工业出版社
　　　　　北京市海淀区万寿路 173 信箱　　邮编：100036
开　　本：720×1 000　1/16　印张：21　　字数：406 千字
版　　次：2017 年 9 月第 1 版
　　　　　2024 年 1 月第 2 版
印　　次：2024 年 1 月第 1 次印刷
定　　价：89.00 元

凡所购买电子工业出版社图书有缺损问题，请向购买书店调换。若书店售缺，请与本社发行部联系，联系及邮购电话：（010）88254888，88258888。

质量投诉请发邮件至 zlts@phei.com.cn，盗版侵权举报请发邮件至 dbqq@phei.com.cn。

本书咨询联系方式：mijp@phei.com.cn。

第 2 版前言

《物联网大数据处理技术与实践》于 2017 年出版，介绍了物联网大数据的技术体系，主要分为缘起与发展趋势篇、技术解析篇和产品研发篇三部分。本书第 2 版修订了第 1 版书稿的内容，并增加了编程实践篇，作为第四部分。

自《物联网大数据处理技术与实践》出版之后，作者很荣幸地收到了出版社和广大读者的一些反馈——不少学校的教师选择本书作为教材或参考书，更荣幸的是，有一些省份还将此书选作自学考试等考试用参考教材。在此向关心此书的专家、教师、学生和其他读者致以诚挚的谢意！

在收到的反馈中，有不少教师提出希望能够将本书和学生的上机实践课或实践作业结合起来。为此，本书第 2 版增加了编程实践篇，一方面希望能够方便教师丰富课程和作业练习内容；另一方面也希望帮助广大读者通过动手搭建物联网大数据处理环境、编程实现相关案例，进一步掌握和体会物联网大数据处理的相关概念、原理和技术。

本书第 2 版新增的编程实践篇分为三章：第 12 章、第 13 章和第 14 章。其中，第 12 章介绍了基于 Kafka 进行物联网大数据采集的环境搭建和编程实践；第 13 章介绍了如何基于 Kafka Connect 进行物联网大数据采集；第 14 章介绍了如何利用分布式流数据处理框架和引擎 Apache Flink 对采集与接收的数据进行一些简单的实时处理。

本书第 2 版增加的三章内容由王桂玲编写。北方工业大学信息学院、大规模流数据集成与分析技术北京市重点实验室的硕士研究生李俊华、孙鹏飞、郑鑫协助做了内容整理和实验代码实现工作，在此对他们表示衷心的感谢。

本书内容是作者在承担和作为主要参与者参与国家自然科学基金重点

项目《大数据环境下的大服务理论与方法研究》（No. 61832004）课题、国家自然科学基金国际合作与交流项目（NSFC-DFG 中德）《融合业务过程和物联大数据的服务抽象与编程机制研究》（No. 62061136006）等课题及项目研究过程中的产物。本书第 2 版的写作离不开项目负责人哈尔滨工业大学徐晓飞教授的支持和帮助，在此对他表示衷心的感谢！本书的写作还得益于复旦大学张亮教授的指导和帮助，在此对他表示衷心的感谢！

本书的写作和出版得到了浙江大学尹建伟教授、浙江大学邓水光教授及哈尔滨工业大学王忠杰教授的关心、指导和帮助，在此对他们表示衷心的感谢！

本书的写作还得到了北方工业大学王菁老师、房俊老师、高晶老师等项目合作伙伴的帮助，在此向他们表示衷心的感谢！

在本书写作过程中，硕士研究生张浩然、钱宏瑛、敖定鹏、杨建业、李志强等作为本书部分内容的第一批读者，对本书提出了宝贵的意见，在此向他们表示衷心的感谢！

电子工业出版社的董亚峰编辑、米俊萍编辑对本书的写作给予了专业的指导和帮助，在此对二位表示衷心的感谢！还有其他许多为此书再版辛苦工作的电子工业出版社工作人员，在此对他们表示衷心的感谢！

本书的写作还得到了许多其他师友、读者的帮助，在此无法一一列举，谨向他们表示真挚的感谢。

由于作者水平有限，本书难免存在不足，恳请各位读者批评指正。

作　者

2023 年 10 月

第 1 版前言

随着物联网产业的迅速发展，物联网应用也正由离散的、示范性应用逐步走向多层次、规模化应用，并且深入融入人们生活及工业生产制造的各个环节。特别是，互联网及移动互联网不再仅仅是人与人之间的联络通道，在物与物、物与人之间也逐步建立了持续的互动关系。部署在远端的、无处不在的传感器能够极大地扩展我们的感知能力，由这些传感器产生的数据正通过互联网改变着我们的生活。

分散部署的亿万级的各类传感器持续产生海量的数据，这些感知数据的采集、处理、传输及存储管理、挖掘分析都让我们面临着一系列新的挑战。随着大数据技术的发展与应用，这些数据的处理与利用正得到越来越多的重视与关注。但是，不同于互联网中大数据的非结构化及价值密度低等特性，物联网应用中的数据更加倾向于结构化、及时的处理需求，以及价值密度与数据量成正比等特性，需要有序的管理与处理利用。

本书作者在近几年研究开发成果及应用实践的基础上，通过系统地分析物联网中这类感知数据的特点及相应的事务处理特性，针对互联网场景下的物联网大数据提出了一套 3 层的物联网大数据处理技术体系；并在此基础上，就相关技术发展进行了深入的探讨与分析；进一步地，介绍了作者所在团队研发的相关产品，以及这些产品在智能交通、智能电厂、教育、安全监控等领域的应用案例。希望这些内容能对物联网应用的开发者及两化融合、工业 4.0 环境下的大数据处理分析提供重要的指导与参考价值。

全书分为 3 篇：缘起与发展趋势篇、技术解析篇、产品研发篇。缘起与发展趋势篇包括第 1 章物联网与产业的发展及第 2 章大数据处理技术的发展，主要针对物联网产业及大数据处理相关技术进行简要介绍和发展趋势的分析与探讨。技术解析篇包括第3～8章。第3章物联网大数据技术体系主要针对物联网大数据处理的挑战提出相应的技术体系；第4章感知数据特性与模型，进一步提出物联网感知数据库系统；第5章针对感知数据库系统的设计、关键技术及部署体系进行进一步的阐述；针对物联网感知数据处理的实时性需求，第6章就这类事务的实时调度、并发控制及事务的执行模式与框架进行深入探讨，从而为这类系统的开发实现提供有价值的参考；第7章主要针对物联网大数据在云端的存储管理进行分析；第8章主要探讨物联网大数据的计算与分析技术。产品研发篇包括第9～11章，分别介绍物联网大数据处理的3个层次中对应的产品及这些产品的成功应用案例，为读者开展物联网大数据的应用工作提供参考。

本书主要由王桂玲、王强、赵卓峰、韩燕波编写，参与编写的还有刘晨、李寒、房俊。其中，王桂玲主要编写了第2、7、8、11章，王强主要编写了第1、3～6、9、10章，赵卓峰参与编写了第11章，韩燕波整体组织了本书的内容及结构，并对本书关键内容进行把关。硕士研究生曹波、李冬、王路辉参与了本书部分实例的验证。

本书内容，特别是本书所介绍的相关研发产品是北方工业大学计算机学院数据工程研究院、大规模流数据集成与分析技术北京市重点实验室及北京中科启信软件技术有限公司（简称中科启信公司）全体人员集体努力的结晶。本书得到了国家自然科学基金（No. 61672042）、北京市自然科学基金（No. 4172018、No. 4162021）的资助。

在本书编写过程中，得到了戴国忠研究员、王晖博士的指导与帮助，还得到了其他许多师友的帮助和鼓励，在这里我们无法一一列举，谨向他们表示真挚的感谢。

电子工业出版社的董亚峰编辑、米俊萍编辑为书稿的面世给予了大力的帮助。在此，对二位编辑表示衷心的感谢！

物联网大数据的应用尚处于初级阶段，由于作者水平所限，本书缺点及不足之处在所难免，欢迎广大读者批评指正。

作　者

2017年1月

目 录

第1篇 缘起与发展趋势篇

第1章 物联网与产业发展 ………………………………………… 3

1.1 物联网产业的发展 ………………………………………… 3

1.1.1 传感器与智能硬件 ………………………………………… 4

1.1.2 物联网服务平台 ………………………………………… 5

1.1.3 工业4.0与CPS ………………………………………… 6

1.2 物联网与大数据 ………………………………………… 7

1.3 物联网产业的挑战与机遇 ………………………………………… 9

1.3.1 物联网产业面临的挑战 ………………………………………… 9

1.3.2 物联网操作系统与数据库 ………………………………………… 10

1.3.3 物联网大数据处理与应用 ………………………………………… 11

第2章 大数据处理技术的发展 ………………………………………… 12

2.1 大数据存储和管理技术 ………………………………………… 12

2.1.1 面向大数据的文件系统 ………………………………………… 13

2.1.2 面向大数据的数据库系统 ………………………………………… 15

2.2 大数据计算技术 ………………………………………… 18

2.2.1 批处理计算模式 ………………………………………… 19

2.2.2 交互式查询计算模式 ………………………………………… 20

2.2.3 流处理计算模式 ………………………………………… 21

2.2.4 大数据实时处理架构：Lambda 及 Kappa …… 23
2.3 大数据分析技术 …… 25
2.3.1 传统结构化数据分析 …… 26
2.3.2 文本数据分析 …… 26
2.3.3 多媒体数据分析 …… 27
2.3.4 社交网络数据分析 …… 27
2.3.5 物联网传感数据分析 …… 28
2.3.6 大数据分析技术的发展趋势 …… 28

第2篇 技术解析篇

第3章 物联网大数据技术体系 …… 31
3.1 物联网中的大数据挑战 …… 31
3.1.1 互联网大数据的特征 …… 31
3.1.2 物联网大数据的特征 …… 34
3.2 技术体系 …… 37
3.2.1 感知数据采集与传输 …… 37
3.2.2 感知数据管理与实时计算 …… 41
3.2.3 物联网平台与大数据中心 …… 42
第4章 感知数据特性与模型 …… 43
4.1 感知数据的特性分析 …… 43
4.1.1 常用的感知数据类型 …… 43
4.1.2 感知数据的主要特征 …… 45
4.2 感知数据的表示与组织 …… 48
4.2.1 物联网数据模型 …… 48
4.2.2 时态对象模型 …… 49
4.3 感知数据库的定位与特征 …… 51
4.3.1 感知数据库的定位 …… 51
4.3.2 感知数据库的特征 …… 51
4.4 感知数据库与传统数据库 …… 52

4.4.1 感知数据库与关系数据库 …… 52
4.4.2 感知数据库与实时数据库 …… 53
4.4.3 感知数据库与工厂历史数据库 …… 53
4.4.4 感知数据库与流数据处理系统 …… 54

第 5 章 感知数据库系统 …… 55

5.1 感知数据库的总体设计 …… 55
5.1.1 总体设计的主要原则 …… 55
5.1.2 感知数据库的设计框架 …… 56
5.2 感知数据库的分布部署体系 …… 60
5.2.1 系统的集群部署模式 …… 60
5.2.2 多层级的系统部署体系 …… 62
5.2.3 服务分布部署体系 …… 64
5.3 感知数据库中的关键技术 …… 65
5.3.1 智能设备及传感器接口技术 …… 65
5.3.2 流数据实时在线处理技术 …… 66
5.3.3 事件驱动的高效处理机制 …… 67
5.3.4 感知数据的压缩存储技术 …… 72

第 6 章 实时事务调度处理技术 …… 77

6.1 常见事务特性分析 …… 77
6.1.1 感知事务 …… 78
6.1.2 触发事务 …… 78
6.1.3 用户事务 …… 79
6.2 事务调度与并发控制 …… 79
6.2.1 事务的调度方法 …… 79
6.2.2 并发控制策略 …… 80
6.3 服务器与操作系统 …… 81
6.3.1 服务器体系结构与发展 …… 81
6.3.2 操作系统的多任务机制 …… 84
6.4 事务的执行框架与模式 …… 87
6.4.1 通用系统模型与调度方法 …… 88

6.4.2 事务调度处理框架的设计模式 …… 88
6.5 系统框架的分析与性能优化 …… 91

第7章 物联网大数据存储与管理 …… 94

7.1 云文件系统的关键技术 …… 96
7.1.1 HDFS 的目标和基本假设条件 …… 96
7.1.2 HDFS 体系结构 …… 97
7.1.3 性能保障 …… 99
7.2 NoSQL 数据库的关键技术 …… 103
7.2.1 NoSQL 数据库概述 …… 103
7.2.2 基于 NoSQL 数据库的物联网大数据存储与管理 …… 115

第8章 物联网大数据计算与分析 …… 120

8.1 物联网大数据批处理计算 …… 120
8.1.1 MapReduce 的设计思想 …… 121
8.1.2 MapReduce 的工作机制 …… 123
8.1.3 MapReduce 在物联网大数据中的应用 …… 125
8.2 物联网大数据交互式查询 …… 127
8.2.1 原生 SQL on HBase …… 127
8.2.2 SQL on Hadoop …… 129
8.2.3 基于 HBase 的交互式查询 …… 130
8.3 物联网大数据流计算 …… 131
8.3.1 流计算的需求特点 …… 131
8.3.2 流数据的基本概念 …… 132
8.3.3 流数据查询操作 …… 137
8.3.4 流数据定制化服务 …… 138
8.3.5 评测基准 …… 141
8.3.6 Spark Streaming 及其在物联网大数据中的应用 …… 142
8.4 物联网大数据分析 …… 146
8.4.1 物联网大数据 OLAP 多维分析 …… 146
8.4.2 物联网大数据深层次分析 …… 152

第3篇　产品研发篇

第9章　物联网网关 CubeOne ······ 169

9.1　工业物联网网关 ······ 169

9.1.1　CubeOne 产品概述 ······ 169

9.1.2　CubeOne 的功能特点 ······ 170

9.1.3　CubeOne 的应用领域 ······ 172

9.2　无线传感器网络网关 ······ 172

9.2.1　无线传感器网络概述 ······ 172

9.2.2　ZigBee-WiFi 网关 ······ 174

9.2.3　ZigBee 网络应用案例 ······ 176

第10章　ChinDB 感知数据库系统 ······ 179

10.1　ChinDB 系统概述 ······ 179

10.2　ChinDB 系统的组成与功能特点 ······ 180

10.3　ChinDB 系统的数据组织管理 ······ 182

10.3.1　标签点及其属性 ······ 182

10.3.2　标签点的组织方式 ······ 183

10.3.3　关系数据管理 ······ 184

10.3.4　历史数据管理 ······ 184

10.4　ECA 规则与实时计算 ······ 185

10.5　ChinDB 的高可用方案 ······ 186

10.5.1　高可用概述及模式分类 ······ 186

10.5.2　ChinDB 高可用的部署模式 ······ 187

10.6　物联网应用平台 ······ 189

10.6.1　物联网应用平台概述 ······ 189

10.6.2　物联网应用平台的主要特点 ······ 190

10.6.3　应用案例 ······ 191

第11章　DeCloud 物联网大数据云平台 ······ 196

11.1　DeCloud 组成 ······ 196

11.1.1 软件概述 196
11.1.2 通信服务 198
11.1.3 计算服务 200
11.1.4 大规模 NoSQL 存储服务 201
11.1.5 数据发布/订阅服务 202
11.2 DeCloud 在智能交通领域的应用 203
11.3 DeCloud 在教育物联网云服务平台中的应用 207
11.4 DeCloud 在电厂设备故障预警中的应用 209
11.5 DeCloud 在电梯安全监控中的应用 212
11.6 DeCloud 在高精度位置服务中的应用 215

第4篇 编程实践篇

第12章 基于Kafka进行物联网大数据实时采集的编程实践 221
12.1 相关准备知识 221
12.1.1 分布式消息队列 Kafka 回顾 221
12.1.2 Kafka 生产者消息发送的实现 225
12.1.3 Kafka 消费者消息接收的实现 226
12.2 模拟物联网大数据采集和接收的实验设计 228
12.2.1 物联网大数据的采集 228
12.2.2 物联网大数据的接收 229
12.3 实验环境搭建 229
12.3.1 VMware 注意事项 230
12.3.2 安装虚拟机 232
12.3.3 复制虚拟机 234
12.3.4 修改配置文件 234
12.3.5 关闭防火墙及生成公钥 236
12.3.6 时钟同步 236
12.3.7 JDK 安装 236
12.3.8 ZooKeeper 安装 237

12.3.9 Kafka 安装 …… 239
12.3.10 Kafka 安装验证 …… 241
12.4 实验步骤 …… 241
12.4.1 基于 Java 模拟物联网大数据的采集与接收 …… 241
12.4.2 基于 Python 模拟物联网大数据的采集与接收 …… 247
第 13 章　基于 Kafka Connect 进行物联网大数据采集的编程实践 …… 252
13.1 Kafka Connect 介绍 …… 252
13.2 Kafka Connector 的开发 …… 253
13.2.1 Kafka SourceConnector 实现 …… 253
13.2.2 Kafka SinkConnector 实现 …… 264
13.3 实验步骤 …… 267
13.3.1 Kafka Connector 的打包与部署 …… 267
13.3.2 Kafka Connect 的独立模式应用 …… 268
13.3.3 Kafka Connect 的分布式模式应用 …… 269
13.3.4 使用 Kafka Connect 接收数据并存入文件 …… 272
第 14 章　基于 Flink 进行物联网大数据实时处理的编程实践 …… 275
14.1 相关准备知识 …… 275
14.1.1 流数据处理的基本术语 …… 275
14.1.2 流数据处理工具 Flink 概述 …… 278
14.1.3 复合事件流处理工具 Flink CEP 概述 …… 296
14.2 物联网大数据处理实验设计 …… 300
14.2.1 实验目的 …… 300
14.2.2 实验设计思路 …… 302
14.3 实验环境搭建 …… 303
14.3.1 部署 Flink 集群 …… 303
14.3.2 创建项目 …… 305
14.4 实验步骤 …… 307
14.4.1 自定义事件类 …… 307
14.4.2 自定义输入映射算子 …… 308
14.4.3 自定义去重过滤算子 …… 309

14.4.4 自定义窗口处理算子 ······ 311
14.4.5 配置运行环境及并行度 ······ 311
14.4.6 编写 Flink 流数据处理程序 ······ 312
14.4.7 基于 Flink CEP 编写复合事件处理程序 ······ 313
14.4.8 编写 Kafka 生产者客户端程序 ······ 316
14.4.9 打包到集群中运行程序 ······ 317

总结与展望 ······ 321

第 1 篇　缘起与发展趋势篇

第 1 章

物联网与产业发展

近年来，物联网已经从一个概念逐渐演变为蓬勃发展的新兴产业。随着物联网技术在工矿企业、环境监测、智慧城市、智能家居、智能交通及智能装备等领域的广泛应用，物联网产业在发展的同时也面临诸多的技术挑战。本章总结物联网产业的发展现状，并分析其面临的挑战及机遇。

1.1 物联网产业的发展

当前，以移动互联网、物联网、云计算、大数据等为代表的新一代信息通信技术发展迅猛，正在全球范围内掀起新一轮科技革命和产业变革。全球物联网应用呈现加速发展态势，物联网所带动的新型信息化与传统领域走向深度融合，物联网给行业和市场带来的冲击与影响已经广受关注，M2M（机器与机器通信）、智能汽车、智能电网、智能家居、智慧医疗等是近几年全球发展较快的重点应用领域。物联网与移动互联网多层融合协同发展，进一步带动了产业迅速发展。

特别是，美国政府提出了《美国先进制造业领导力战略》（*Strategy for American Leadership in Advanced Manufacturing*）和《美国国家先进制造业战略》（*National Strategy for Advanced Manufacturing*），正逐步将物联网的发展和重塑美国制造优势计划结合起来，以期重新占领制造业制高点。德国联邦政府在《高技术战略 2020 行动计划》《德国国家工业战略 2030》中明确提出并深化工业 4.0 理念，更是推动了全球工业物联网与大数据的快速发展。其他许多国家，如韩国政府也预见了以物联网为代表的信息技术产业与传统产业融合发展的广阔前景，持续推动融合创新。

2021 年 12 月，我国政府发布了《“十四五”智能制造发展规划》，明确指出要完善物联网、工业互联网及其平台等基础设施规模化部署，实现全要素、全产业链数据的有效集成和管理，加强人工智能等新技术应用。

在市场和政府导向的双重作用下，全球物联网产业近年来保持高速增长。为全球移动通信行业提供研究和分析报告的知名机构 GSMA 智库发布的报告显示，全球物联网收入在 2019 年为 3430 亿美元，预计到 2025 年将增长到 1.1 万亿美元，年复合增长率高达 21.4%。而在我国，国内有关权威报告显示，截至 2020 年，我国物联网产业规模已经突破 1.7 万亿元，“十三五”期间物联网总体产业规模保持 20%的年平均增长率。

1.1.1 传感器与智能硬件

传感器与智能硬件产业是物联网产业的重要组成部分，是与物联网产业的发展同步快速发展的。GSMA 智库发布的报告显示，2019 年，全球物联网总连接数达到 120 亿，由于物联网市场的迅猛发展，预计到 2025 年，全球物联网总连接数将达到 246 亿。

占物联网总连接数一大部分的是面向消费者或以消费者为最终用户的物联网设备，如智能手表、智能手环等可穿戴产品，以及智能音箱、智能锁、智能路由器、智能插座、智能灯泡等智能家居产品。近年来，面向普通消费者的无人机、智能飞行器、汽车“智能穿戴”产品，以及无人驾驶汽车、智能机器人更是不断进入人们的视野。元宇宙行业的兴起，也必然带动 VR 头戴显示器、智能眼镜，以及触觉、手势、神经设备等物联网连接设备的发展。

除了面向消费者的物联网设备，产业物联网连接数在物联网总连接数中的占比将增大。GSMA 智库报告显示，预计到 2025 年，物联网连接数的大部分增长将来自产业市场。其中，智慧工业、智慧交通、智慧健康、智慧能源等领域将有可能成为产业物联网连接数增长较快的领域。

赋予手机及各种可穿戴、智能物联网产品越来越强大功能的，不仅是越来越强大的芯片，更重要的是越来越多、越来越精良的传感器，包括触摸屏、陀螺仪、加速度传感器、红外传感器、光照传感器、指纹传感器、摄像头等。

传感器通常由敏感元件和转换元件组成，能将检测到的信息按一定规律转换成电信号输出，以满足信息的传输、处理、存储、显示、记录和控制等要求。可以说，是传感器让物体有了触觉、视觉和嗅觉等。在消费、智慧工业、智慧交通、智慧健康、智慧能源等各领域，各式各样的传感器正成为无处不在的神经元。近年来，物联网产业的发展导致传感器需求大增，所以传感器制造业发展很快。传感器产品品种繁多，具有高附加值，但本身价格不高。传感器的研发属于技术密集型，具有多样性、边缘性、综合性和技艺性，需要多学科、多种高新技术配合。

1.1.2　物联网服务平台

随着物联网产业的深入发展，出现了对物联网服务平台的需求。物联网服务平台通过提供端到端的物联网云服务，帮助智能硬件制造商聚焦自己的核心竞争力，快速打造物联网产品，并且能够让任何设备实现安全连接、大数据分析，从而为最终用户提供功能丰富的体验。据 GSMA 智库报告预测，到 2025 年，物联网平台、应用和服务带来的收入将占物联网收入的 67%，而物联网连接收入占比仅为 5%。这也说明，比物联网硬件产品更重要的是内容和服务。

2014 年 8 月，在苹果 WWDC 大会上发布的 HomeKit 平台，主要为智能硬件开发者提供 iOS 上的数据、控制接口，实现将苹果设备作为智能家居的控制中枢。三星在 2014 年 CES（国际消费电子展）上首次展示了 Smart Home 智能家居平台。这就意味着，通过下载一个 Android 应用程序并与三星云服务结合，用户就可以控制智能电器。2015 年 10 月，亚马逊在全球云计算技术大会上发布了一个物联网平台，可以让数亿个设备连接到 AWS IoT。紧接着，微软推出物联网套件 Azure IoT Suite。

中国移动在 2014 年正式发布了物联网开放平台——OneNet，随后，还推出了物联网设备连接管理平台 OneLink。2015 年，百度发布了物联网平台 Baidu IoT；2016 年，阿里巴巴推出了物联网开发套件；2017 年，华为云推出了 IoT 云服务。除了这些大厂商，其他独立的物联网服务平台公司也不断涌现。据近三年来各官方网站及媒体报道，OneNet、OneLink、华为云物联网平台及阿里云旗下物联网平台的连接数均过亿。

此外，面向行业的物联网服务平台也提供了无限潜能。其中，车联网是市场化潜力较大的应用领域之一，可以实现智能交通管理、智能动态信息服务和车辆智能化控制的一体化服务。全球车载信息服务市场非常活跃，成规模的厂商多达数百家。

1.1.3 工业 4.0 与 CPS

美国早在2006年就提出了虚拟网络-实体物理系统的概念，或者称为信息物理系统（Cyber-Physical System，CPS），以此对物联网和互联网与制造业的融合做出综合性的概括，并将此项技术体系作为新一代技术革命的突破点。任何产品如汽车、飞机、船舶、电梯、机床及生产线等，都可以存在于虚拟和实体两个世界。在虚拟世界中将实体的状态及实体之间的关系透明化，虚拟世界中代表实体状态和相互关系的模型与计算结果能够精确地指导实体的活动，从而使实体的活动相互协调、优化。

2010年，美国总统奥巴马签署了《美国制造业促进法案》，提出运用数字制造和人工智能等未来科技重构美国的制造业优势。2012年2月，美国国家科技委员会发布了《美国国家先进制造业战略》报告，将促进先进制造业发展提高到了国家战略层面；次月，美国总统奥巴马提出创建“国家制造业创新网络”（NNMI），以帮助消除本土研发活动和制造技术创新发展之间的裂痕，重振美国制造业竞争力。2012年11月，美国通用电气公司（简称GE）发布《工业互联网——打破智慧与机器的边界》报告，开始向全世界推广工业互联网模式。

德国在2011年的汉诺威工业博览会上第一次提出了“工业4.0”的概念，并于2013年正式发布了“工业4.0实施建议”，拉开了全球范围内推进第四次工业革命的序幕（工业革命历程见图1-1）。“工业4.0”的核心就是信息物联网和服务互联网与制造业的融合创新。“工业4.0”会将智能技术和网络投入工业应用中，从而进一步巩固德国作为生产地及制造设备供应国和IT业务解决方案供应国的领先地位。

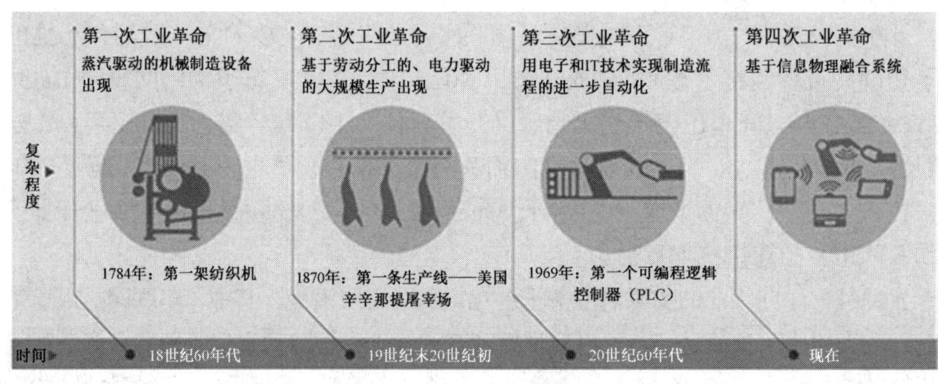

图1-1 工业革命历程

美国与德国面对制造业的未来虽然提出的概念不同，但“工业 4.0”与 CPS 本质上是异曲同工的，其战略核心是：制造智能化。“工业 4.0”与 CPS 的目标在于，通过物联网、信息通信技术与大数据分析，把不同设备通过数据交互连接到一起，让工厂内部、工厂之间成为一个整体，在自动化之上，形成制造的智能化。以智能制造为主导的第四次工业革命主要是指，通过物联网和信息物理系统技术，将制造业向智能化转型，实现集中式控制向分散式增强型控制的基本模式转变，最终建立一个高度灵活的个性化和数字化的产品与服务生产模式。其中，物联网、互联网服务及大数据是“工业 4.0”的基础。

德国“工业 4.0”背后的战略意图，一方面是对抗美国互联网产业从“信息”领域加速进入“物理”业务领域的影响，或者说是德国希望阻止信息技术不断融入制造业之后带来的支配地位。由于 CPU、操作系统、软件及云计算技术等信息技术的核心几乎都由美国企业掌控，特别是，谷歌开始进军机器人领域，研发自动驾驶汽车；亚马逊进入手机终端业务，开始实施无人驾驶飞机配送商品，这一趋势对制造业的破坏性影响只是时间问题。“工业 4.0”希望用“信息物理系统”升级“智能工厂”中的“生产设备”，使生产设备因信息物理系统而获得智能，使工厂成为一个实现自律分散型系统的“智能工厂”，而互联网或者云平台不过是制造业中的一个环节，不会成为整个生产制造过程的中枢。另一方面，“工业 4.0”战略的推进也是德国在日本、中国等国的制造业快速赶超的背景下保持国际竞争力的重大举措。

伴随德国“工业 4.0”的发展，生产制造领域的工业机器人将不断地升级为智能机器人。作为制造业大国和机器人大国，日本也适时推出了机器人国家战略规划。2015 年 1 月，日本政府公布了《机器人新战略》，该战略首先列举了欧美与中国的技术赶超、互联网企业向传统机器人产业的涉足，这些给机器人产业环境带来巨变。2021 年，我国十五部门印发的《“十四五”机器人产业发展规划》指出，新一代信息技术、生物技术、新能源、新材料和机器人技术深度融合，机器人产业迎来升级换代、跨越发展的窗口期。未来五年，我国要突破若干核心技术、实现制造业机器人密度翻番。这些变化，将使机器人开始应用大数据实现自律化，使机器人之间的协同实现网络化，物联网时代也将随之真正到来。

1.2　物联网与大数据

近年来，随着互联网的飞速发展，特别是随着电子商务、社交网络、移动互联网及多种传感器的广泛应用，以数量庞大、种类众多、时效性强为特征的非结构化数据不断涌现，数据的重要性越发凸显。传统的数据存储、处理和分析技术难以有效应对大量的非结构化信息，大数据的概念应运而生。

2008 年 9 月，《自然》（*Nature*）刊登了一个名为“*Big Data*”的专辑，首次提出“大数据”（Big Data）的概念。2011 年 5 月，EMC 举办了主题为“云计算相遇大数据”的大会。紧随其后，IBM、麦肯锡等众多国外机构发布了“大数据”的相关研究报告。2011 年 6 月，麦肯锡全球研究所发布研究报告《大数据：下一个前沿——创新、竞争和生产力》（*Big data: The Next Frontier for Innovation, Competition, and Productivity*），提出“大数据时代”到来。2012 年 5 月，联合国“全球脉冲”（Global Pulse）计划发布了报告《大数据开发：机遇与挑战》（*Big Data for Development: Challenges & Opportunities*），阐述了大数据带来的机遇、挑战及大数据的应用。

IT 研究机构 Gartner 认为，大数据是需要新处理模式才能具有更强的决策力、洞察发现力和流程优化能力的海量、高增长率和多样化的信息资产。著名管理咨询公司麦肯锡称：“数据已经渗透到当今每个行业和业务职能领域，成为重要的生产因素。人们对于大数据的挖掘和运用，预示着新一波生产力增长和消费盈余浪潮的到来。”美国政府认为大数据是“未来的新石油”，一个国家拥有数据的规模和运用数据的能力将成为综合国力的重要组成部分，对数据的占有和控制将成为国家间和企业间新的争夺焦点。

大数据技术的战略意义不在于掌握庞大的数据信息，而在于对这些有意义的数据进行专业化处理。换言之，如果把大数据比作一种产业，那么这种产业实现盈利的关键在于，提高对数据的“加工能力”，通过“加工”实现数据“增值”。

从宏观世界角度来讲，大数据是融合物理世界、信息空间和人类社会三元世界的纽带，因为物理世界通过互联网、物联网等技术有了在信息空间中的大数据反映，而人类社会则借助人机界面、脑机界面、移动互联等手段在信息空间产生自己的大数据映像。

从社会经济角度来讲，大数据是第二经济（Second Economy）的核心内涵和关键支撑。第二经济的概念是由美国经济学家 Auther 在 2011 年提出的，他指出，处理器、链接器、传感器、执行器及运行在其上的经济活动形成了人们熟知的物理经济（第一经济）之外的第二经济（不是虚拟经济）。第二经济的本质是为第一经济附着一个“神经层”，使国民经济活动能够变得智能化，这是 100 年前电气化以来最大的变化。Auther 还估算了第二经济的规模，他认为到 2030 年，第二经济的规模将逼近第一经济。第二经济的主要支撑是大数据，因为大数据是永不枯竭并不断丰富的资源产业。借助大数据，未来第二经济下的竞争将不再是劳动生产率的竞争，而是知识生产率的竞争。

据 Gartner 预测，未来几年内，传感器和移动设备将更深入延伸至我们的日常生活，导致数据爆发。另据相关研究统计，物联网中产生的、来自传感器的数据量逐步超越互联网的数据量，如果算上工业企业自动化生产线及设备上的运行数据，特别是“工业 4.0”推进带来的数据爆炸，物联网的数据量更呈现几何级数增长。可以说，未来人们谈到或研究“大数据”，物联网无疑是主要的数据来源。

1.3　物联网产业的挑战与机遇

1.3.1　物联网产业面临的挑战

物联网产业蓬勃发展，带来巨大的机遇，同时面临不少挑战。物联网市场的增长带来许多好处，方便了人们的生活及企业的生产，提高了效率，降低了成本。然而，物联网产业的发展也面临碎片化、安全性、隐私保护、资源受限等难题。

首先，物联网产业的发展存在先天的碎片化问题。物联网的应用场景和需求存在于各个行业，单个的物联网应用规模并不是很大，但物联网设备和应用的总量规模巨大，物联网在各个行业、应用中存在终端异构、通信方式异构、平台林立的碎片化问题，不同厂家设备及产品之间的互联互通和互操作性差。因此，产业界和学术界开展一系列探索以解决此问题，如推动物联网技术及应用的模块化、规范化及标准化发展。

其次，物联网产业在安全性和隐私保护方面面临挑战。出于对信息安全问题的担忧，一些用户并不愿意使用物联网设备。市场研究机构 Fortinet 对消费者开展了一项调查，大量的受访者仍然对暴露在物联网中的敏感数据感到担心。总体而言，约 70%的受访者表示他们对数据隐私或个人敏感信息安全等事务相当担忧。随着移动互联网的快速普及和物联网技术的广泛应用，可穿戴设备将伴随人们的日常生活、医疗保健和健身运动，其感知并记录用户身体和行为的一切信息，导致个人隐私泄露的风险大大增加。业界通过安全标准化、安全保障及使用隐私保护新技术等多种途径来应对此类问题。

最后，物联网设备受限于电池寿命，物联网的通信环境受限于物理环境条件，物联网终端设备的计算能力受限于其自身有限的硬件条件等，这些都是物联网技术发展考虑的重要因素。在这方面，业界通过使用低功耗硬件及通信技术、云边协同计算技术等缓解此类问题。

1.3.2 物联网操作系统与数据库

物联网操作系统提供各种物联网软硬件资源的管理功能，为用户和开发者提供统一的开发接口，具有巨大的发展潜力。

一部分物联网操作系统是通过对智能手机、个人计算机（PC）的操作系统改造而成的。其中，微软推出了 Windows 物联网开发者计划，目的是为小物件装上 Windows 操作系统。微软近年来在持续开发 Windows 操作系统的物联网版本。长期以来，Andriod 系统的内存占用问题一直得不到很好的解决，因此谷歌致力于针对物联网开发新的操作系统。2015 年 5 月，谷歌发布了基于 Andriod 开发的针对物联网智能家居平台的操作系统，名为“Brillo”。新的操作系统属于物联网的底层操作系统，旨在对硬件需求最低化，能够实现端到端的设备连接。它以 Andriod 系统为核心，保留了最基本的内核功能，可与任何 Andriod 设备轻松对接。与此同时，谷歌从 2016 年就开始着手开发一套不基于 Linux 内核的新一代操作系统（Android 是基于 Linux 内核的）Fuchsia OS，并于 2021 年正式推向市场。Fuchsia OS 定位更长远，其不只是一套物联网操作系统，除了支持物联网设备，还支持手持设备及笔记本电脑。

还有一部分物联网操作系统以传统嵌入式操作系统为基础，在其上改造以适应物联网设备的连接及通信等需求。例如，ARM 推出了专门针对物联网领域的 mBed 物联网设备平台，包括三个方面：mBed OS、mBed 设备管理系统（Device Server）、mBed 社区。其中，mBed OS 在设备端落地，mBed Device Server 做管理端操纵，mBed 社区提供技术支援。mBed OS 内部包括物联网所需的所有基础组件，如安全、通信传输、设备管理等。此外，Contiki 是一个开源的物联网操作系统，专为物联网设备设计，致力于将低功耗的处理单元连入互联网。

另外，还有一部分物联网操作系统是面向特定的产业研发定制的。例如，谷歌联合三星、索尼、联发科、小米、华为、vivo 和 OPPO 共同面向消费物联网领域研发操作系统，其支持多种终端，兼容多种物联网终端设备。类似地，华为的鸿蒙操作系统面向手机、计算机、汽车、可穿戴设备等多种终端设备。

当然，目前各式各样的物联网操作系统起步不久，还未成熟，未来还存在很大的变数。

无论是传感网还是智能硬件，都不可避免地面临数据管理问题，传感器数据库、微小型数据库也正在进入人们的视野。随着物联网产业的发展，相信在这方面会形成一定的规范与市场需求。

1.3.3 物联网大数据处理与应用

物联网和大数据产业发展对国家经济可能产生重大的影响。未来，物联网产生的数据量将超过当今互联网的数据量，作为大数据的主要来源，大数据技术将成为发展物联网等新兴产业和促进传统产业升级的重要基础。物联网技术的发展将和大数据技术紧密结合起来，从而将成万上亿的传感器嵌入现实世界的各种设备中，并获取来自传感器的数据，对其进行智能化的处理、分析，挖掘物联网大数据与在单个物联网设备及传感器条件下完全不同的价值，从而提供更加深化、智能、贴近用户的产品及服务，这将是物联网产业发展面临的一大机遇。

但是，物联网与大数据的结合，也面临不少挑战。相较于传统数据，大数据处理的难点并不只在于数据量大（可通过对计算机系统的扩展在一定程度上缓解数据量大带来的挑战），还在于数据类型多样、要求及时响应和数据的不确定性。数据类型多样使一个应用往往既要处理结构化数据，还要处理文本、视频、语音等非结构化数据，这对很多数据库系统来说难以应对；在许多应用中，数据是实时变化的，用户对数据处理响应速度及数据处理实时性要求较高，如何正确、及时地处理连续不断的海量数据，是一个难题；噪声广泛存在于原始数据的采集过程中，是无法避免的客观因素引起的，但追求高数据质量是对大数据的一项重要要求，最好的数据清理方法也难以消除某些数据固有的不确定性。

为了应对大数据带来的上述困难和挑战，各大互联网企业及学术界在近几年推出了各种不同类型的大数据处理编程框架、系统等。借助新型的编程框架及系统，深度学习、知识计算、可视化等大数据分析技术得到迅速发展，已逐渐被广泛应用于不同的行业和领域，还兴起了大模型等新的“杀手级”技术及应用。

值得指出的是，物联网大数据又与传统的互联网大数据有所不同。由于传感器类型多，物联网大数据的数据类型更多，且具有连续性、时序性等特点；由于物联网应用常常需要实时访问、控制真实世界中的物理设备，需要更加高效地处理数据来满足相应的实时性要求。这都导致我们在物联网大数据的获取、传输、存储、分析挖掘及应用方面面临独特的挑战。本书将在后续章节重点探讨物联网大数据处理技术与互联网大数据处理技术的不同，这也是本书的核心内容之一。

第 2 章

大数据处理技术的发展

大数据是信息技术发展的又一次革命，大数据技术的快速发展将打破和革新信息化发展格局，带来整个产业链条的调整和重构，推动经济转型。大数据技术将成为发展物联网等新兴产业和促进传统产业升级的重要基础。但是，大数据的规模效应给数据存储、管理及分析带来了极大的挑战。本章对大数据的基本概念进行剖析，总结大数据的关键技术，分析其面临的挑战。

2.1 大数据存储和管理技术

每年都在激增庞大的数据信息，加上已有的历史数据信息，给整个业界的数据存储、处理带来了很大的挑战与机遇。数据规模的庞大使存储和网络成为许多分布式工作负载的严重瓶颈。存储系统的接口复杂，难以理解，如何让大数据开发者获取数据并送至应用程序或框架进行计算，也是大数据存储系统面临的挑战之一。

在谈大数据存储和管理技术之前，不得不引入文件系统及数据库技术，让我们先来回顾一下传统的数据存储和管理技术是怎么出现的。数据在存储设备上是以数据块的形式存储的，如果没有文件系统，人们对这些物理数据块直接访问和查询非常不方便。文件系统使用文件和树形目录的抽象逻辑概念代替了物理设备使用的数据块概念，使得对其访问和查找变得容易了一些。但是，文件系统以文件为单位对数据进行访问和管理的方式仍然不能满足人们进行细粒度访问和管理文件中的记录的需要，为此出现了数据库。数据库在文件系统之上增加了一个抽象层，具有一定的数据模型和定义于其上的数据访问接口，使得用户可以根据此数据模型对文件中的数据进行记录及新增、截取、更新、删除等操作，而文件记录之间进行关联的指针等物理数据结构对用户不可见，用户不必关心这些物理数据结构的改变。

与传统的单机版文件系统及数据库不同，对于大数据的存储和管理，由于数据规模巨大，必须将数据存储在多个机器中，并且在多台机器中共享这些数据。这时，就需要采用新的文件系统技术。

2.1.1　面向大数据的文件系统

在 20 世纪 80 年代初，要在多台机器中存储与共享数据，必须在计算机之间以手工的方式共享文件，即将一台计算机上的文件先复制到磁盘上，再粘贴到另一台计算机上。20 世纪 80 年代，在计算机网络出现后，FTP 技术被用来共享文件，但 FTP 仍然需要先将文件从源计算机复制到服务器上，再从服务器上复制到目标计算机上，而且每台计算机的物理地址必须对用户已知。为了简化此过程，Sun 公司开发了网络文件系统（Network File System，NFS），这就是最初的分布式文件系统。分布式文件系统搭建在传统文件系统之上，它允许用户在企业内部网的任意一台计算机上访问自己的文件，程序可以像对待本地文件一样存储和访问远程文件。为了达到此效果，分布式文件系统必须解决如下一些基本问题。①程序寻址远程文件问题。要像对待本地文件一样访问远程文件，就要求整个文件系统的存储空间有全局一致的逻辑视图，这就是命名空间问题。②元数据管理问题。文件元数据用来描述文件的属性信息，是进行文件管理依赖的核心数据。③一致性问题。多个分布在不同计算机上的用户进程可以同时访问同一份数据，数据更新时，需要一种机制来维护数据的多个副本之间的一致性。④并发文件更新问题。一个客户端对文件的更新操作不应影响其他客户端同时进行的访问或更新操作。

20 世纪 80 年代出现的网络文件系统的主要思路是实现客户端和文件（存储）服务器的交互。服务器对外提供统一的命名空间（目录树），存储服务器节点之间不共享存储空间，每个服务器通过存储不同的目录子树实现扩展。在缓存和一致性管理方面，Sun 公司的网络文件系统采用了简单的弱一致性方式：对于缓存的数据，客户端周期性（30s）地询问服务器，查询文件最后被修改的时间，如果本地缓存数据的时间早于该时间，则让本地缓存数据无效，下次读取数据时就去服务器获取最新的数据。但是，网络文件系统的服务器之间缺乏负载均衡和容错机制，不同服务器之间的存储空间也不能均衡利用，可靠性差，文件（存储）服务器的可扩展性问题仍然十分突出。

与此同时，存储在磁盘上的文件数据组织有了很大的进展。20世纪90年代，存储区域网（Storage Area Network，SAN）成为解决存储系统可扩展性最有效的途径。简单来看，SAN就是用网络［早期为光纤通道网络（FC-SAN），后来扩展到IP网络（iSCSI）］取代传统的SCSI总线，从而使存储系统的容量与可扩展性都得到极大的提高。在SAN中，可以接入多个存储节点，每个节点都对外提供I/O通道，在写入数据时，服务器端可以并行写入多个存储节点中，从而显著提高I/O吞吐量。早期的SAN主要用于集群计算系统，因此，面向SAN的集群文件系统是当时的研究重点，IBM设计的GPFS是这一时期的典型代表。此时文件系统的多个节点通过SAN共享访问同一个卷，节点之间往往为对称结构，即每个节点的作用是一样的，共同维护统一命名空间和文件数据。但节点之间的同步操作频繁、复杂，限制了系统的可扩展性。

从20世纪90年代末到21世纪初，由于互联网企业的发展，一个企业需要存储和管理的数据量巨大，对文件系统的规模与可扩展性提出了更高的要求，往往需要使用包含上千个节点的集群来存储和管理数据。这时，如果大量使用SAN存储，对互联网企业来说成本太高。对称结构的文件系统由于扩展性不够好，也满足不了新的需求。此时，在网络文件系统思路的基础上，出现了新的面向大数据的分布式集群文件系统。其在传统文件系统基础上，让每台计算机各自提供自己的存储空间，并各自协调管理所有计算机节点中的文件。其典型代表是Google文件系统（GFS），它是Google在早期面对海量互联网网页的存储及分析难题时开发的。雅虎工程师根据Google公开论文开发了HDFS并作为Apache的开源项目开源出来，其如今成为一个应用范围非常广泛的分布式文件系统。除此之外，GlusterFS、Ceph、Lustre、MooseFS等也都属于分布式集群文件系统。分布式集群文件系统可扩展性更强，根据公开报道，目前可扩展至上万个节点。

HDFS主要是对大文件采用分块存储，非常适合用在以计算为主和超大文件存储的应用环境，支持对大文件的每一块进行独立的计算处理。HDFS可以在集群内进行文件块的迁移，将文件块迁移到计算空闲的机器上，以充分利用CPU的计算资源，加快数据处理速度。但是，分块导致了文件难以修改数据，因此，HDFS面向海量数据的并行计算设计，以存储和管理新增数据为主，很少修改已有数据。但是，HDFS 不符合 POSIX 标准，并不适合作为通用文件系统使用。因此，除 HDFS 外，针对人们对文件系统不同的需求，还出现了其他几种不同的分布式集群文件系统。

Ceph 是加州大学 Santa Cruz 分校的 Sage Weil（DreamHost 的联合创始人）设计的分布式文件系统。Ceph 的主要目标是可轻松扩展到数拍字节（PB）容量、基于 POSIX、没有单点故障、对多种工作负载提供高性能的访问。2010 年 3 月，Linus Torvalds 将 Ceph 客户端合并到 Linux 内核 2.6.34 中。目前 Ceph 支持 OpenStack、CloudStack、OpenNebula、Hadoop 等，已经有很多生产环境中的用户案例。

GlusterFS 则是一个完全与 POSIX 标准兼容的分布式集群文件系统。现有应用程序不需要做任何修改或使用专用 API，就可以对 GlusterFS 中的数据进行访问。另外，GlusterFS 实现了没有元数据的完全非中心式的架构设计，可靠性更高。但是，由于 GlusterFS 根据文件名进行哈希计算，文件一经创建，位置就基本确定了，便无法在计算过程中进行文件的灵活迁移。

在大数据环境下，数据规模使存储成为许多大数据计算框架的瓶颈，为此还出现了一类分布式内存文件系统，典型的如 Tachyon（现更名为 Alluxio）。它可以在集群中以访问内存的速度来访问存储在 Tachyon 中的文件。Tachyon 是架构在分布式文件存储和各种计算框架之间的一种中间件，主要职责是将那些不需要落地到普通文件系统中的文件，落地到分布式内存文件系统中，以便达到共享内存、提高效率等目的。

2.1.2　面向大数据的数据库系统

近年来，传统数据库已经不能满足大规模数据存储的需求，新的数据库阵营迅速崛起、“百花齐放”，现有系统达数百种之多，它们从技术路线上可分为以下三类。

1. 并行数据库

并行数据库是指那些在无共享的体系结构中进行数据操作的数据库系统。这些系统大部分采用了关系数据模型并支持 SQL 语句查询，但为了能够并行执行 SQL 的查询操作，系统中采用了两个关键技术：关系表的水平划分和 SQL 查询的分区执行。

水平划分的主要思想是，根据某种策略将关系表中的元组分布到集群中的不同节点上，这些节点上的表结构是一样的，这样就可以对元组进行并行处理。在分区存储的表中处理 SQL 查询，需要使用基于分区的执行策略，首先为 SQL 查询生成总的执行计划，再拆分成能够在各个节点上独立执行的子计划。在执行时，每个节点将中间结果发送到某一特定节点进行聚集，产生最终结果。并行数据库系统的目标是高性能和高可用性，通过多个节点并行执行数据库任务来提高整个数据库系统的性能和可用性。并行数据库如 Aster、Vertica 等，可以部署在普通的商业机器上。

并行数据库系统通过多个节点并行执行数据库任务，能够获得较高的性能，其主要缺点是没有较好的可伸缩性。并行数据库系统假定集群中节点的数量是固定的，若需要对集群进行扩展和收缩，则必须为数据转移过程制订周全的计划。并行数据库还有一个问题是系统的容错性较差，系统只提供事务级别的容错功能，如果在查询过程中节点发生故障，那么整个查询都要从头开始重新执行。这种重启任务的策略使并行数据库难以在拥有数千个节点的集群上处理较长的查询，因为在这种规模的集群中，节点故障经常发生。基于这种分析，并行数据库只适合于小规模集群，以及资源需求相对固定的应用程序。

2. NoSQL 数据库管理系统

传统关系数据库已有四十多年的发展历史，出现了很多成熟和应用广泛的关系数据库管理系统，如 Oracle、Microsoft SQL Server 和 MySQL 等。然而，在互联网计算环境中，传统关系数据库遇到了新的挑战，这直接导致了 NoSQL 数据库管理系统的出现。

传统关系数据库是针对结构化数据及基于这些数据的复杂查询设计的。在互联网计算环境下，数据的规模较大，要处理的互联网数据有很多是非结构化的，很多互联网应用（如互联网搜索和电子商务等应用）并不需要对数据进行复杂的查询（如关联查询），这就使传统关系数据库的一些优点在互联网环境下反而成为缺点。关系数据库模型以模式结构为基础，通过严格的理论基础保证其完整性约束。例如，设计关系数据库满足一定的范式，可以保证实体完整性约束和参照完整性约束。但是，这导致传统关系数据库表结构变得复杂，从而使其只有在同一个服务器节点上进行扩展时才比较方便，并不适宜在分布环境下进行扩展。此外，传统关系数据库对事务管理的严格要求，也增加了系统在分布式环境下实现高可用性和可伸缩性的难度。

互联网应用由于对外提供各种开放的服务，往往需要支持大规模的用户请求，并且用户的并发请求数是动态变化的，在很短的时间可能有很大的增长。这也使互联网计算环境下传统关系数据库的一些缺点被加倍放大。例如，传统关系数据库不擅长处理模式不确定的数据，而在互联网环境下，需要处理的数据往往没有固定的模式。

以上背景导致人们重新考虑传统关系数据库的经典解决方案，出现了 NoSQL 数据库管理系统。NoSQL 是 Not Only SQL 的缩写，NoSQL 数据库管理系统是指那些非关系型的、分布式的、不保证具有 ACID（Atomicity——原子性、Consistency——一致性、Isolation——隔离性、Durability——持久性）特性的数据库管理系统，并分为 Key/Value 数据库、文档数据库和图数据库三类。其中，Key/Value 数据库备受关注，已成为 NoSQL 数据库管理系统的代名词。典型的 NoSQL 数据库管理系统产品有 Google 的 BigTable、基于 Hadoop HDFS 的 HBase、Amazon 的 Dynamo、Apache 的 Cassandra、Tokyo Cabinet、CouchDB、MongoDB 和 Redis 等。针对 Key/Value 数据存储的细微不同，研究者进一步将 Key/Value 数据库细分为 Key-document 数据库（MongoDB、CouchDB）、Key-column 数据库（Cassandra、Voldemort、HBase）和 Key/Value 数据库（Redis、Tokyo Cabinet）。

根据 CAP 定理，对于分布式系统来说，系统的一致性（Consistency，C，集群中所有节点同一数据的值在同一时刻一样）、可用性（Availability，A，保证每个操作无论成功还是失败，总能在确定时间内得到响应）和分区容错性（Partition Tolerance，P，某些节点或某些通信链路失败，不影响系统运行）是不可能同时实现的，任何设计高明的分布式系统只能同时保障其中两个性质。例如，Cassandra、Dynamo 满足 CAP 定理中的 AP；BigTable、MongoDB 满足 CP；而关系数据库，如 MySQL 和 Postgres 满足 AC。

NoSQL 数据库管理系统的设计往往遵循 BASE 原则。BASE 是 Basically Available（基本可用）、Soft State（柔性状态）和 Eventually Consistent（最终一致）的缩写。Basically Available 是指可以容忍系统的短期不可用，并不强调全天候服务；Soft State 是指状态可以有一段时间不同步，存在异步的情况；Eventually Consistent 是指最终数据一致，而不是严格的时时一致。因此，目前 NoSQL 数据库管理系统大多针对其应用场景的特点，遵循 BASE 设计原则，更加强调读/写效率、数据容量及系统可扩展性。

NoSQL 数据库管理系统一般支持简单的 Key/Value 接口，支持根据唯一的键值（Key）定义在一个数据项上的读/写操作。相对于复杂的关系数据库管理系统，其主要优点在于查询速度快、支持大规模数据存储且支持高并发，非常适合只需要通过主键进行简单查询的应用场景。事实上，这类只需通过主键进行简单查询的需求广泛存在于很多物联网应用中。NoSQL 数据库管理系统也有一些缺点。例如，它本身没有表示约束和关系的机制，因此，数据完整性的保障完全依赖客户程序本身；目前出现了很多 NoSQL 数据库管理系统产品或工具，但由于缺乏统一标准，彼此之间兼容性差。

3. NewSQL 数据库管理系统

人们曾普遍认为传统数据库支持 ACID 和 SQL 等特性限制了其扩展及处理海量数据的性能。因此，人们尝试通过牺牲这些特性来提升对海量数据的存储管理能力。但是，现在一些人则持不同的观念，他们认为并不是支持 ACID 和 SQL 的特性，而是其他一些机制，如锁机制、日志机制、缓冲区管理等制约了系统的性能，只要优化这些技术，关系数据库管理系统在处理海量数据时仍能获得很好的性能。Google 于 2012 年在 OSDI 上发表了关于 Spanner 的论文，于 2013 年在 SIGMOD 上发表了关于 F1 的论文。这两篇论文让业界第一次看到了关系模型和 NoSQL 的扩展性在超庞大集群规模上融合的可能性。这种可扩展、高性能的 SQL 数据库被称为 NewSQL，其中“New”用来表明其与传统关系数据库管理系统的区别。

NewSQL 能够提供 SQL 数据库的质量保证，也能提供 NoSQL 数据库管理系统的可扩展性。VoltDB 是 NewSQL 的实现之一，其开发公司的 CTO 宣称，其系统使用 NewSQL 方法处理事务的速度比传统数据库管理系统快 45 倍。VoltDB 可以扩展到 39 个机器上，在 300 个 CPU 内核中每分钟处理 1600 万个事务，其所需的机器数比 Hadoop 集群要少很多。此外，资料显示，在 Google 内部，大量的业务已经从原来的 BigTable 切换到 Spanner 上。NewSQL 被越来越多的人认为是未来数据库的发展趋势。

2.2 大数据计算技术

大数据的应用类型有很多，主要的处理模式大致可分为三种：批处理计算模式、流处理计算模式和交互式查询计算模式。批处理计算模式是先存储后处理，流处理计算模式是直接处理，而交互式查询计算模式是人和系统交互式对话的迭代处理。批处理计算模式适用于对实时性要求不高的数据处理场景，流处理计算模式适用于对实时性要求较高的数据处理场景，而交互式查询计算模式对数据处理的实时性介于二者之间。

2.2.1　批处理计算模式

大数据的批处理系统适用于先存储后计算、对实时性要求不高，以及数据的准确性和全面性更为重要的场景。批量数据通常具有以下三个特征。

（1）数据体量巨大。数据量级别从 TB 级别跃升到 PB 级别及以上，数据是以静态的形式存储在硬盘中的，很少进行更新，存储时间长，可以重复利用。然而，这样大批量的数据是不容易移动和备份的。

（2）数据精确度高。批量数据往往是从应用中沉淀下来的数据，因此，精度相对较高，是企业的宝贵财富。

（3）数据价值密度低。以视频批量数据为例，在连续不断的监控过程中，有用的数据可能仅仅有一两秒。因此，运用合理的算法才能从批量数据中抽取有价值的数据。

此外，批量数据处理往往比较耗时，而且不提供用户与系统的交互手段，所以，当发现处理结果和预期或与以往的结果有很大差别时，会浪费很多时间。因此，批量数据处理适合大型的相对比较成熟的作业。

批处理计算模式主要采用 MapReduce 编程模型。MapReduce 可以很容易地将多个通用批处理任务和操作在大规模集群上并行化，而且有自动化的故障转移功能。MapReduce 在 Hadoop 这样的开源软件的带动下被广泛采用，应用到 Web 搜索、欺诈检测等各种各样的实际应用中。MapReduce 之所以受到欢迎并迅速得到应用，在技术上主要有三方面的原因。首先，MapReduce 采用无共享大规模集群系统，集群系统具有良好的性价比和可伸缩性，这一优势为 MapReduce 成为大规模海量数据平台的首选创造了条件。其次，MapReduce 模型简单、易于理解、易于使用。它不仅用于处理大规模数据，而且能将很多烦琐的细节隐藏起来（如自动并行化、负载均衡和灾备管理等），极大地简化了程序员的开发工作。而且，大量数据处理问题，甚至很多基于数据挖掘算法的数据分析任务，都可以使用 MapReduce 实现。最后，在海量数据环境、需要保证可伸缩性的前提下，通过使用合适的查询优化和索引技术，MapReduce 仍能够提供很好的数据处理性能。

离线批处理计算模式通过调度批量任务操作静态数据，计算过程相对缓慢，有的查询可能会花几小时甚至更长时间才能产生结果，对于实时性要求更高的应用和服务显得力不从心。对于那些需要实时获取计算结果的应用，如基于流量的点击付费模式的广告投放、基于实时用户行为数据分析的社交推荐、基于网页检索和点击流量的反作弊统计等，MapReduce 并不能提供高效处理，因为处理这些应用逻辑需要执行多轮作业，或者需要将输入数据的粒度切分到很小。MapReduce 存在以下局限性：①中间数据传输难以充分优化；②单独任务重启开销很大；③中间数据存储开销大；④主控节点容易成为瓶颈；⑤仅支持统一的文件分片大小，很难处理大小不一的复杂文件集合；⑥难以对结构化数据进行直接存储和访问。

2.2.2 交互式查询计算模式

人的因素在数据查询和分析中具有重要作用。数据查询和分析的过程往往是人和系统交互式对话的迭代过程，用户提交一个查询，得到系统提供的响应信息，用户再根据系统的响应构造下一个查询，再重复上一个迭代过程，直至用户得到满意的结果。人们通常无法通过提交一个单独的、完美的查询来获取自己需要的有价值的信息。事实上，数据查询尤其是分析的过程是从数据中发现、抽象那些“未知”的信息的过程，因此，在大多数情况下，不存在一个完美的查询语句来表达用户想要的东西。

由于需要迭代人机交互，交互式查询分析对系统的实时性要求很高。一般来说，查询的响应时间必须在秒级才能满足用户交互式查询的需要。在大数据环境下，数据量的急剧膨胀使传统的关系数据库不能满足交互式数据处理的实时性需求，是交互式查询分析面临的首要问题。目前，大多数大数据处理系统是使用 NoSQL 数据库管理系统来处理海量数据的，但当今大多数 NoSQL 数据库管理系统在查询条件复杂时无法提供数据操作的秒级响应性能。为此，人们采取引入索引优化机制、内存计算等多种手段来缩短 NoSQL 数据库管理系统的查询响应时间，出现了一些典型的交互式数据处理系统，如加州大学伯克利分校的 Spark 和 Google 的 Dremel。

（1）Spark。Spark 是一个基于内存计算的可扩展的开源集群计算系统。针对 MapReduce 的不足，即大量的网络传输和磁盘 I/O 使效率低，Spark 使用内存进行数据计算，以便快速处理查询。Spark 提供比 Hadoop 更高层的 API。往往同样的算法在 Spark 中的运行速度比 Hadoop 快 10～100 倍。Spark 在技术层面兼容 Hadoop 存储层 API，可访问 HDFS、HBase、SequenceFile 等。Spark-Shell 可以开启交互式 Spark 命令环境，能够提供交互式查询。当前，Spark 具有很好的应用前景，现在四大 Hadoop 发行商 Cloudera、Pivotal、MapR 及 Hortonworks 都提供了对 Spark 的支持。

（2）Dremel。Dremel 是 Google 研发的交互式数据分析系统，Dremel 可以组建规模上千的服务器集群，处理 PB 级数据。传统的 MapReduce 完成一项处理任务，最短需要分钟级的时间，而 Dremel 可以将处理时间缩短到秒级，非常适合进行交互式查询的计算任务。

Dremel 的数据模型是嵌套的，类似于 JSON。对于处理大规模数据，传统关系数据模型不可避免地有大量的 Join 操作，而嵌套模型可以很好地处理相关的查询操作。Dremel 结合了 Web 搜索和并行 DBMS 的技术，借鉴了 Web 搜索中查询树的概念，将一个相对巨大、复杂的查询分割成较小、较简单的查询，分配到大量节点上并行执行。

2.2.3　流处理计算模式

流处理计算模式将要处理的数据作为流数据来对待，当新的数据到来时，立刻处理并返回所需结果。流数据具有持续到达、规模大且速度快等特点，通常不会对所有数据进行永久化存储，基本在内存中完成。流处理计算模式通常对计算任务有响应时间的要求，其处理方式更多地依赖内存中设计巧妙的概要数据结构。内存容量是流处理计算模式的一个主要瓶颈。数据流的理论和技术研究已经有十几年的历史，目前，在云计算和大数据环境下面临新的挑战，仍旧是研究热点。比较有代表性的开源流处理系统包括 Storm、Spark Streaming、S4、Flink 等。

物联网领域由于实时产生大量的感知数据，也对流处理计算模式有广泛的需求。

当前，流处理计算模式有两种典型的处理方式：一种是真正的流处理方式，其计算针对一条新的记录进行一次，如 Storm，响应时间可以达到毫秒级；另一种是微批处理方式，其将流数据分为很多小的片段，针对每个片段进行一次处理，如 Spark Streaming，响应时间难以达到毫秒级。

流处理计算模式已经在业界得到广泛的应用，典型的有 Twitter 的 Storm、LinkedIn 的 Samza 及 Spark Streaming。

1. Storm

Storm 是一套分布式、可靠、可容错的用于处理流数据的系统。其流处理作业被分发至不同类型的组件，每个组件负责一项简单的、特定的处理任务。Storm可用来实时处理新数据和更新数据库，兼具容错性和扩展性。Storm也可用于连续计算，对流数据做连续查询，在计算时将结果以流的形式输出给用户。它还可用于分布式RPC（远程过程调用），以并行的方式运行复杂运算。

Storm提供了简单的类似MapReduce的编程模型，降低了实时处理的复杂性。它拥有良好的水平扩展能力，流式计算过程是在多个线程、进程和服务器之间并行进行的。Storm利用ZeroMQ作为消息队列，极大地提高了消息传递的速度，系统的设计也保证了消息能得到快速处理。Storm保证每个消息至少能得到一次完整处理。任务失败时，它会负责从消息源重试消息。

2. Samza

LinkedIn早期开发了一款名叫Kafka的消息队列，广受业界的好评，许多流处理系统都使用了Kafka作为底层的消息处理模块。Kafka的工作过程简要分为四个步骤，即生产者将消息发往中介（Broker），消息被抽象为Key/Value对，Broker将消息按Topic划分，消费者向Broker拉取感兴趣的Topic。2013年，LinkedIn基于Kafka开发了自己的流处理框架——Samza。Samza与Kafka的关系可以类比MapReduce与HDFS的关系。Samza由流式数据层（Kafka）、执行层（YARN）、处理层（Samza API）三个层次组成。一个Samza任务的输入与输出均是流。Samza对流的模型有很严格的定义，它并不只是一个消息交换机制。流在Samza中是一系列划分了的、可重现的、可多播的、无状态的消息序列，每个划分都是有序的。流不仅是Samza的输入与输出，它还充当系统中的缓冲区，能够隔离相互之间的处理过程。Samza利用YARN与Kafka提供了分步处理和划分流的框架。Samza客户端向YARN的资源管理器提交流作业，生成多个Task Runner进程，这些进程执行用户编写的StreamTask代码。该系统的输入与输出来自Kafka的Broker进程。

Samza使用Kafka来保证所有消息都会按照写入分区的顺序进行处理，绝对不会丢失任何消息。Kafka还提供一个有序、可分割、可重部署、高容错的系统，YARN则提供一个分布式环境供Samza容器运行，这些使Samza具有良好的可靠性及可扩展性。

3. Spark Streaming

Spark Streaming是Spark API的一个扩展，它并不像Storm那样一次一个地处理数据流，而是在处理前按时间间隔将数据流切分为一段一段的微批处理作业。

Spark 针对持续性数据流的抽象称为 DStream（Discretized Stream），一个 DStream 是一个微批处理的 RDD（弹性分布式数据集）。

2.2.4　大数据实时处理架构：Lambda 及 Kappa

Lambda 架构是由 Storm 的提出者 Nathan Marz 提出的一个大数据实时处理架构。Lambda 架构将大数据系统构建为多个层次，如图 2-1 所示。

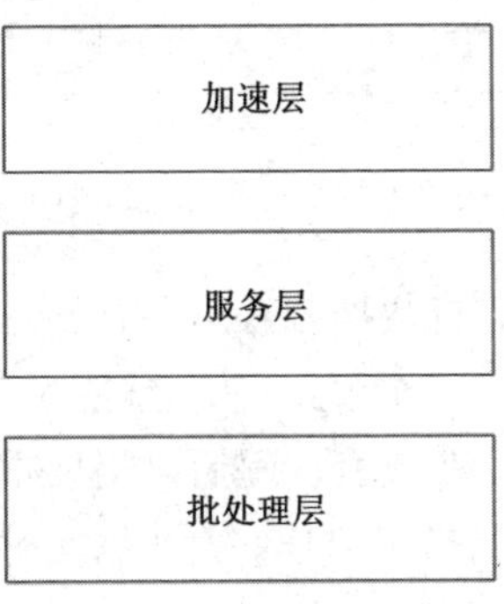

图 2-1　Lambda 架构层次

理想状态下，任何数据访问都可以通过对数据的直接查询获取。但是，若数据达到相当大的一个级别（如 PB 级别），且需要支持实时查询时，就需要耗费非常庞大的资源。一个解决方式是预运算查询，又称为批处理视图（Batch View）。当需要执行查询时，可以从批处理视图中读取结果。这样一个预先运算好的视图通过建立索引来支持随机读取。

在 Lambda 架构中，实现批处理视图的部分称为批处理层（Batch Layer）。它承担了两个职责：存储主数据集（不变的持续增长的数据集），并针对这个主数据集进行预运算。批处理层执行的是批量处理，如 Hadoop 或者 Spark 支持的批处理方式。

利用批处理层进行预运算的前提是预先知道查询需要的数据，将大量数据经过预处理变为批处理视图，并在批处理层中安排执行计划，定期对数据进行批量处理。批处理层能够有效地利用存储资源，同时改善实时查询的性能。

为了对最终的实时查询提供支撑，服务层（Serving Layer）负责对批处理视图进行随机访问（并不支持对批处理视图的随机写，因为随机写会给数据库带来复杂性），并更新批处理视图。由于批处理层完成对批处理视图的预运算，服务层才会对其进行更新，因此并不能做到实时的数据处理。对于对实时性要求高的数据，通过加速层（Speed Layer）来处理。

加速层只处理最近的数据，它会在接收到新数据时，进行增量计算。图 2-2 是一个具体的 Lambda 架构的例子。

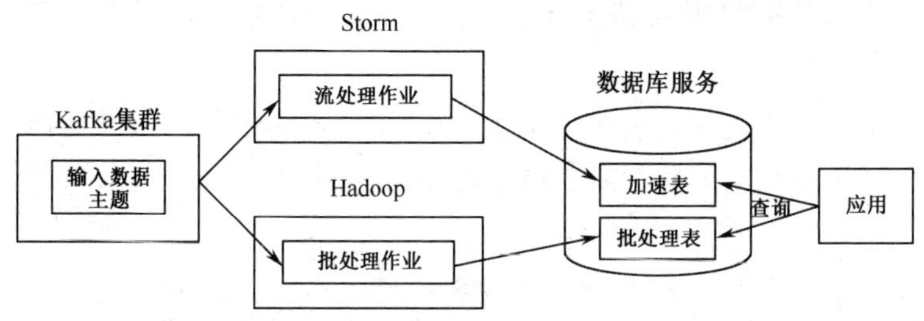

图 2-2　一个具体的 Lambda 架构的例子

图 2-2 中的 Lambda 架构将数据截获后并行地送进批处理系统和流处理系统，并将两个系统的结果混合在一起产生一个完整的响应结果。

Lambda 架构的问题是，在改变代码后，需要重新在两个复杂的分布式系统中再次处理输出结果，这容易带来错误。大数据实时计算的一个发展趋势是融合流处理计算模式和批处理计算模式，使用流处理系统来同时支持流处理和批处理两种计算模式。

针对 Lambda 架构的缺点，LinkedIn 的工程师 Jay Kreps 提出了应对大数据实时处理的一种方式，即 Kappa 架构。图 2-3 是一个 Kappa 架构的例子。在 Kappa 架构中，流处理系统处理输入的数据，流处理系统的输出直接进入服务层，应用直接从服务层获取查询结果。也就是说，Kappa 只有两层：实时处理层和服务层（见图 2-4）。

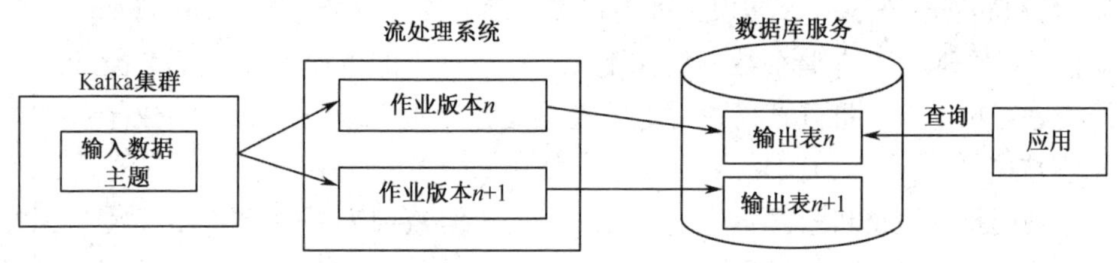

图 2-3　一个 Kappa 架构的例子

在 Kappa 架构中，不需要对数据处理开发和维护两套不同的系统，因此系统复杂度减小了。但是，由于 Kappa 架构去掉了批处理层，因此其不适合用来管理一些需要利用大量历史数据进行批处理的应用。例如，当某些大规模机器学习应用场景需要海量的历史数据进行模型训练时，Kappa 架构可能会无法胜任。

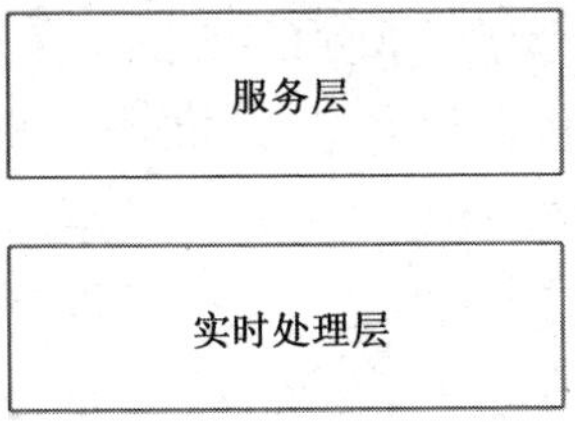

服务层

实时处理层

图 2-4　Kappa 架构层次

2.3　大数据分析技术

传统意义上的数据分析主要是针对结构化数据展开的，且已经形成了一整套行之有效的分析体系。传统的数据分析方法首先利用数据库存储结构化数据，在此基础上构建数据仓库，根据需要构建数据立方体进行联机分析处理（OnLine Analytical Processing，OLAP）。对于更深层次的分析需求，则采用数据挖掘的方法。数据挖掘涉及的技术方法很多，有多种分类法：根据挖掘任务可分为分类或预测模型发现、聚类、关联规则发现、序列模式发现、依赖关系或依赖模型发现、异常和趋势发现，等等；根据数据分析深度可分为描述性（Descriptive）分析、预测性分析和规则性（Prescriptive）分析。其中，描述性分析基于历史数据描述发生了什么。例如，利用回归技术从数据集中发现简单的趋势。描述性分析通常应用在商业智能和可见性系统中。预测性分析用于预测未来的概率和趋势。例如，预测性模型使用线性回归和对数回归等统计技术发现数据趋势，预测未来的输出结果，并提取数据模式（Pattern），给出预测。规则性分析用于做决策和提高分析效率。例如，仿真用于分析复杂系统以了解系统行为并发现问题，而优化技术则在给定约束条件下给出最优解决方案。根据挖掘对象，数据挖掘又可分为针对关系数据、时空数据、文本数据、多媒体数据、Web 数据等的挖掘；根据挖掘方法，数据挖掘可粗分为机器学习方法、统计方法、神经网络方法等。机器学习方法又可细分为归纳学习方法（决策树、规则归纳等）、基于范例学习的方法、遗传算法等。统计方法又可细分为回归分析（多元回归、自回归等）、判别分析（贝叶斯判别、费歇尔判别、非参数判别等）、聚类分析（系统聚类、动态聚类等）、探索性分析（主元分析法、相关分析法）等。神经网络方法又可细分为前向神经网络（BP 算法等）、自组织神经网络（自组织特征映射、竞争学习）等。

虽然传统数据分析已经形成了成熟的技术体系，但在大数据时代，数据的规模效应给很多传统单机版的机器学习方法和数据挖掘方法带来了挑战，主要体现在如下方面：①数据量的膨胀，传统的单机版数据挖掘方法和机器学习方法显得力不从心；②数据深度分析需求的增长。人们不再满足于仅仅从数据中发现知识并加以利用，生成简单的报表，并进行决策，而是对数据进行深入分析，不仅需要通过数据了解现在发生了什么，更需要利用数据对将要发生什么进行预测，以便在行动上做出一些主动的准备。例如，通过预测客户的流失预先采取行动，对客户进行挽留；通过对工厂设备传感器数据的分析，对设备的健康状态和风险进行预测判断，既不放过任何一个风险点，又尽可能避免不必要的检查和维护工作，从而实现从预防式维护到预测式维护的转变。这些复杂的分析必须依赖复杂的分析模型和并行化的机器学习方法、数据挖掘方法。

下面针对不同的数据类型，对大数据分析的技术进行简要介绍，包括传统结构化数据分析、文本数据分析、多媒体数据分析、社交网络数据分析、物联网传感数据分析。

2.3.1 传统结构化数据分析

传统工业、电子商务、政务及科学研究等应用领域产生了大量的结构化数据，许多数据挖掘方法已成功用于结构化数据分析。例如，统计学习方法被应用在异常检测和能量控制中；时空挖掘技术用于提取时空数据中的知识结构，以及高速数据流与传感器数据中的模式（Pattern）；由于电子商务、电子政务和医疗健康应用对隐私的需求，保障隐私保护的数据挖掘方法也被广为研究；随着业务过程管理、过程发现等技术的发展，过程挖掘也逐渐成为一个新的研究方向，即通过企业信息系统中的事件数据分析过程。

2.3.2 文本数据分析

文本数据包括电子邮件、文档、网页和社交媒体内容。文本数据分析是指从无结构的文本中提取有用信息或知识的过程。文本数据分析技术包括信息提取、主题建模、摘要（Summarization）、分类、聚类、问答系统等技术。

信息提取技术是指从文本中自动提取具有特定类型的结构化数据，如命名实体识别（Named-Entity Recognition，NER），其目标是从文本中识别原子实体并将其归类到人、地点和组织等类别中。主题建模则建立在文档包含多个主题的情况上。主题是一个基于概率分布的词语，主题模型对文档而言是一个通用的模型，许多主题模型被用于分析文档内容和词语含义。摘要技术从单个或多个输入的文本文档中产生一个缩减的摘要，分为提取式（Extractive）摘要和概括式（Abstractive）摘要。提取式摘要从原始文档中选择重要的语句或段落并将它们连接在一起，而概括式摘要则需理解原文并以较少的语句复述。分类技术用于识别文档主题，并将之归类到预先定义的主题或主题集合中。聚类技术用于将类似的文档聚合。与分类不同的是，聚类不是根据预先定义的主题将文档归类的。问答系统技术主要用于为给定问题找到最佳答案，涉及问题分析、源检索、答案提取和答案表示等技术。

2.3.3　多媒体数据分析

多媒体数据分析是指从图像、语音等多媒体数据中提取知识。多媒体数据分析研究覆盖范围较广，包括多媒体识别、多媒体摘要、多媒体标注、多媒体索引和检索、多媒体推荐和多媒体事件检测等。

近年来，深度学习（Deep Learning）逐渐成为一个主流的研究热点。深度学习集成了表达学习（Representation Learning），学习多个级别的复杂性/抽象表达，利用层次化的架构学习对象在不同层次上的表达，这种层次化的表达有利于解决更加复杂抽象的问题。深度学习通常使用人工神经网络，常见的具有多个隐层的多层感知机（MLP）就是典型的深度学习架构。近几年，深度学习在语音、图像应用领域取得一系列重大进展。

2.3.4　社交网络数据分析

随着在线社交网络的发展，社交网络数据分析兴起。社交网络包含大量的联系数据和内容数据。其中，联系数据通常用一个图拓扑表示实体间的联系；内容数据则包含文本、图像和其他多媒体数据。社交网络数据的丰富性给数据分析带来了前所未有的挑战和机会。

社交网络数据中的联系数据是一类典型的图数据。图数据主要包括图中的节点及连接节点的边。同时，基于图数据的分析算法是很多复杂机器学习方法的基础，在单机时代有很多经典的案例，解决了很多问题，尤其是图谱相关的问题，包括关系构建、社区发现、属性传播等。在大数据时代，图的规模大到一定程度后，单机就很难解决大规模的图计算问题了。当前，一些图数据的计算系统如 Pregel、GraphX、GraphLab、Trinity 等进行并行处理。但是，对于任意顶点之间都是连通的图来讲，其难以分割成若干完全独立的子图进行独立的并行处理，即使可以分割，也会面临并行机器的协同处理，以及将最后的处理结果进行合并等一系列问题。这就需要图数据处理系统选取合适的图分割及图计算模型来解决问题。

2.3.5 物联网传感数据分析

无线传感器、移动技术和流处理技术的发展促进了各种物联传感器网络的部署，其在工业、医学等各个行业被用于实时监控设备状态、个体健康状态等。对这些数据的分析面临巨大的挑战。这些数据来自具有不同特性的异构传感器，具有属性多样化、时空联系和关联生理特征等特性，有的还存在隐私和安全问题。它们一般既是结构化数据，又是带有时间属性的连续不断的流数据，有的还带有空间信息，是时空流数据。基于这些数据的分析既是描述性分析，也是预测性分析。

2.3.6 大数据分析技术的发展趋势

大数据模式多样、关联关系繁杂、质量良莠不齐，使得数据的感知、表达、理解和计算等多个环节面临巨大的挑战，导致传统全量数据计算模式下时空维度上计算的复杂度激增，传统的数据分析与挖掘任务变得异常困难。因此，如何简化大数据的表征，获取更好的知识抽象，是大数据分析面临的一个重要问题。

大数据样本量充分，内在关联关系密切而复杂，价值密度分布极不均衡，这些特征为建立新型计算范式提供了机遇，同时提出了挑战。例如，求解大数据问题时，需要分布式的、并行的、流式计算算法，需要形成通信、存储、计算融合优化的大数据计算框架等。

大数据引领新一轮技术革命，大数据查询和分析的实用性与时效性对于人们及时获得决策信息非常重要，决定着大数据应用的成败。传统数据分析工具通常仅被 IT 部门熟练使用，缺少简单易用，让业务人员也能轻松上手实现自助自主分析，即时获取商业洞察的工具。因此，数据可视化分析技术正逐步成为大数据分析的重要组成部分。

第 2 篇　技术解析篇

第 3 章

物联网大数据技术体系

3.1 物联网中的大数据挑战

根据相关研究统计，物联网中产生的感知数据量逐步超越互联网数据量；如果算上工业企业自动化生产线及设备上的运行数据，特别是随着“工业 4.0”推进而产生的数据爆炸，感知数据量更是呈现几何级数增长。物联网大数据的获取、传输、存储、分析、挖掘及应用面临不一样的挑战。本章首先分析物联网大数据与互联网大数据的异同，发现物联网大数据应用面临的技术需求及价值目标，进而提出面向物联网大数据进行处理分析的技术体系，并在后续章节针对其中的技术进行详细阐述。

3.1.1 互联网大数据的特征

可以用 5 个 V（Volume、Variety、Value、Velocity、Veracity）来概括互联网大数据的特征，如图 3-1 所示。

1. Volume：数据体量巨大

据统计，互联网一天产生的全部内容可以制作 1.68 亿张 DVD，一天发出 2940 亿份邮件及 200 万个帖子……这些数据都表明，在互联网时代，社交网络、电子商务与移动通信把人类带入一个以“PB”为单位的新时代。移动互联网的核心网络节点是人，不再是网页，人人都成为数据制造者，短信、微博、照片、录像都是其数据产品；数据来自呈几何级数增加的传感器、自动记录设施、工厂自动化监控、环境监测、交通监测、安防监测，以及汽车、轮船、电梯、飞机、火车等设备设施；还来自自动流程记录、刷卡机、收款机、电子不停车收费系统、互联网点击、电话拨号及通信等设施。

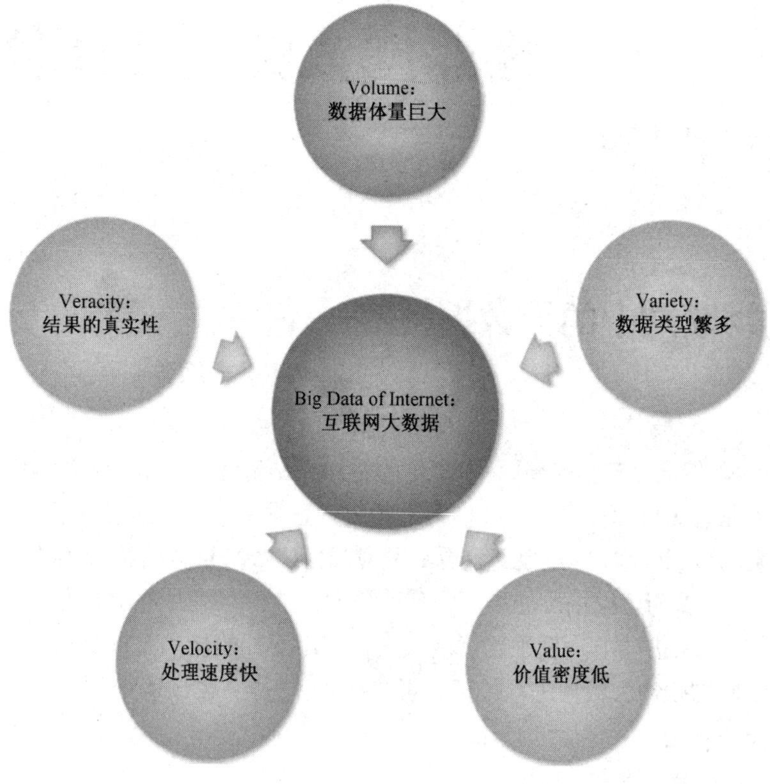

图3-1　互联网大数据的特征

2. Variety：数据类型繁多

在大数据时代，数据格式变得越来越多样，涵盖了文本、音频、图片、视频、模拟信号等不同的类型；数据来源也越来越多样，不仅来自组织内部运作的各个环节，也来自组织外部。组织中的数据也变得更加复杂，因为它不仅包含传统的以文本为主的结构化数据，还包含来自网页、互联网日志、搜索索引、社交媒体论坛、电子邮件、文档、音视频、地理位置信息、传感器数据等原始的、半结构化的和非结构化的数据。这些多类型的数据对数据的处理能力提出了更高的要求，不过多样化的数据来源也正是大数据的威力所在。

3. Value：价值密度低

数据规模大并不意味着价值高，相反，这些数据更多地表现为稀缺性、不确定性和多样性。很多时候，数据价值密度的高低与数据总量的大小成反比。存储和计算 PB 级甚至更多的数据需要非常高的成本。大数据虽然看起来很美，但是价值密度远远低于传统关系数据库中已经有的那些数据。随着互联网及物联网的广泛应用，信息感知无处不在，信息海量但价值密度较低，如何结合业务逻辑并通过强大的机器算法来挖掘数据价值，是大数据时代最需要解决的问题。

4. Velocity：处理速度快

数据增长速度快，处理速度也快，对时效性要求高，这是大数据区别于传统数据最显著的特征。在数据处理速度方面，有一个著名的“1 秒定律”，即要在秒级时间范围内给出分析结果，超出这个时间，数据就失去价值了。或者说，很多数据需要在线处理，只有数据在线，即数据在与客户产生连接的时候才有意义。例如，对于打车工具，客户的数据和出租车司机的数据都是实时在线的，这样的数据才有意义。放在磁盘中且是离线的数据远远不如在线数据商业价值大。

5. Veracity：真实性

数据的重要性在于对决策的支持，数据的规模并不能决定其能否为决策提供帮助，数据的真实性和质量才是做出成功决策最坚实的基础。Veracity 这个词由 Express Scripts 首席数据官 Inderpal Bhandar 在波士顿大数据创新峰会中提出，认为大数据分析中必须过滤资料中有偏差、伪造、异常的部分，防止这些“脏数据”（Dirty Data）损害资料系统的完整性与正确性，进而影响决策。

2014 年，IBM 发布了《践行大数据承诺：大数据项目的实施应用》（*Realizing the Promise of Big Data: Implementing Big Data Projects*）白皮书，在该报告中进一步扩展了大数据的特性，提出将大数据的特性扩展为“Vs”。“Vs”在大数据已有特性的基础上，增加了数据黏度（Viscosity），主要衡量数据流的关联性（Resistance to Flow of Data）；数据易变性（Variability），主要衡量数据流的变化率；数据波动性（Volatility），主要衡量数据有效性的期限和存储的时限。

在上述大数据特征的基础上，数据的可视化是不可忽视的因素，也是大数据价值及辅助决策最重要的形式。

可视化是大数据分析与应用的重要途径，能够更加直观地展现大数据的完整视图，并且有助于充分挖掘大数据的价值。大数据分析和可视化应该无缝连接，这样才能在大数据应用中发挥最大的功效。

大数据是大容量、高速度且数据之间差异很大的数据集，因此，需要新的处理方法来优化决策的流程。可视化方法可通过创建表格、图标、图像等直观地表示数据。大多数传统的数据可视化方法并不适用于大数据，用一些从传统的可视化方法发展而来的方法来处理大数据也是远远不够的。

此外，可视化并非仅仅是静态形式，而应当是互动的。交互式可视化可以通过缩放等方法进行细节概述。

高效的数据可视化是大数据发展进程中关键的一部分。大数据的复杂性和高维度催生了几种不同的降维方法。然而，它们可能并不总是那么适用。高维可视化越有效，识别出潜在的模式、相关性或离群值的概率就越高。

在大数据应用程序中，大规模数据和高维度数据会使进行数据可视化变得困难。大数据可视化可以通过多种方法来实现，如多角度展示数据、聚焦大量数据中的动态变化，以及筛选信息（包括动态问询筛选、星图展示及紧密耦合），等等。

要让大数据充分发挥其潜在价值，就需要让大数据不仅能与数据科学家和技术人员相连，还能让业务人员方便使用。其中关键因素之一是大数据的可视化。这样不仅便于向普通业务人员生动地显示大数据或大数据的统计分析结果，还能够支持大数据动态地、实时地呈现，支持业务人员交互式探索，以及分析大数据视图背后隐藏的业务等。

3.1.2 物联网大数据的特征

相比互联网大数据，物联网对大数据技术具有更高的要求。物联网大数据的特征在互联网大数据5V的基础上，可以概括为5HV（High-Volume、High-Variety、High-Velocity、High-Veracity、High-Value），如图3-2所示。

1. High-Volume：数据体量更大

物联网的主要特征之一是传感器节点的海量性；同时，物联网节点的数据生成频率远高于互联网，而传感器节点多数处于全时工作状态，数据流源源不断。因此，会快速积累更大体量的数据。同时，这些感知数据的传输也给网络带来更大的压力。

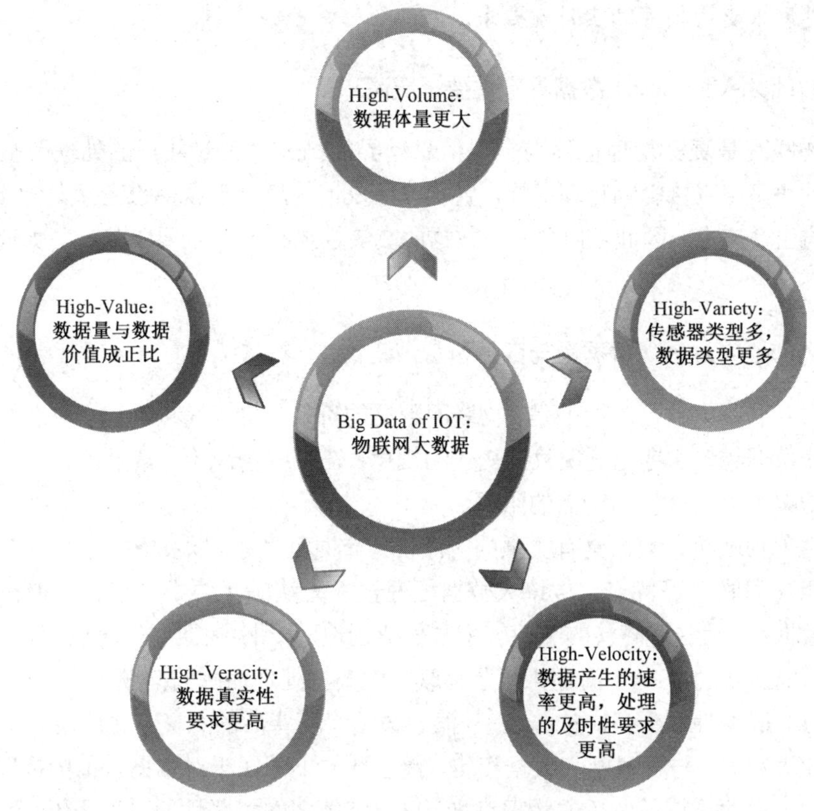

图 3-2　物联网大数据的特征

2. High-Variety：传感器类型多，数据类型更多

人们为了从外界获取信息，必须借助感觉器官。而单靠人们自身的感觉器官，在研究自然现象和规律及生产活动中是远远不够的，可以说传感器是人类五官的延伸，正成为我们感知世界的重要途径。除了常用的话筒、摄像头、指纹仪等传感设备，传感器早已渗透到工业生产、海洋探测、环境保护、资源调查、医学诊断、生物工程等极其广泛的领域。传感器的种类多，数据类型复杂，且具有连续采集、数据之间关联度高的特点。

3. High-Velocity：数据产生的速率更高，处理的及时性要求更高

数据的连续性、海量性会使物联网汇聚更多的数据，且对数据的传输速率要求更高，数据到达处理端的频率更高。另外，由于物联网与真实物理世界直接关联，很多情况下需要实时访问、控制相应的节点和设备，因此，需要更加高效的

数据处理来支持相应的实时性要求。

4. High-Veracity：数据真实性要求更高

物联网是真实物理世界与虚拟信息世界的结合，其对数据的处理及基于此进行的决策将直接影响物理世界，甚至一些反馈信息关乎设备的运行安全及周边环境与生命安全，因此，物联网中数据的真实性显得尤为重要，对数据质量的要求更高。

5. High-Value：数据量与数据价值成正比

与互联网大数据不同的是，物联网数据的价值与数据量成正比。我们积累的传感器数据越多，越能发现数据变化的规律；在有些情况下，甚至需要非常完整的数据集才可能分析出所需的结果。

由于物联网大数据具有更强的时序性与实时性要求，以及数据本身具有专业性、相互关联性等特点，传统大数据处理技术无法满足要求。李杰教授在《工业大数据：工业 4.0 时代的工业转型与价值创造》一书中提出的工业大数据分析技术所需解决的“3B”问题，正是物联网大数据处理面临的问题。

（1）隐匿性（Below-Surface），洞悉数据特征背后的意义。物联网大数据包括工业大数据，与互联网大数据相比，最重要的不同在于对数据特征的提取。物联网大数据注重特征背后的物理意义，以及特征之间关联性的机理逻辑，而互联网大数据倾向于仅依赖统计学工具挖掘属性之间的相关性。

（2）碎片化（Broken），避免数据断续，保证连续且时态一致的数据集。相对于互联网大数据的量，物联网大数据更注重数据的全面性，以保证从数据中提取反映对象真实状态的全面性信息。然而，由于感知源的多样性、传感器本身的误差，以及分析中对数据时态一致性的要求，需要大量的数据清洗、过滤、整理、融合工作（与此同时，物联网大数据的价值具有很强的时效性，当前时刻产生的数据如果不迅速转变为可以支持决策的信息，其价值就会随时间的流逝而迅速衰减。这就要求物联网大数据的处理手段具有很高的实时性）。

（3）低质性（Bad-Quality），提高数据质量，提高容错性。物联网大数据分析要求数据的质量更高，而互联网大数据通常不要求非常精确的结果推送，物联网大数据特别是工业大数据对分析结果的容错性要求远远高于互联网大数据。

基于物联网大数据的特征及面临的问题，物联网大数据的管理与处理分析需要解决以下问题和挑战。

（1）由于物联网数据的连续性及处理的实时性要求，如何构建分布的、多层次数据处理技术体系是首先需要考虑的问题。正如“工业 4.0”规划的自律分散型智能工厂，物联网数据的处理需要多层次、分级进行，让每个部件、每个设备、每个环节及每个区域都具有自省（Self-Aware，对自身状态变化的意识）、自我预测（Self-Predict）、自我比较（Self-Comare）及自我配置（Self-Configure）能力。

（2）物联网数据处理的实时性如何得到满足与保证是我们必须关注的第二个问题。一方面，物联网数据的巨大体量要求我们必须考虑数据的价值与存储资源、带宽资源之间的平衡；另一方面，物联网数据处理的实时性及分散智能特性要求我们必须在合适的层次进行实时计算与分析。

（3）如同互联网一样，物联网的价值也需要通过服务及大数据分析挖掘来体现。构建物联网服务平台及建立物联网大数据中心也是我们必须关注的问题。进一步地，物联网大数据的分析挖掘也是我们必须关注的问题。

3.2 技术体系

随着物联网应用的快速发展，亿万级的各类传感器持续产生海量的数据，这些数据不同于互联网中的非结构化数据，更加倾向于结构化数据、半结构化数据，有其固有的特点及处理需求。人们称这些来自传感器、智能设备及工业物联网端的自动化数据为感知数据。

物联网中感知数据处理分为三个层次，包括感知数据采集与传输、感知数据管理与实时计算、物联网平台与大数据中心。图 3-3 所示为感知数据处理的三层体系结构，其中相关的技术按照层次列在左侧，相关的产品与平台按照层次列在右侧。下面将根据上述分层分别进行介绍。

3.2.1 感知数据采集与传输

就感知数据的采集与传输来说，这一层次主要实现传感器、智能硬件、工厂及设备的数据采集，并对数据进行必要的转换、过滤等预处理，之后实时上传到感知数据管理层或者大数据中心。这些功能的实现一般通过物联网网关实现，也可以通过工业协议软件的形式采集工厂或者设备的数据。

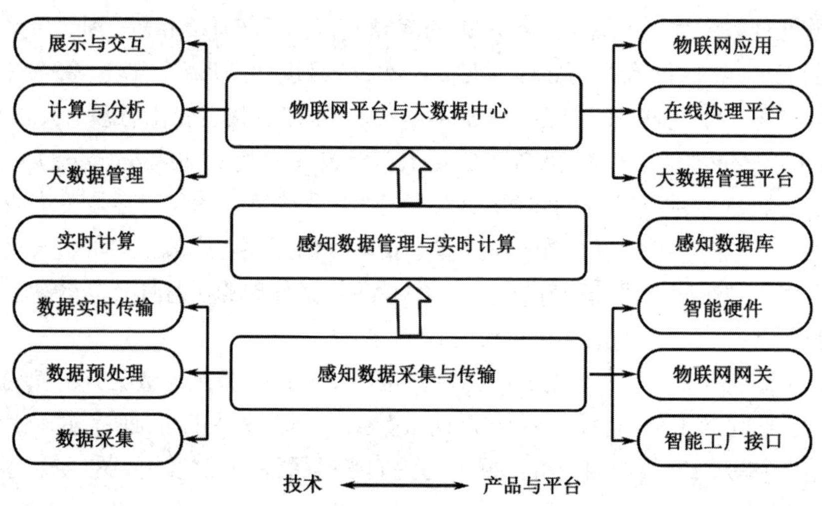

图 3-3　感知数据处理的三层体系结构

按照应用场景来说，物联网网关可以分为以下几种。

（1）工业型物联网网关：主要用于工厂或者工业现场的数据采集、协议转换及数据上传下达，要求具有较高的数据吞吐能力。

（2）传感型物联网网关：主要用于在广域监测监控领域部署传感器网络，大部分情况下用于采集低频传感数据。针对特殊的高频传感器，则需要网关具有一定的本地处理能力。

（3）混合型物联网网关：在工业现场采集生产线或者设备数据，同时需要补充部分传感器。

如图 3-4 所示，物联网网关主要用于实现传感网络与通信网络，以及不同类型传感网络、智能设备之间的双向协议转换。为了实现协议转换及跨网络通信，物联网网关需要具备广泛的接入能力、可管理能力、协议转换能力，以及数据质量标识能力。物联网网关的应用部署如图 3-5 所示。

1. 广泛的接入能力

物联网网关根据应用场景的不同，必须支持工厂、设备、装备及传感器、无线传感器网络的接入。

对于工厂来说，DCS（Distributed Control System，集散控制系统）、PLC（Programable Logic Controller，可编程逻辑控制器）及 FCS（Fieldbus Control System，现场总线控制系统）是物联网网关连接的目标，这方面涉及的主要工业协议或者接口包括 OPC（OLE for Process Control）、ModBus/MB+、Profibus、CAN（Controller Area Network）、Lonworks、BACnet（a Data Communication Protocol for Building Automation and Control Networks，楼宇自动化控制数据通信协议），以及 485 总线、RS-232 串行接口等。

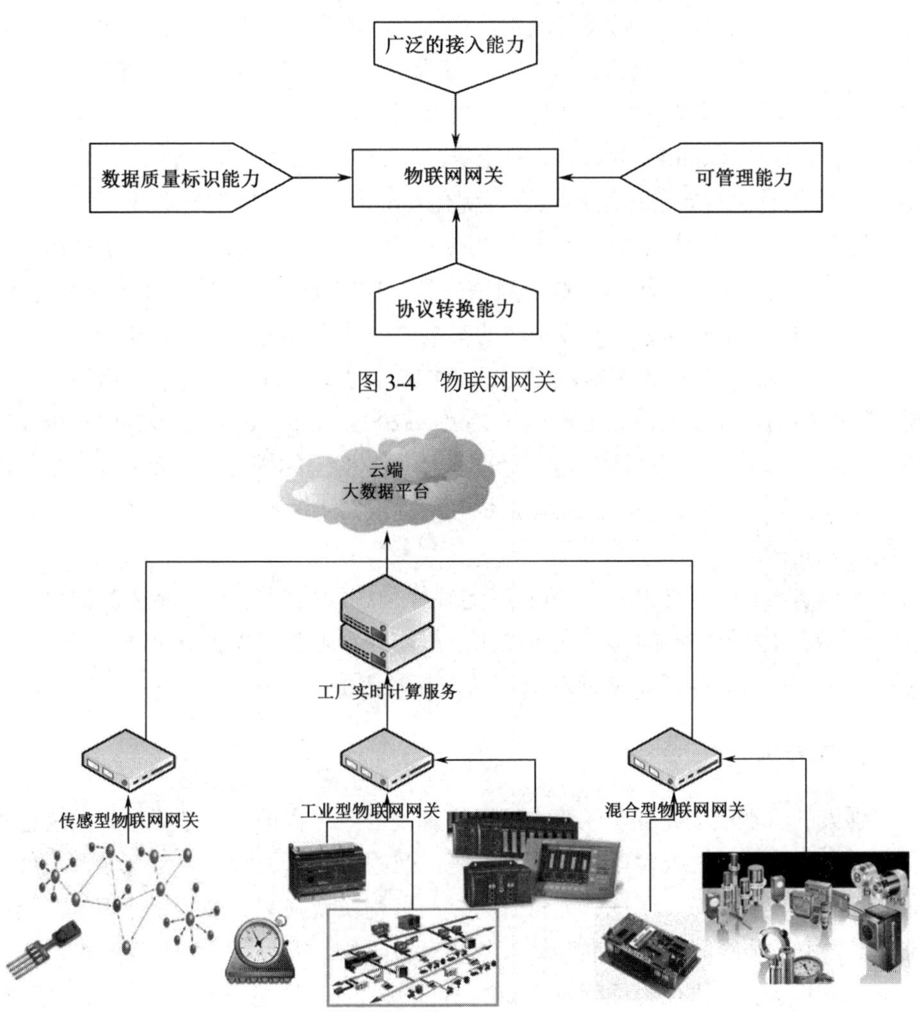

图 3-4　物联网网关

图 3-5　物联网网关的应用部署

无线传感器网络（Wireless Sensor Networks，WSN）是物联网接入的一种主要系统。WSN 是一种分布式传感网络，它的末梢是可以感知和检查外部世界的传感器。WSN 中的传感器通过无线方式通信，因此，网络设置灵活，设备位置可以随时更改，还可以跟互联网进行有线或无线方式的连接。

WSN 是由大量静止或移动的传感器以自组织和多跳的方式构成的无线网络，这些传感器能够协作地感知、采集、处理和传输网络覆盖地理区域内被感知对象的信息，并最终把这些信息发送给网络的所有者。

WSN 所具有的众多类型的传感器，可探测电磁波、温度、湿度、噪声、光强度、压力、土壤成分，以及移动物体的大小、速度和方向等，潜在的应用领域包括军事、航空航天、交通、环境、医疗保健、家居、工业及商业等。

目前，存在大量私有的非标准化 WSN 协议，如 MAC 层的 S-MAC、T-MAC、BMAC、XMAC、ContikiMAC 等，路由层的 AODV、LEACH、DYMO、HiLOW、GPSR 等，均针对特定的应用场景进行优化，适用范围较窄，对产业化十分不利。面对这种情况，国际标准化组织参与到 WSN 的标准制定中来，制定了适用于多行业的、低功耗的、短距离无线自组网协议。IEEE 802.15.4 属于物理层和 MAC 层标准，由于 IEEE 组织在无线领域的影响力，其已成为 WSN 事实上的标准。

常用的 ZigBee 协议标准在 IEEE 802.15.4 之上，重点制定了网络层、安全层、应用层的标准规范，先后推出了 ZigBee 2004、ZigBee 2006、ZigBee PRO 等版本。此外，ZigBee 联盟还制定了针对具体行业应用的规范，如智能家居、智能电网、消费类电子等领域，旨在实现统一的标准，使得不同厂家生产的设备相互之间能够通信。

2014 年 11 月，ZigBee 联盟将其无线标准统一成名为 ZigBee 3.0 的单一标准。该标准将为最广泛的智能设备提供互操作性，让消费者和企业能获得可无缝协作并为人们日常生活带来便利的创新产品与服务。

2. 可管理能力

强大的管理能力，对于任何大型网络都是必不可少的。首先要对网关进行管理，如注册管理、权限管理、状态监管等。网关实现了子网内的节点管理，如获取节点的标识、状态、属性、能量等，以及远程实现唤醒、控制、诊断、升级和维护等。由于子网的技术标准和协议的复杂性不同，因此，网关具有的管理能力不同。采用基于模块化物联网网关的方式来管理不同的感知网络、不同的应用，以便使用统一的管理接口技术对末梢网络节点进行统一管理。

3. 协议转换能力

协议转换能力包括：从不同的感知网络到接入网络的协议转换、将下层标准格式的数据统一封装、保证不同的感知网络的协议能够变成统一的数据和信令；将上层下发的数据包解析成感知层协议可以识别的信令和控制指令。

4. 数据质量标识能力

数据质量对于物联网大数据尤其重要，并且物联网末梢系统的多样性与复杂性要求物联网网关具有一定的数据质量标识能力：一方面，能够识别所连接系统或者网络中系统及传感器的状态；另一方面，针对获取的数据及相关信息辨别数据质量，并进行标识，以便为数据分析应用提供更加准确的分析结果。

3.2.2　感知数据管理与实时计算

对于许多物联网应用来说，实时的处理与计算要求尽量在本地被满足，或者在部分网络节点上进行处理。特别是，感知数据之间具有强相关性，需要建立合适的数据模型进行组织管理。第 4 章将进行感知数据的特性分析，并建立数据库管理系统所需的数据模型；第 5 章将讨论感知数据库系统的设计、部署及关键技术；第 6 章将讨论实时事务的调度处理技术，以满足数据的实时计算需求。

图 3-6 所示为物联网大数据处理平台的部署，实时计算分布于更加靠近物联网设备端的计算节点，而不是大数据中心。

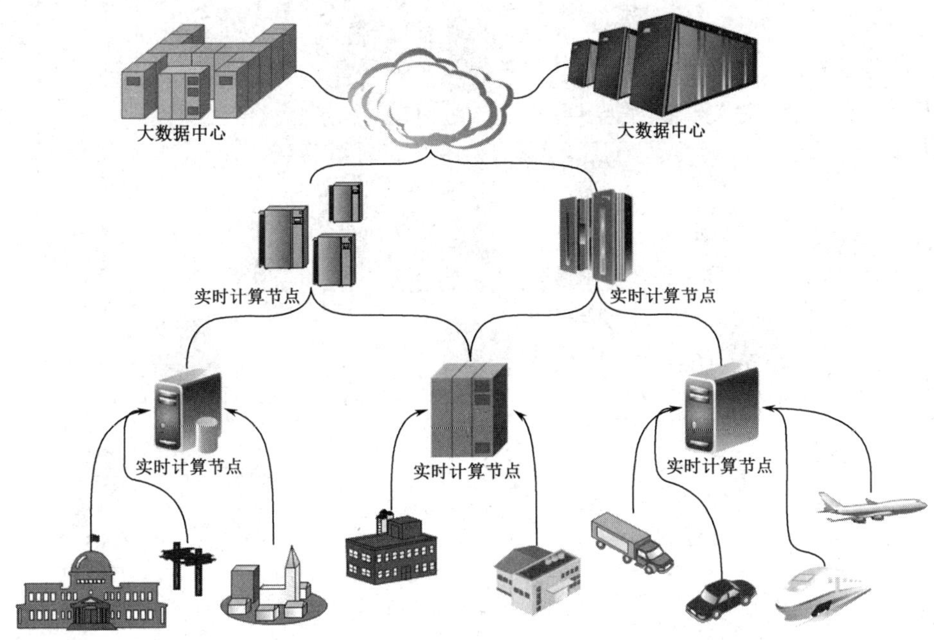

图 3-6　物联网大数据处理平台的部署

3.2.3　物联网平台与大数据中心

在物联网时代，上亿个传感器被嵌入现实世界的各种设备中，将这些数据梳理清晰并挖掘价值非常重要。物联网产业的目标是服务，而提供高价值服务的核心在于数据。未来的物联网产业链，必将是一个以“数据”驱动为主的产业，即物物相连所产生的庞大数据，经智能化处理、分析，最终形成产品或服务，以达到服务无人化的境界，而这些应用正是物联网最核心的商业价值所在。

图3-7所示为物联网平台。从技术上来说，云计算为物联网所产生的海量数据提供存储及分析处理服务，是物联网发展的基石。物联网平台是基于云计算的服务平台，而大数据中心是支撑并提升服务的关键。

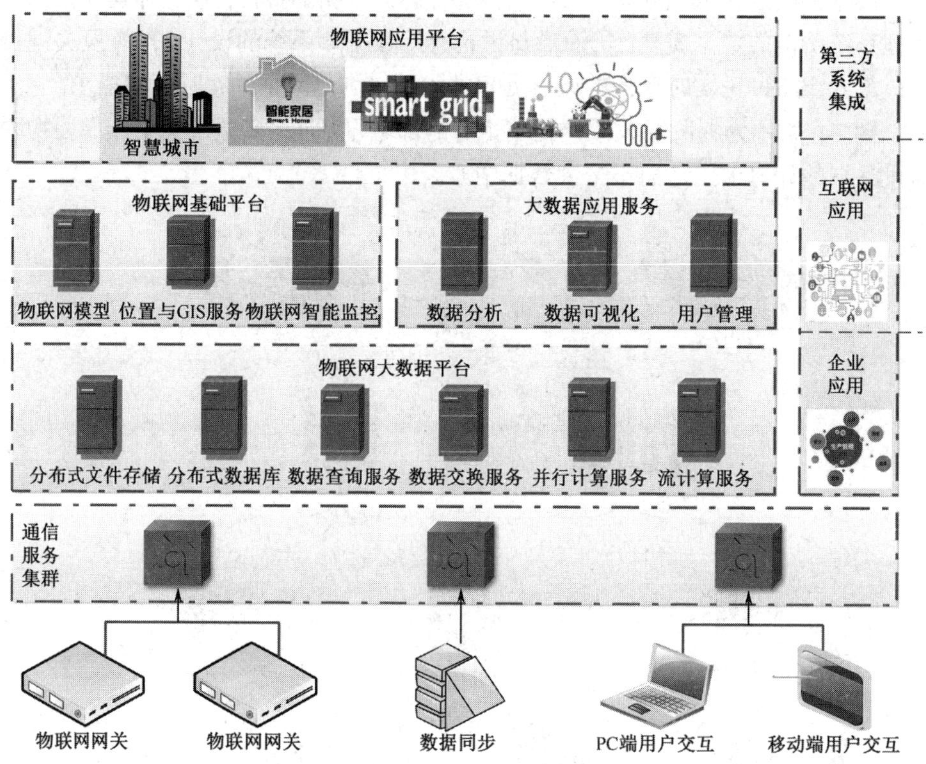

图3-7　物联网平台

第 4 章

感知数据特性与模型

本章重点介绍感知数据的特性分析、表示与组织，并在此基础上给出感知数据库的定位与特征，分析其与传统数据库及 NoSQL 数据库的异同。

4.1 感知数据的特性分析

4.1.1 常用的感知数据类型

物联网最显著的效益就是它能极大地拓展人们监控和测量真实世界中发生的事情的能力。车间经理知道如果发动机发出“呜呜”声就说明出现了问题，而在物联网世界里，是感知数据给予了我们精确地理解这些问题的能力。

从应用角度来说，感知数据可以分为以下七种类型，如图 4-1 所示。

1. 标识数据

物联网中的所有对象都需要由唯一 ID 来标识，无论是生产线上正在加工的产品、物流中的包裹，还是安装在用户现场的设备、移动的汽车和火车。“物联网”这个词最早是由麻省理工学院 Kevin Ashton 教授在研究 RFID 时提出的。目前，虽然物联网的定义和范围已经发生了变化，覆盖范围有了较大的拓展，不再只是指基于 RFID 技术的物联网，但 RFID 在其中的重要性依旧。

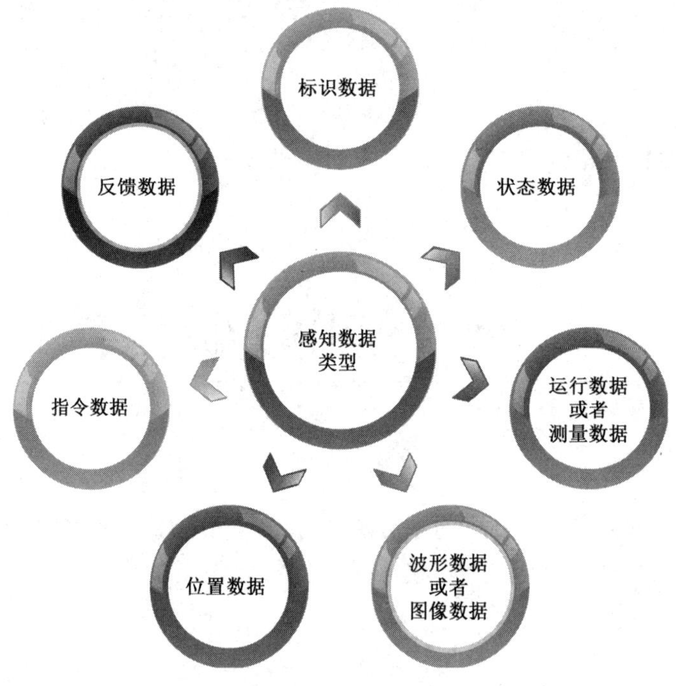

图 4-1　感知数据类型

2. 状态数据

状态数据是感知数据中最普遍、最基础的数据类型。例如，一个电气开关的状态是开还是关，一个设备的运行状态是待机、停机还是正常运行，这些都属于单点状态；而对于一个自动化系统或者大型装备来说，系统状态需要综合推算判定，如生产线是否正常工作、冷库是否正常工作，这是复合状态。状态数据具有重要价值，无论是其自身，还是作为进行数据分析的标志性数据。

3. 运行数据或者测量数据

如果说设备的启动、停止等是状态数据，那么设备的运行如电动机的转速就是运行数据。运行数据（或者测量数据）是连续采样的数据，一个数据代表在某一个时刻设备运行的指标或者参数。

4. 波形数据或者图像数据

波形数据如同运行数据一样都是连续采样的，其不同之处在于波形数据中的单个采样没有明确的物理意义，如地震勘探中的检波器获取的地震波、传声器获取的音频数据。图像数据如同波形数据，需要识别或者后处理来转换成有价值的信息。

5. 位置数据

定位服务是 GPS、北斗等卫星导航系统的关键应用，位置数据也正成为我们在生活中时刻关注的信息。例如，我们关心现在处于什么位置；我的海鲜到哪儿了，它们处于什么环境。尽管卫星定位功能非常强大，但在室内及快速变化的环境中，其效果并不明显。例如，在车间内部，我们试图追踪零部件，这是 RFID 也能提供的定位信息。通过 iBeacon 技术（一种 Apple 公司支持的低功耗蓝牙技术），可以实现室内定位，以及基于位置的消息推送、移动支付及大数据分析等。

6. 指令数据

指令数据是物联网中的一类重要数据，指令可以由人发出，也可由系统自动发出。指令数据的执行，如启动/停止设备，往往标志着一系列的系统状态变化。指令数据是感知数据进行存储索引及后续分析应用的重要标志性数据。

7. 反馈数据

物联网创造了一个从消费者到生产者的反馈回路，生产者可以根据对产品使用过程的在线监测来跟踪分析产品的实际表现，促进产品的持续改进和创新，并为消费者提供更好的服务。这类反馈数据实际上包括以上所有类型的数据，但这些数据的价值是物联网服务价值的核心体现。

4.1.2　感知数据的主要特征

基于以上对数据类型的分析，感知数据具有以下特征，如图 4-2 所示。

1. 时态属性（Temporal Attribute）

感知数据的来源主要是分布的智能设备及传感器，而设备的状态、运行数据、传感器感知的环境等都是时刻变化的，因此，数据具有很强的时态属性。数据的时态属性或者直接来自外界的传感器，或者基于传感器数据推导计算而来。时态属性要求数据的每个版本都有时间戳标记，或者一组采集间隔均匀的数据采用一个时间戳来标记。

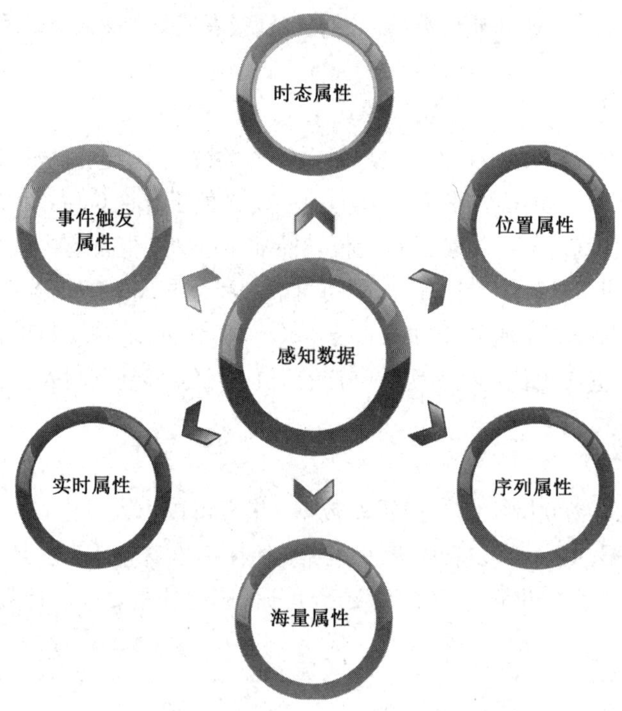

图 4-2　感知数据的主要特征

时态属性带来数据时态的一致性要求，包括以下两个方面。

- 绝对一致性：传感器感知的环境状态与其在系统的数据映像是否足够一致。
- 相对一致性：推导计算其他数据的一组数据所反映的环境状态是否足够接近。

图 4-3 所示为数据时态的一致性。图中数据 a 与 b 是直接来自传感器的映像数据，而 c 是由数据 a 与 b 推导得来的。

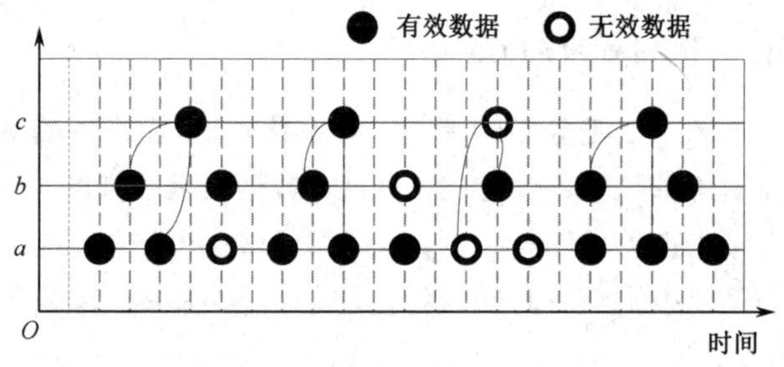

图 4-3　数据时态的一致性

2. 位置属性（Positional Attribute）

部分感知数据由于传感器或者智能设备的移动特性，天然带有位置属性。这就导致同一传感器采集的一系列数据，如果脱离位置信息就会失去意义。

3. 序列属性（Serial Attribute）

传感器或者智能设备所代表的状态一般通过连续的数据采集实现，这就形成一系列时间戳连续的数据。一般来说，这些数据的分析利用需要一定的数量才能产生价值。极端情况下，单个的数据没有任何意义，如地震勘探中检波器的数据。

4. 海量属性（Massive Attribute）

由于采集频率高及传感器数量巨大，感知数据的数据量非常大。特别是在广域物联网应用场景中，连续不断产生的海量数据对于网络、服务器及存储来说都是不容忽视的。

5. 实时属性（Real-Time Attribute）

由于感知数据的时态属性，以及对外部环境或者设备状态的及时反馈需求，这些数据的处理具有实时性。

实时属性要求这些数据的处理满足截止期需求，导致事务具有实时性。按照截止期需求的不同，其分为以下三种类型：硬实时（Hard Real-Time）、固实时（Firm Real-Time）及软实时（Soft Real-Time）。关于事务的调度处理技术将在本书第 6 章阐述。

6. 事件触发属性（Event-Tiggered Attribute）

一些感知数据意味着环境或者设备的状态变化，状态的变化需要触发必要的处理过程。这些状态的变化一般定义为事件，对于一些异常事件定义为报警。

事件分为外部触发事件与自定义事件。外部触发事件是由传感器或者设备状态变化而触发的，如温度的变化或者设备的启动/停止。自定义事件分为基于时间的事件和基于条件的事件。基于时间的事件由系统时钟触发，如每天固定时刻执行的固定任务或者在某个时刻需要启动的任务。

报警属于基于条件的事件，一般采用 ECA（Event-Condition-Action）规则来定义。常用的报警事件有越限报警（高限报警、低限报警）、状态报警（开报警、关报警）及变化率报警（某个传感器参数在很短时间内有大的变化）等。

4.2 感知数据的表示与组织

4.2.1 物联网数据模型

从物理上来讲，物联网中的每个传感器都属于某个特定的场景、设备或者传感器网络。一个场景，从大处来讲，对应工厂中的一条自动化生产线，或者对应城市中的各区域环境指标；从小处来讲，对应自动化生产线上的一个环节或者单个设备运行状态，甚至单个指标的变化。

以自动化工厂为例，工厂物联网的数据模型可以参考 OPC 对象模型，如图 4-4 所示。

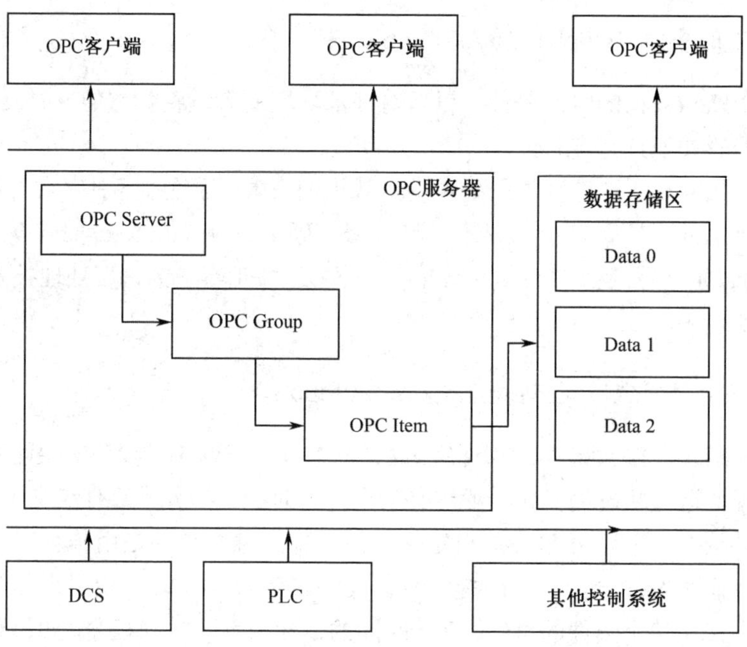

图 4-4　OPC 对象模型

OPC 的逻辑对象模型包括三类对象：OPC Server 对象、OPC Group 对象、OPC Item 对象，每类对象都包括一系列接口。

OPC Server 对象提供了一种访问数据的方法，主要功能如下：①创建和管理

OPC Group 对象；②管理服务器内部的状态信息；③将服务器的错误代码翻译成描述性语句；④浏览 OPC 服务器内部的数据组织结构。

OPC Group 对象的主要功能如下：①管理 OPC Group 对象的内部状态信息；②创建和管理 OPC Item 对象；③OPC 服务器内部的实时数据存取服务。OPC Group 提供了客户端组织数据的手段，每个组中都可以定义一个或多个 OPC Item。OPC Group 中有以下几个主要属性：①Name，组的名字；②Active，组的激活状态标志；③Update Rate，OPC 服务器向客户端提交数据变化的刷新速率；④Percent Dead Band，数据死区，即能引起数据变化的最小数值百分比。

OPC Item 对象是非 COM 对象，在 OPC 标准中用来描述实时数据，是客户端不可见的对象。它代表了与服务器中数据的连接，它并不是数据源，而仅仅是与数据源的连接。每个 OPC Item 对象都有以下主要属性：①Active，项的激活状态；②Value，项的数值，类型为 VARIANT；③Quality，项的品质，代表数值的可信度，类型为 SHORT；④TimeStamp，时间戳，代表数据的存取时间。

根据以上分析，图 4-5 给出物联网数据模型的示意。

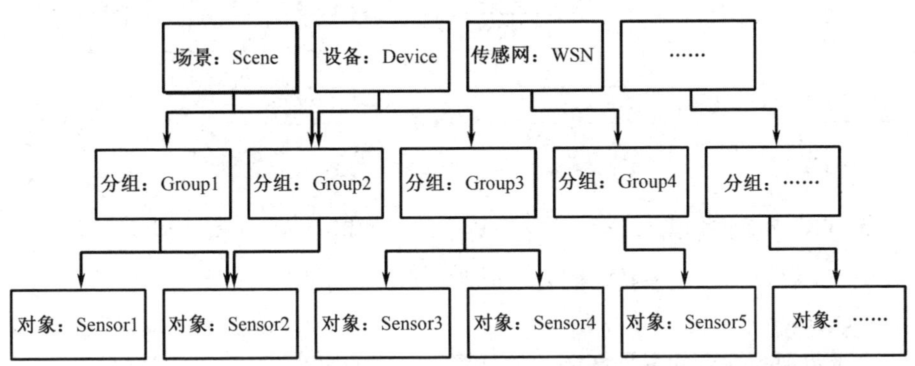

图 4-5　物联网数据模型的示意

模型的最上层是场景、设备、传感网；模型的最下层是传感器对象，一个传感器对应一个或者多个感知数据对象，Group 对传感器对象是从物理上或者逻辑上进行分组的。

4.2.2　时态对象模型

为了更好地管理及处理传感器数据，我们希望定义更加有效的数据模型。数据模型是实现高效数据管理及处理的基础。

针对感知数据的特点，这里定义了时态对象数据模型，数据模型的设计来源于应用系统对数据库的需求不同于传统数据库。由于实时感知数据的特殊特点，数据模型不能采用二维的关系模型，层次化的时态对象数据模型既能够表示丰富的数据类型与数据之间的复杂关系，也能够表示数据产生或者进入系统的时间，以及数据之间的时间关系。图 4-6 所示为时态对象数据模型，表明每个对象可以有一个或者多个时态属性，两个不同的对象可以有同一个时态属性，每个时态属性是一个按照时间组织的二维表。一般来说，每个时态属性对应外部传感器的一个采集测点，也可以对应根据测点二次计算的数据点。

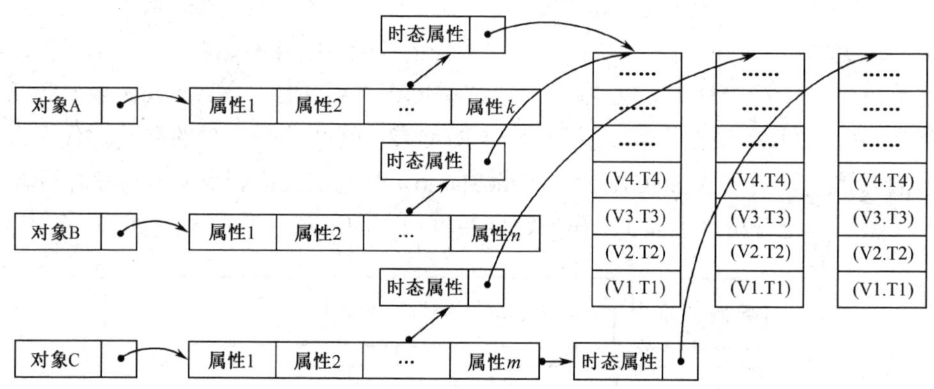

图 4-6　时态对象数据模型

基于感知数据的特性，一个感知数据可以使用一个五元组来表示：

<ID, Value, Timestamp, Quality, Status>

其中，Timestamp 表示当前数据采样的时刻；Quality 表示数据的质量或者可信度；Status 表示数据代表的物理状态，如报警、故障或者用户自定义的信息。

一个感知数据对象可以有一个或者多个时态属性，每个时态属性在特定时刻的数据采用上面定义的五元组表示。此外，感知数据对象中还需要定义如下属性。

（1）位置（Position）：感知数据对象所处的地理位置，可以是固定位置，也可以是移动对象，这是位置属性也是时态属性。

（2）在线处理过程（Procedure）：在线处理过程由用户自定义，在数据采集的同时进行状态判定，修改 Status，并根据用户定义在特定条件下执行规定过程。

（3）事件触发（Event-Trigger）：用于定义事件，触发外部执行过程。

（4）历史存储属性：历史数据存储可以采用无压缩模式或者压缩模式，压缩模式可以设定有损压缩或者无损压缩。对于有损压缩，需要根据数据精度要求设定压缩参数，确保数据精度损失在可接受范围内。

4.3　感知数据库的定位与特征

4.3.1　感知数据库的定位

由于感知数据的产生速率非常快且数据具有强相关性，需要本地部署并进行必要的处理。感知数据库是物联网大数据的基础单元，如同建立在河流上的水库，一方面满足本地的水资源需求，另一方面控制水有序地流向大海。

感知数据库定位于区域性的传感网络、工厂车间，以及重要环节的设备或者装备的数据采集、管理与处理，通过系统的多级部署可扩展到整个工厂、行业物联网及在线实时监控服务平台，进一步实现向大数据平台的集成。

因此，感知数据库的功能定位有如下几方面。

（1）全面采集并存储规定区域内的感知数据，构造统一的基础数据环境，一方面满足本地实时计算的需求；另一方面为后端的大数据处理提供最有价值的数据资源。

（2）保证感知数据的时态一致性，控制数据质量。数据质量包括两个方面：一是数据的时态一致性保证；二是数据本身的质量，如传感器误差等。

（3）满足本地事务的实时处理要求，通过实时事务调度处理技术实现本地事务的执行，结合流处理及机器学习方法，满足状态判定、态势分析及预测的需求。

（4）提供质量保证的数据同步、数据迁移能力，感知数据库向其他数据库或者大数据中心提供高质量的数据集是整个物联网大数据处理的关键环节。

鉴于感知数据的特征及相应的处理需求，传统数据库面向永久性数据与根据ACID 原则进行数据管理及处理的机制，不能满足感知数据处理的实时性、在线处理过程的连续性及事件触发的高并发性需求。因此，针对感知数据的处理与存储管理需求，需要定义并设计、开发感知数据库。

4.3.2　感知数据库的特征

基于感知数据库的定位，要求感知数据库具有如下基本特征。

（1）感知能力：提供主动数据采集机制，能够通过单个或者一组传感器数据提供用户所需的数据。

（2）数据的多元特性：类型多样，支持时态、关系、位置、块数据等。

（3）数据及事务的实时性：具有保证数据时态一致性的能力；从事务处理角度来讲，具有按照事务的实时处理需求进行事务调度及并发控制的能力。

（4）事件处理机制：内置数据处理规则及事件触发机制。

（5）多级分布式部署：由于物联网本身的广域特性，感知数据库必须随需而变地进行部署。

（6）数据的追溯性：能够实现对所有感知数据的存储管理，并提供高效的检索分析能力，实现上必须采用数据在线压缩、基于时间的索引机制，以及提供高效的数据查询算法与挖掘分析方法等。

4.4 感知数据库与传统数据库

4.4.1 感知数据库与关系数据库

基于感知数据的特殊需求，感知数据库与关系数据库在设计原则、管理对象、典型操作、数据存储和数据有效性方面具有很大的区别，如表4-1所示。

表4-1 感知数据库和关系数据库对比

项目	感知数据库	关系数据库
设计原则	数据的时态一致性，保证事务的实时性	数据的完整性、一致性，保证事务的ACID属性
管理对象	连续有序、压缩存储	静态存储，随机读取
典型操作	数据追加，禁止删改，顺序扫描，持续查询	数据增删改，关系数据查询
数据存储	主存处理，外存存储，历史摘要	外存存储，被动查询
数据有效性	瞬时有效，有时标	持续有效

但是，由于关系数据模型的广泛接受度，感知数据库的非时态数据组织可以具有关系数据表的特征，甚至历史数据的访问也可以按照关系数据表组织，因此系统也应该支持通过SQL语句来操作。

4.4.2　感知数据库与实时数据库

在现实世界中，有许多应用包含了有时间限制的数据存取和对短暂有效数据的存取，如工厂过程控制系统、空中交通管制系统、导弹防御系统等。这些应用一方面，要维护大量共享数据和控制知识；另一方面，其应用活动有很强的时间性，要求在一定的时刻或者一定的期限内自外部环境采集数据，按彼此间的关系存取已获得的数据，对数据进行处理并做出及时的响应。同时，它们所处理的数据往往是短暂有效的，即只在一定的时间范围内有效，过时则无意义。

但是，传统的数据库旨在处理永久性数据，其设计与开发主要强调数据的完整性、一致性，提高系统的平均吞吐量等总体性能指标，很少考虑与数据及其处理相关联的定时限制。而传统的实时系统虽然支持数据及其处理的定时限制，但它们主要针对具有简单结构与联系、稳定和预知的数据处理任务，不涉及对数据的管理，以及维护数据的一致性与完整性。因此，1988 年，在 ACM 的 *SIGMOD RECORD* 的一期专刊中出现了实时数据库的概念。随后，一个成熟的研究群体逐渐出现，出现了大批有关实时数据库的论文和原型系统，也出现了一些商业的实时数据库产品。

20 世纪 90 年代中期以来，国外开始出现具有实时数据与实时事务特点的商业实时数据库产品，包括 EagleSpeed、Clustra、Empress、BirdStep 等。这些产品主要应用在军事、航空航天、测控及电信等领域。

实时数据库同感知数据库一样从外部环境获取数据，同时对数据或者事务的处理具有时间特性。但与实时数据库不同，感知数据库更加面向互联网应用体系。在技术实现上，感知数据库在实时数据库的基础上，融合了工厂历史数据库及流数据处理系统。

4.4.3　感知数据库与工厂历史数据库

针对工业自动化的过程数据管理需求，工业实时数据库主要提供工厂生产过程中的设备运行状态，以及相关数据的采集、存储管理功能。

目前，工业领域广泛提到的实时数据库主要是面向工业过程监控与管理需求的过程数据管理系统，如 OSIsoft PI、GE Funuc iHistorian 及 ChinDB 等。这些产品主要面向工业企业生产过程中的数据管理，由于生产过程数据具有一定的时态属性，因此，这些产品也被称为工业实时数据库。但是，从这些产品的技术特点来看，其重点是保存工厂底层自动化设备上不断变化的过程数据，以便进一步开发面向工厂管理与先进控制的应用系统，满足工业企业的实时生产过程管理需求。因此，更贴切地说，这些产品应称为工厂历史数据库。

从实时数据库采用的数据模型来说，有关系数据模型、层次数据模型、网络数据模型、对象数据模型和混合数据模型等。目前的工厂历史数据库大多采用层次化的固定数据结构，很多产品对数据类型的支持相对有限，有的产品甚至只支持浮点型与整型数据，而且对数据的处理只考虑数据的采集入库与基于时间的分段检索等功能，没有数据库必须支持的事务处理机制。

感知数据库需要具有工厂历史数据库的数据管理能力，但不局限于工厂应用。

4.4.4 感知数据库与流数据处理系统

流数据是指一组数据项的序列，按照固定的顺序，以连续、快速、随时间变化的，可能是不可预测和无限的方式到达。流数据应用需求的例子有很多，从通信领域的电话记录数据流到各类传感器的数据流，从金融领域的证券数据流到卫星传回的图像数据流，都是应用实例。

流数据处理系统的需求来自下面两个方面：持续自动产生大量的细节数据，如银行和股票交易、网络流量监控、传感器网络等；以近实时的方式对更新数据流进行复杂分析，如检测互联网上的极端事件、欺诈、入侵、异常等。

感知数据库与流数据处理系统的共同点如下。

（1）数据持续、联机到达。

（2）数据是无限的，数据规模大。

（3）数据需要快速处理，以便快速响应。

两者差异如下。

（1）对感知数据库来说，数据的达到是可预测的，并且必要时可通过主动采集获得。

（2）流数据处理系统中的数据流是“只能被读取一次或少数几次的点的有序序列”，甚至只有在数据最初到达时才有机会对其进行一次处理，其他时候很难再存取这些数据。

（3）感知数据库具有历史数据的存储需求与挖掘分析需求。

第 5 章

感知数据库系统

基于感知数据的特征需求，本章阐述感知数据库系统的总体设计、分布部署体系及其中的关键技术。

5.1 感知数据库的总体设计

5.1.1 总体设计的主要原则

根据感知数据库的定位及特征，感知数据库系统的设计需要满足及遵循以下原则。

（1）松耦合：由于感知数据的海量数据流以上行数据为主，应该将高频度、周期性的感知数据在线处理任务与数据触发的事件处理及用户事务等非周期任务分开处理，避免高频度事务与低频度事务的混合调度处理带来的系统抖动问题。

（2）组件化：通过系统的解耦和组件化设计，利用系统的分布式部署，以及充分利用服务器上的多处理器、多核的计算能力。

（3）消息机制：组件之间更多采用消息机制，提高并发处理能力，避免接口调用导致堵塞，降低系统性能。

5.1.2 感知数据库的设计框架

图 5-1 给出感知数据库实现的一种设计框架。

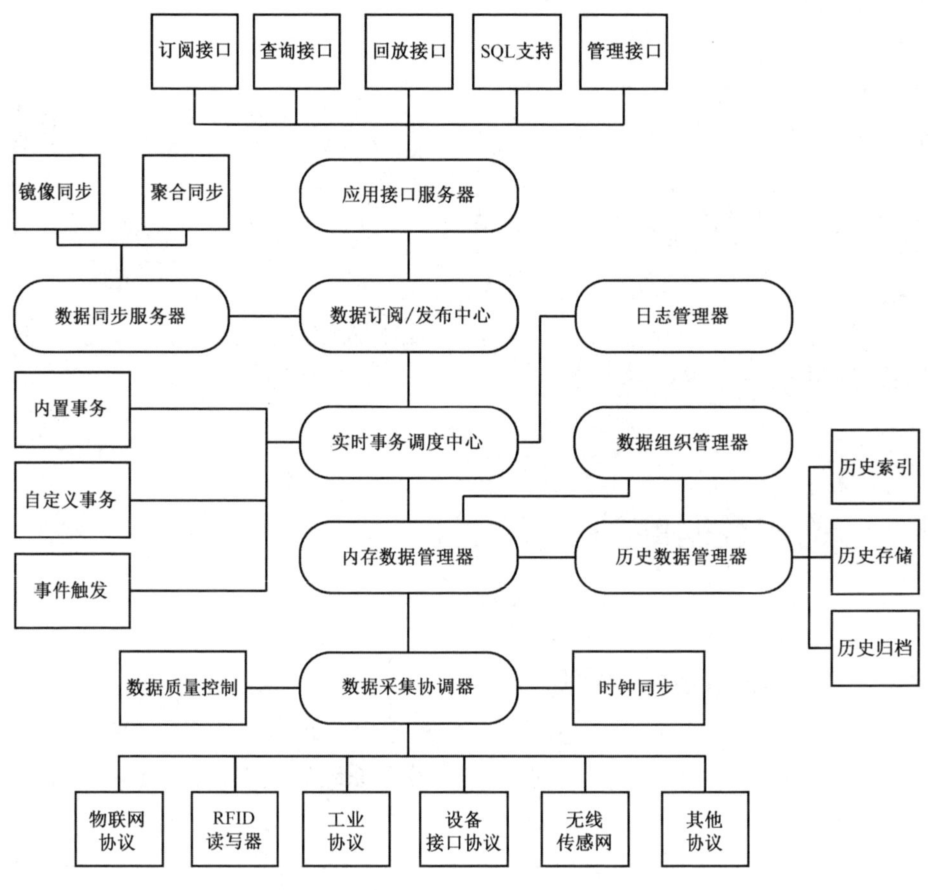

图 5-1　感知数据库实现的一种设计框架

整个系统由数据采集协调器、数据组织管理器、内存数据管理器、历史数据管理器、实时事务调度中心、数据订阅/发布中心、数据同步服务器、日志管理器、应用接口服务器组成，各个组件或者服务进程的主要功能介绍如下。

1. 数据采集协调器

数据采集协调器提供一个标准的框架及其插件的系统架构，不同协议类似于一个插件，可以动态加入统一的框架中，方便系统扩展数据采集能力。这部分的设计与实现将在 5.3 节介绍。

2. 数据组织管理器

数据组织管理器按照时态对象模型组织数据，其中实时数据由内存数据管理器负责组织管理，历史数据缓存及持久存储由历史数据管理器负责。时态属性的感知数据元组最新的两个版本或者多个版本保存在内存中，所有的数据历史版本都进入历史数据管理器，经过一定的处理形成持久存储（见图 5-2）。

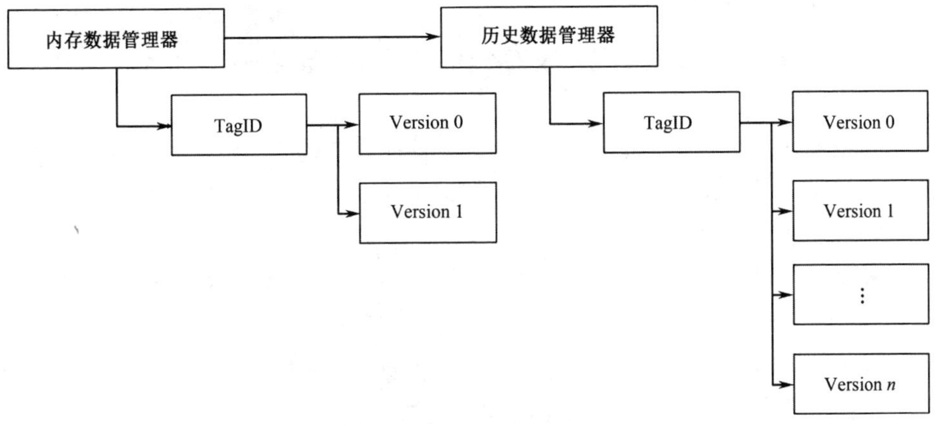

图 5-2　内存数据管理器与历史数据管理器

3. 内存数据管理器

内存数据管理器利用主内存的快速存取优势，采用独占写数据权限+共享多用户读数据权限，以及多版本并发控制，最大化数据访问的并发能力，以便快速处理源源不断到达的实时数据流；内存数据管理器在接收数据更新的同时，会调用用户自定义的在线处理过程，完成数据质量及状态的判定。

4. 历史数据管理器

历史数据管理器采用数据缓存、数据块、归档文件三级模式进行数据管理。历史数据管理器利用数据缓存进行数据压缩打包，并建立索引，形成数据块，存入物理磁盘。根据数据访问需求及用户设置，长期不用的数据可以转换成归档文件，归档文件一般不提供在线查询服务。

5. 实时事务调度中心

系统中所有的数据操作都采用事务模型进行处理，实时事务调度中心是整个系统的核心，事务的调度算法及并发控制机制是体现系统性能的关键。

6. 数据订阅/发布中心

由于感知数据处理的实时性需求，数据分发方式不能采用关系数据库等传统系统的查询或者轮询方式，必须采用订阅/发布机制来确保数据更新能够及时到达系统内部的其他组件或者外部应用。

7. 数据同步服务器

由于物联网天然的分布特性及系统的应用需求，数据同步服务器是支撑系统进行分布式部署的基础。

常用的同步方式包括镜像同步与聚合同步，其中镜像同步主要应用于跨网络的数据共享应用，最典型的场景是通过网络隔离装置——安全隔离网闸实现的单向数据同步服务。

安全隔离网闸通常布置在安全级别不同的两个网络之间，如信任网络和非信任网络，管理员可以从信任网络一方对安全隔离网闸进行管理。安全隔离网闸的安全性体现为链路层断开，直接处理应用层数据，对应用层数据进行内容检查和控制，在网络之间交换的数据都是应用层的数据。

通用的网闸一般分三个基本部分：内网处理单元、外网处理单元、隔离与交换控制单元。网闸结构如图 5-3 所示。

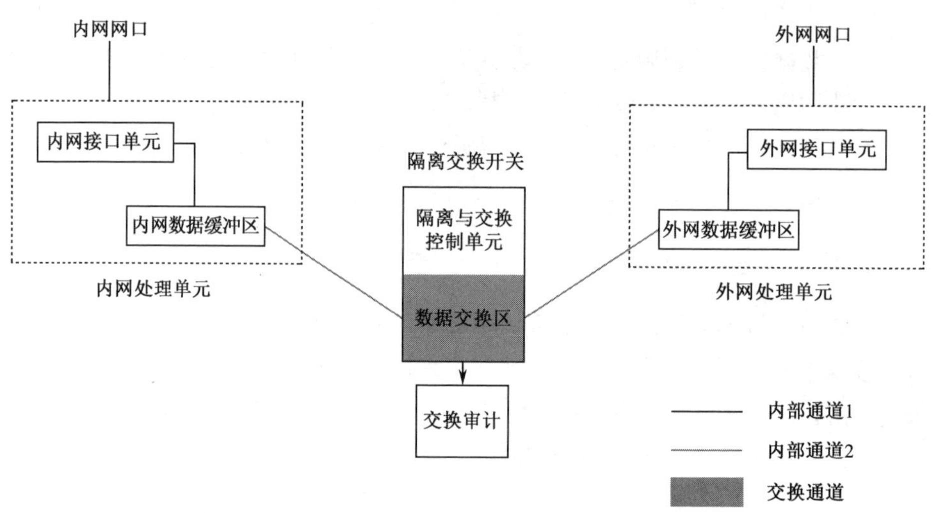

图 5-3　网闸结构

1）内网处理单元

内网处理单元包括内网接口单元与内网数据缓冲区。内网接口单元负责与内网网络的连接，对数据进行安全检测后剥离出“纯数据”，做好交换的准备，也完成内网对用户身份的确认，确保数据的安全通道；内网数据缓冲区存放并调度剥离后的数据，负责同隔离与交换控制单元进行数据交换。

2）外网处理单元

外网处理单元与内网处理单元功能相同，但处理的是外网网络的连接。

3）隔离与交换控制单元

隔离与交换控制单元主要负责控制交换通道的开启与关闭。对交换通道的控制目前有两种方式：摆渡开关与通道控制。摆渡开关是电子倒换开关，让数据交换区与内外网在任意时刻不同时连接，实现物理隔离；通道控制是在内外网之间改变通信模式，中断内外网的直接连接，采用私密的通信手段形成内外网的物理隔离。该单元中有一个数据交换区，作为交换数据的中转。

以上三个单元都要求其软件的操作系统是安全的，也就是采用非通用的操作系统，或者改造后的专用操作系统，一般为 UNIX BSD 或 Linux 的变种版本，或者是嵌入式操作系统 VxWorks 等，但都要删除底层不需要的协议、服务，对使用的协议进行优化改造，增加安全特性，同时提高效率。

8. 日志管理器

日志管理器主要用来记录数据库中的重大参数修改、系统运行日志、用户事务日志、错误日志等，其中系统运行日志包括数据采集接口运行状态、用户端连接状态、系统运行负荷等内容。

由于感知数据库中数据的更新频率非常高，处理这些数据的事务不需要考虑回滚或者恢复。

日志文件通常按照文件队列来组织，采用循环方式覆盖前面的日志文件，从而充分利用磁盘空间。

9. 应用接口服务器

系统对外提供数据订阅服务、数据查询服务、数据回放服务、数据管理服务，以及对 SQL 语言的支持等，这些都是使用特定的协议通过应用接口服务器与系统打交道的。

5.2 感知数据库的分布部署体系

感知数据库的分布部署一方面来源于系统的分级、分区管理需求，另一方面来源于系统的高性能与高可用性需求，而且系统高可用性的分布部署模式也是整个系统分布部署的基础环节。

5.2.1 系统的集群部署模式

根据侧重的方向和目的，集群分为三大类：高性能集群（High Performance Cluster，HPC）、负载均衡集群（Load Balance Cluster，LBC）、高可用性集群（High Availability Cluster，HAC）。高性能集群的目的是利用一个集群中的多台机器共同完成一个任务，使得完成任务的速度和可靠性都远远高于单机运行的效果，弥补单机性能上的不足。高性能集群主要用在天气预报、环境监控等数据量大、计算复杂的环境中。负载均衡集群是利用一个集群中的多台单机完成许多并行的小的工作，主要目的是选择负载最小的机器，缩短用户请求的响应时间，提供最好的服务，并且增加系统的可用性和稳定性。这类集群在网站中使用较多。高可用性集群利用集群中系统的冗余，最大限度地保证集群中服务的可用性。这类集群广泛应用于对系统可靠性要求高的领域。

按照工作的层面，集群可分为数据库集群、应用服务集群、交换机集群等。数据库集群是将计算机集群技术引入数据库中实现的，有数据库厂商自己开发的，也有第三方集群公司开发的，还有数据库厂商与第三方集群公司合作开发的，各类集群实现的功能及架构不尽相同。以 Oracle 实时应用集群（Real Application Cluster，RAC）为例，其采用共享存储的体系结构，集成高速缓存融合技术，是 Oracle 数据库支持网格计算环境的核心技术。IBM DB2 UDB（Universal Database）是一种典型的无共享磁盘结构的并行数据库集群，其实现很大程度上依赖数据库模式的划分及数据库在各节点的分布均衡性。而 Microsoft SQL Server 自身可提供两种集群技术：失败转移集群 MSCS（Microsoft SQL Cluster Server）和镜像（Mirror）。MSCS 是一种基于共享磁盘的高可用性集群，是操作系统级别的集群，这也能够通过第三方的高可用性（High Availability，HA）软件实现；镜像（Mirror）是一种不需要共享磁盘的高可用性集群，是数据库级别的集群。

目前，工业上的数据库系统支持最多且最常用的集群方式是双机热备与镜像。双机热备是一种主从模式、基于共享磁盘的失败转移集群，是操作系统级别的集群，大部分通过操作系统或者第三方的高可用性软件来实现，不需要数据库系统的特别支持。双机热备的一个变种是经济型的双机互备。其避免了两个数据库实例使用四台服务器分别实现双机热备，在一定程度上需要数据库支持多实例运行。双机双工也是工业应用中常用的高可用性解决方案，两台或多台服务器均为活动状态，保证系统的整体性能与高可用性。数据库镜像是非共享磁盘型的高可用性解决方案，可分为完全镜像与部分镜像。完全镜像一般需要数据库自身的支持，是进行系统多层级部署的基础；部分镜像的主要目的是实现数据库的聚合同步，实现系统的分级部署。图 5-4 所示为数据库系统的双机部署模式。

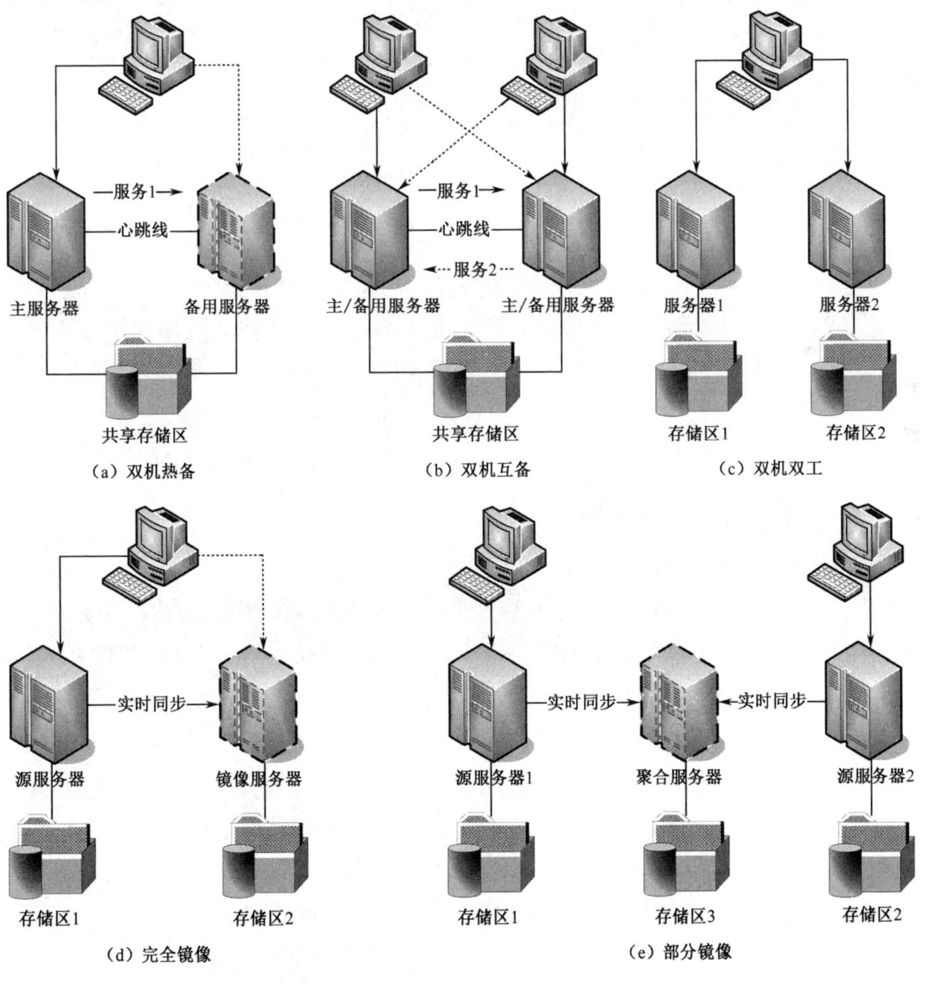

图 5-4　数据库系统的双机部署模式

多点集群是双机系统在技术上的提升，由多台服务器组成一个集群，灵活地进行系统部署，并设置适合的接管策略。常用的方式有一备多、多备多、多机互备等。这样，可以充分利用服务器资源，同时保证系统的高可用性与扩展能力。图 5-5 所示为数据库系统的多点集群部署模式。

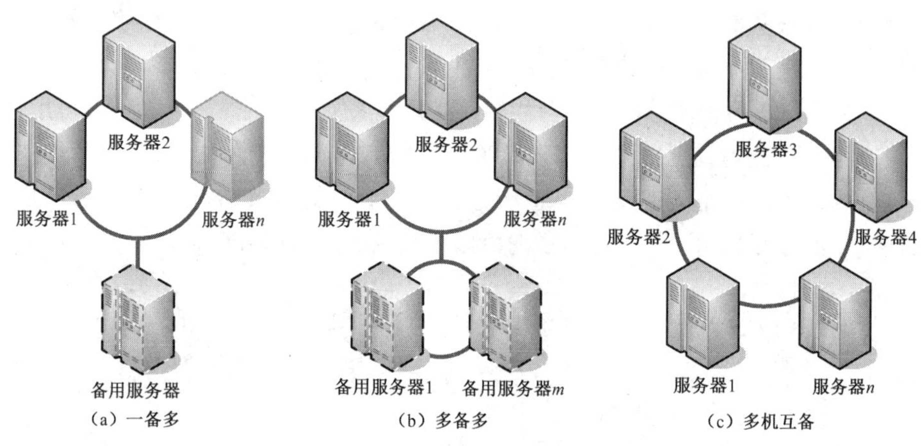

图 5-5　数据库系统的多点集群部署模式

以上集群部署模式主要目的在于系统的高可用性，双机互备或者多点集群能在一定程度上实现系统的高性能。这些部署中的许多模式需要数据库本身的支持，包括数据库的多实例、数据同步复制、全局数据字典管理、多服务器的统一访问接口，等等。

5.2.2　多层级的系统部署体系

由于物联网本身的广域特征及管理的级别体系需求，感知数据库系统在一定情况下有必要采用多层级的分布式体系。下面以典型的三级分布部署体系为例，描述多层级的系统部署体系。

（1）一级数据库系统。一般来说，一级数据库系统部署在基层单位，直接从工业现场、传感器网络或者嵌入式数据库中采集或者同步复制数据，支持本地应用并为上一级系统提供数据基础。感知数据库系统的部署可以根据实际需求采用双机热备、双机互备、双机双工或者多点集群等模式。这一级数据库系统更多的是面向 SCADA 之类的综合自动化应用，以及部分在线计算分析应用。

（2）二级数据库系统。二级数据库系统同样可采用多种部署方式，数据来源包括工业现场、一级数据库系统及一定数量的在线整合计算数据，并可支持数据的归档管理。二级数据库系统与一级数据库系统可以采用镜像方式进行数据同步复制，并且在必要的情况下支持跨网闸的数据传输，保证两级系统之间的网络隔离。

（3）三级数据库系统或者大数据云平台。三级数据库系统的数据主要来源于二级数据库系统及在线的整合计算数据，系统主要面向管理业务提供实时的统计分析及设备运行分析与预测应用，而非面向监控应用。三级数据库系统在二级数据库系统的基础上，更加深入地与关系数据库系统、知识库系统等结合，通过进一步的数据整合计算或者数据挖掘分析，构建全面完整的企业实时数据仓库和挖掘分析平台。

多层级的数据库系统部署体系是许多大型工厂与企业进行实时数据平台建设的基本模式，要求大型分布式数据库系统产品提供一定的功能支持，包括数据库的聚合同步、数据的在线整合计算、一定的数据挖掘分析能力等。

图 5-6 所示为数据库系统的三级部署体系。

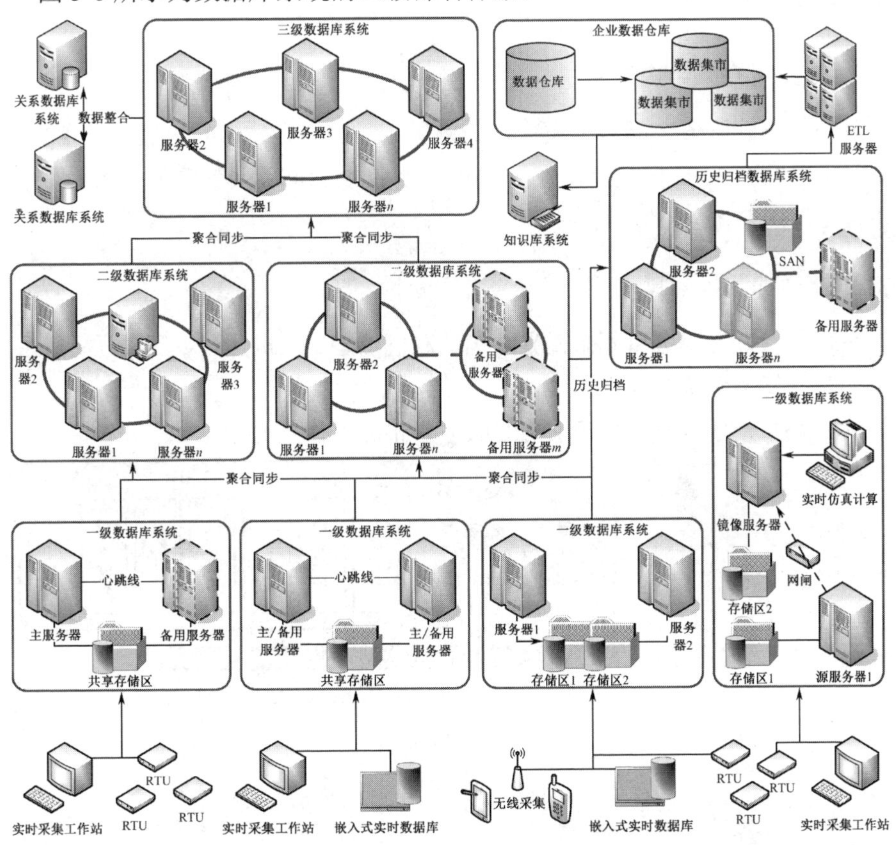

图 5-6　数据库系统的三级部署体系

5.2.3 服务分布部署体系

感知数据库系统不仅需要支持系统的多级部署，而且应该支持系统中不同服务的分布部署；感知数据库系统中的服务通常包括基于内存的实时数据服务、历史数据服务、报警与事件服务、数据订阅服务、数据目录服务、实时计算服务、系统管理服务、历史归档服务、实时数据服务等。这些服务通过实时高效的通信机制互联互通，其分布部署体系分为以下三个方面。

1. 服务的分布式部署

系统中，每类服务都可有多个，每个服务都可单独部署，多个服务也可部署在同一节点上。通过分布式部署某类服务的多个实例，可提高服务和系统的并行处理能力。例如，实时数据服务、历史数据服务及报警与事件服务都能够部署在不同的服务器上。

2. 服务间的灵活映射

系统中不同服务之间可根据应用需求进行动态组合、拆分和配置。例如，某几个实时数据服务可以对应某一历史数据服务。服务间的灵活映射是系统进行多点集群部署的基础。

3. 服务的冗余配置

系统中重要的服务可冗余配置，包括双机热备、双机互备、多机互备等多种方式，保证整个系统的高可用性。

图 5-7 所示为感知数据库系统的服务分布部署体系。

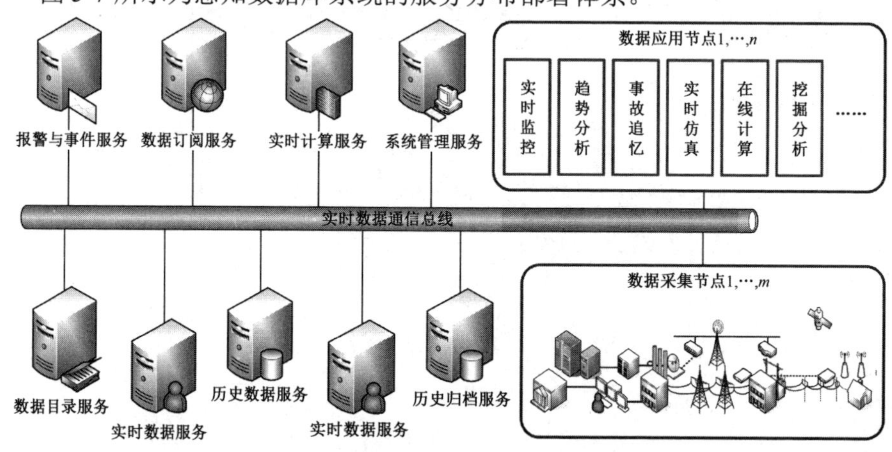

图 5-7 感知数据库系统的服务分布部署体系

5.3 感知数据库中的关键技术

基于感知数据库系统所面临的数据多元性及处理需求的特殊性，其设计与实现中涉及多方面的关键技术，涵盖从数据采集到数据存储管理，以及数据处理、查询访问等多个方面。本节分别就相关技术进行介绍，其中最核心的事务调度处理技术将在第 6 章进行阐述。

5.3.1 智能设备及传感器接口技术

在工业领域，随着“工业 4.0”、工业互联网的持续发展与推动，智能工厂、智能生产、智能物流对设备的智能化、生产线的智能化及感知手段提出了更新、更高的要求。此外，智能建筑、智能家居、环境监控等领域都涉及系统与智能设备、传感器的双向通信和交互。

从设计方面来说，系统需要提供可配置的协议扩展框架，以便兼容众多的工业总线协议及厂商的定制化协议。常见的工业总线协议包括 Modbus、Prifibus、BACnet、CAN、Lonworks、OPC、SNMP 等。下面首先给出系统的协议扩展框架，然后进一步讨论系统中如何通过协议转换将采集的数据转变为内部数据流。

插件最主要的特点是可以实现“热插拔”，也就是说可以在不停止服务的情况下，动态加载/移除/更新插件。如图 5-8 所示，系统实现“框架+插件”的结构，

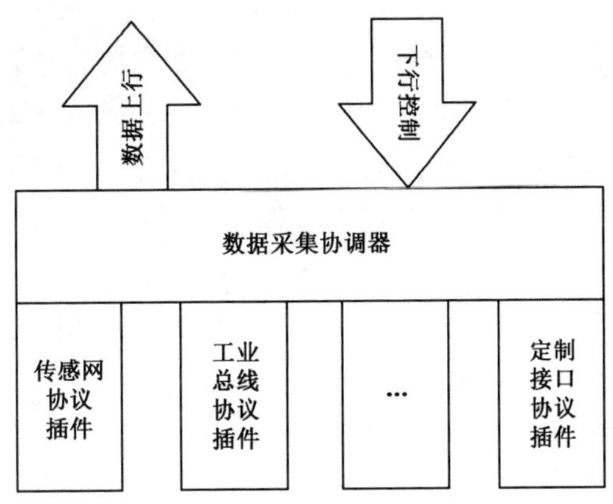

图 5-8 数据采集协调器的“框架+插件”模型

要求进行“松耦合”设计，只有松耦合的组件才可以被做成“插件”。插件的“热插拔”功能使系统有非常好的可扩展性，以及方便系统升级与更新。

数据采集协调器把源源不断的数据按照优先级放入不同的数据队列，以便基于内存的实时数据管理器进行处理，如图5-9所示。

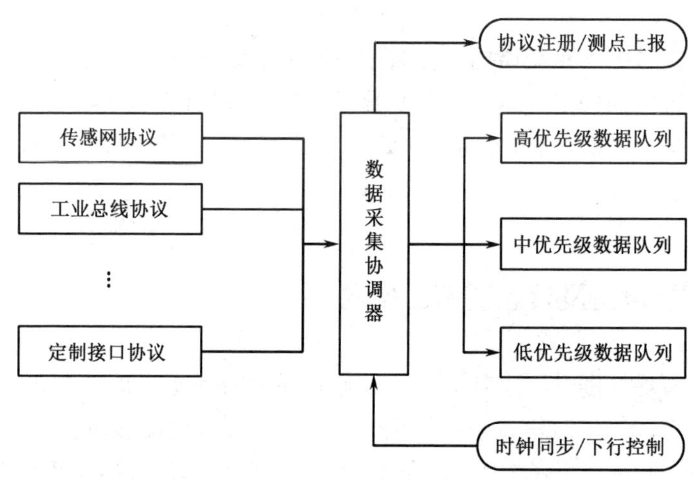

图5-9　数据采集协调器的数据交互模型

5.3.2　流数据实时在线处理技术

感知数据库系统需要接收来自不同地点的多个来源的数据流，如何实现数据流的在线处理，实现数据流与并发处理程序之间的调度和匹配，是系统需要解决的关键问题。

来自系统外部的实时数据流按照优先级进入不同的数据队列，基于目前广泛使用的多处理器、多核的特点，系统根据需要建立感知事务处理线程池，根据优先级调度执行感知数据对象的在线处理过程，数据更新结果进入基于内存的实时数据管理器；根据事件定义触发相应的事件，放入事件队列；根据用户的订阅需求，把需要发布的数据放入发布队列，如图5-10所示。

感知数据属于典型的流数据，具有流数据处理的典型特征，具体如下。

- 数据触发模式，处理过程始终在线。
- 在数据流动的过程中进行处理与计算。
- 只对一段时间内的数据进行处理，感知数据对象内置的在线处理过程必须能够在确定的时间内完成，否则会影响整个系统的性能。

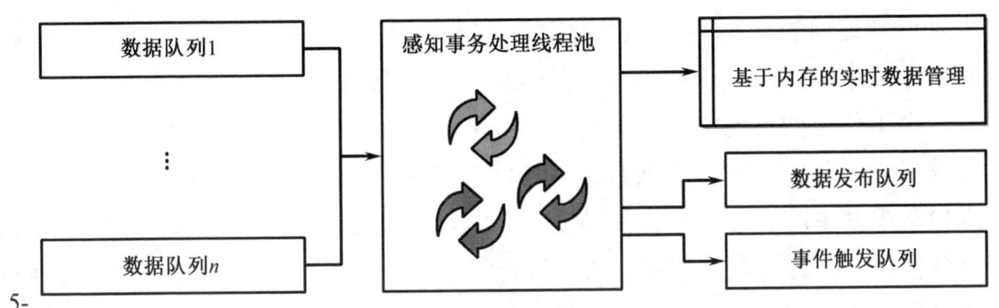

图 5-10　感知数据库工作原理

内置的在线处理过程针对采集的数据进行常规处理，通常包括以下内容。

- 标记时间戳：由于系统所采集的数据都具有很强的时间性，因此，所有数据都采用时间戳进行标记。通常，有以下两种标记方式，一种是采用设备或者现场的时间戳；另一种是采用系统内部的时间戳，用户可以根据需求进行设置。
- 基本报警判定：系统支持的基本报警包括模拟量的越限报警（HiHi/Hi/Lo/LoLo）、数字量的开关报警（ON/OFF）及状态报警等，从而形成报警事件，触发后续的处理过程。
- 更新内存快照：对系统采集的数据标记时间戳并进行基本报警判定后形成数据记录，用于更新内存快照；内存快照主要用于提高流数据的快速处理能力。
- 订阅数据发布：系统提供的订阅/发布机制在数据或者事件被订阅的情况下被触发，能够按照优先级进行数据的发布处理。

以上是系统提供的标准数据操作，系统支持定制内嵌操作或者进行操作的扩展，以便提供更加丰富的数据处理能力。

5.3.3　事件驱动的高效处理机制

互联网及物联网的广泛应用改变了分布式系统的规模，传统的基于请求/应答的点对点同步通信已不能很好地满足大规模的动态分布式应用环境。为了加强大规模的分布式环境中实体之间的通信协作，系统要求更加灵活的通信模型，以反映应用的动态和非耦合特性。基于事件机制的系统架构是建立大规模分布式系统的有效方式，订阅/发布机制是目前广泛使用的基于事件的通信模型。

事件驱动架构（Event-Driven Architecture，EDA）是 Gartner 于 2003 年提出

的实时事件处理的软件架构，它定义了一个设计和实现软件系统的方法学。在这个系统中，事件可传输于松耦合的软件组件和服务之间。

一个事件驱动系统由事件消费者和事件生产者组成，通常采用订阅/发布机制。事件消费者向事件管理器订阅事件，事件生产者向事件管理器发布事件。当事件管理器从事件生产者那里接收到一个事件时，事件管理器把这个事件转送给相应的事件消费者。通过提供瞬时过滤、聚合和关联事件的能力，EDA 可以快速地检测事件并判断它的类型，从而帮助系统快速、恰当地响应和处理这些事件。EDA 使系统及组件之间更加松耦合，增强系统的事务处理能力。

构建一个包含 EDA 的应用程序和系统，会使这些应用程序和系统响应更灵敏，因为事件驱动的系统更适合应用在不可预知的和异步的环境中。

EDA 在具体实现中是指由一系列相关组件构成的应用，而组件之间通过事件机制完成一定的业务功能。由于在一个事件驱动系统中，各个组件都只专注于处理输入的消息与发布输出的消息，因此事件驱动系统能够更加有效地对管道化（Pipelined）的、由多个软件模块链接而成的并发事件流（Concurrent Processing of Events）进行处理。

事件驱动系统中各组件以异步方式响应事件，在本质上是可以并行的，其具备以下特点。

- 并发执行。
- 事件触发/数据触发/时间规则触发。
- 实时/增量响应。
- 分布式事件系统处理。

事件驱动设计和开发的优势如下。

- 可以更容易开发和维护大规模分布式应用程序及不可预知的服务或异步服务。
- 可以很容易、低成本地集成、再集成、再配置新的和已存在的应用程序及服务。
- 促进远程组件和服务的再使用，拥有一个更灵敏、更健壮的开发环境。
- 系统对动态处理有更好的响应，对实时变化的响应接近同步。

1. 数据的订阅/发布

事件和消息是既有联系又有区别的统一体，或者说是从不同方面描述的同一个事务。事件是消息的发起者，消息是事件发生后的产物，而且消息发送必须有事件发生才能实现。数据的订阅/发布模式是以消息流的处理为核心的技术框架，消息的产生是由感知数据对象的更新事件驱动的。

如图 5-11 所示，数据的订阅/发布模式定义了一种一对多的依赖关系，让多个订阅者同时监听某一个感知数据对象。这个数据对象在自身状态变化时，会通知所有订阅者，使它们能够自动更新自己的状态。数据的订阅/发布模式所做的工作其实就是解耦合：让耦合的双方都依赖抽象的消息，而不是依赖具体的操作，从而使各自的变化都不会影响对方的变化。

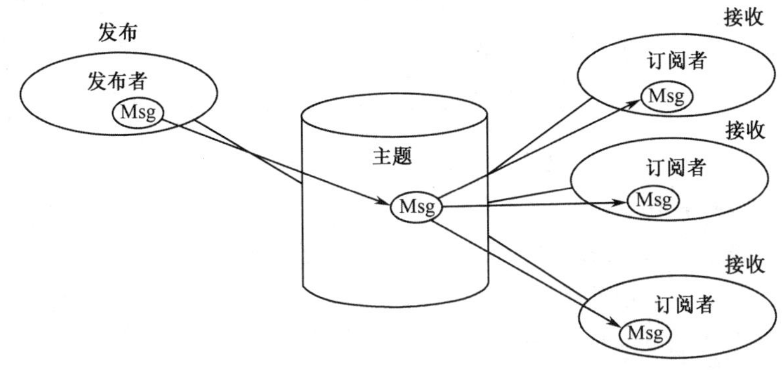

图 5-11　数据的订阅/发布模式

通过数据的订阅/发布机制，系统支持用户将需要持续关注的数据告知系统，由系统自动进行条件匹配及数据筛选。通过高效的分发机制，客户端能够实时掌握所关注数据的任何变化，保证分布的多客户端实现同步的更新，进一步提升和完善数据的应用模式。

对于感知数据这类具有时态属性的数据来说，数据或者消息的分发同样具有实时性要求。消息的调度处理机制能够缓解消息传输中的优先级反转问题，为实时数据库的实时性需求提供基础。图 5-12 和图 5-13 所示为消息调度对消息传输的影响。

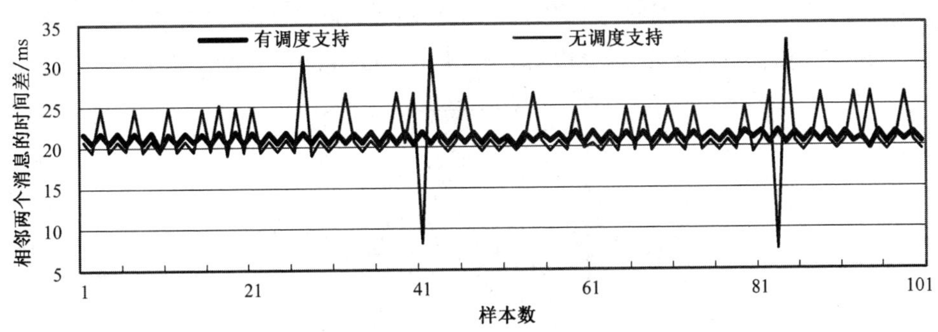

图 5-12　消息调度对 512B 的消息传输的影响

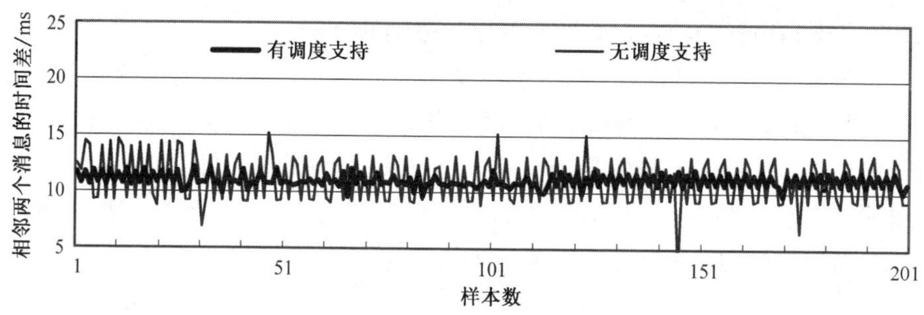

图 5-13　消息调度对 16KB 的消息传输的影响

同时传输两个不同大小、不同优先级的消息，16KB 的消息优先级低，每 10ms 传输一次，而 512B 的消息优先级高，每 20ms 传输一次，图 5-12 和图 5-13 中显示了接收端接收到相邻两个消息的时间差。

基于数据的订阅/发布的实时消息通信体系必须提供如下功能。

- 点对点消息通信机制：提供点对点（Peer-to-Peer）的消息通信能力，支持 QoS 保证。
- 消息发送单次可达：保证每个消息能从发送者到达接收者，且仅被接收一次。
- 提供多种消息缓存机制：能够支持各种不同应用或组件对消息存取速度、持久性和可靠性等的不同需求。
- 消息的调度管理：队列中的消息可以按照截止期或优先级进行排列，为消息传递提供可预测的、确定的时延。

2. 复合事件处理技术

EDA 向复合事件（见图 5-14）处理方向发展，就是由单一的事件发展到由多个事件形成的一个复杂事件链。简单事件处理（Simple Event Processing）是消息导向的架构，主要处理单一事件，其中事件定义为可直接观察的改变。在这个架构中，简单事件处理只做两件事情：过滤（Filtering）和路由（Routing）。过滤

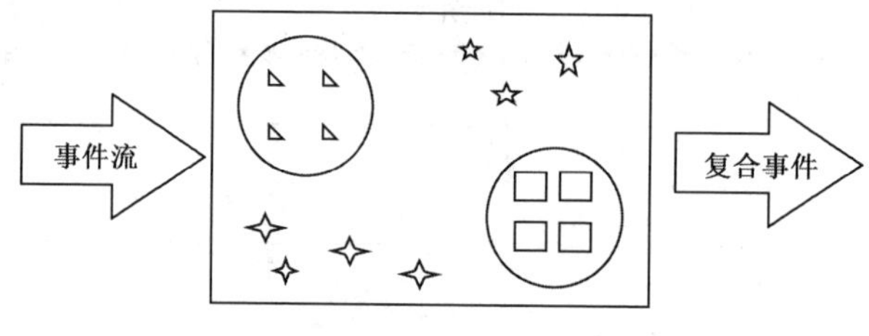

图 5-14　复合事件

功能决定事件是否应该被传出去，路由功能则决定事件应该传给谁。例如，温度传感器感测到了某个时间的变化，就把事件发生直接通过事件处理引擎传给订阅者，一切工作流程都是实时的。如此一来，事件消费者将大大降低时间成本。

复合事件处理（Complex Event Processing）机制使用模式比对、事件的相互关系、事件间的聚合关系，从事件云（Event Cloud）中找出有意义的事件，使得系统可以更弹性地使用 EDA，并且能更快速地开发更复杂的逻辑架构。在 EDA 下，可以将简单事件处理、事件流处理（Event Streaming Processing）及复合事件处理技术结合起来。相较于简单事件处理，复合事件处理不仅处理单一的事件，也处理由多个事件组成的复合事件。复合事件处理监测分析事件流，当特定事件发生时，会触发某些动作。

当谈到复合事件的时候，必然需要引入的一个内容就是规则引擎。其原因在于，往往一个消费方会接收多个事件，而消费方在收到多个事件且符合某个业务规则的时候，可能进一步产生新的业务事件并进行事件发布，只有这样才能形成事件消息链，也只有引入规则引擎才可以更好地实现事件处理规则的灵活配置。

复合事件处理描述的就是系统如何持续地处理这些事件，即系统对变化的持续反应。不论是个体还是系统，都需要从大量的事件中过滤提取，按照既定的处理反应规则做处理。复合事件处理主要采用两种技术手段来完成事件的过滤——判断和处理，即规则语言和持续查询语言（CQL）。

规则语言定义事件处理的规则，即 ECA 规则：事件+条件→动作。当某事件发生时，如果某些条件满足，则执行一些处理或者一些动作。规则语言定义的规则集合在运行时由规则引擎来执行。当有新的事件产生时，匹配所有规则，满足条件的规则按优先级进入执行队列，按顺序执行规则中的动作。如果该动作的处理导致事件和对象变化，可能会有新的规则加入执行队列，或者从执行队列中减去一些规则。这个过程会一直执行下去，从而模拟一个实体对变化的持续反应（见图 5-15）。

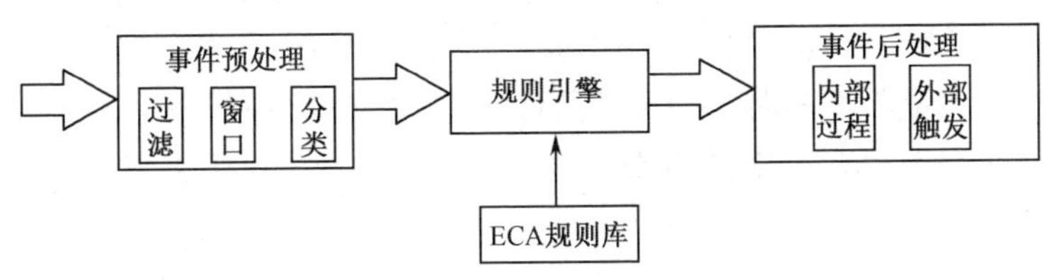

图 5-15　复合事件处理引擎

持续查询语言使用类似 SQL 的语法描述事件和事件反应处理规则。对于内存中大量的外部事件和内部对象，CQL通过查询语句进行条件匹配，同时提供回调函数。如果某些事件或者对象符合查询条件，就调用回调函数做相应的处理。CQL提供两种查询方式：快照方式和持续方式。快照查询只做一次。持续查询类似规则引擎中的规则，只要事件和对象有变化，就执行查询进行条件匹配，如果有匹配上的对象，就调用相应的回调函数。这个过程会一直执行下去，同样可以描述对事件的持续反应。

可从以下几个方面来比较规则语言和持续查询语言。

（1）两种技术的实现手段。规则引擎使用RETE网络，将规则集合中的所有条件的所有模式构造成一个匹配树，变化的对象通过这个树进行过滤匹配，判断哪些条件被满足。匹配树的各个节点会存储这个节点上满足模式的对象，这样在对象变化时不需要重新匹配所有对象，从而大大加快了匹配的速度。持续查询语言使用的是数据库技术，事件和对象相当于表，不论是在内存中还是在文件中。持续查询相当于视图，只要对象有变化，视图中就有对应的体现。可通过索引加快查询匹配速度。

（2）两种技术的性能。规则引擎的RETE树通过单个模式节点的连接（Join）来做多个对象、多个模式的条件判断，查询语言通过表之间的连接（Join）来做跨多表的查询。

（3）两种技术的相似点。两种技术都能实现对事件对象的持续条件匹配和处理。从开发的角度来看，一个使用自定义的规则语言，另一个使用类似于SQL的语言，差别也不大；从运行内存来看，两种技术对内存的使用都不小。

只有了解技术的本质，才能决定在什么样的需求场景使用什么样的技术手段。不管是规则语言，还是持续查询语言，用复杂事件处理技术替代普通编程语言来实现一些应用，都可带来如下好处。

（1）开发时采用声明型语言替代过程式语言。规则语言和持续查询语言都是声明型编程语言，只声明事件的匹配条件和对应的处理动作，整个系统的运行由引擎来执行。这样开发的工作量要小一些，但需要非常准确地了解引擎的工作原理和细节。

（2）在对大量事件和对象的持续条件匹配与处理的过程中，复杂事件处理产品提供高效的条件匹配、对象查询。这是应用开发者自己难以实现的。

5.3.4 感知数据的压缩存储技术

由于感知数据获取的实时性、持续性，以及大量数据传输带来的带宽需求，特别是在网络不可靠或者带宽受限情况下的数据采集，要求系统能够对数据进行在线压缩，以提高数据传输的效率，更好地满足系统的实时性需求。

在线压缩技术在以下三种情况下更有效。

（1）系统从智能设备或者生产线甚至智能工厂中批量采集数据，如设备运行状态的断面数据、在允许时间周期内的批量数据等。

（2）系统从设备或者传感器上高密度地连续采集一组数据。

（3）系统采集的音视频数据、图像数据，这类数据可以采用成熟的压缩技术。

实时采集的时态数据由于更新频繁，数据量巨大。另外，地震勘探及声呐测深等系统工作时，在单位时间内会产生海量的二进制数据，如果要存储这些数据，服务器的磁盘容量与I/O会成为瓶颈，而采用合适的压缩算法是一种可行的方法。

根据时态数据的特点，数据的高更新率及精度要求容许一定的误差，因此，可以采用有损压缩算法进行压缩，常用的有损压缩算法是旋转门算法。

而对于有些对精度要求高的时态数据及二进制大数据，数据存储采用的压缩算法应该具备下述特点：无损在线压缩；大小可配置的分块压缩；压缩/解压的速度快；压缩比高；可多线程实现，并行性高。

其实，数据压缩的意义在于不仅能够在有限的硬盘空间中存储大量的历史数据，而且能够优化数据的查询与检索速度。

数据存储管理采用内存—数据库—文件队列三级管理体制，如图 5-16 所示。

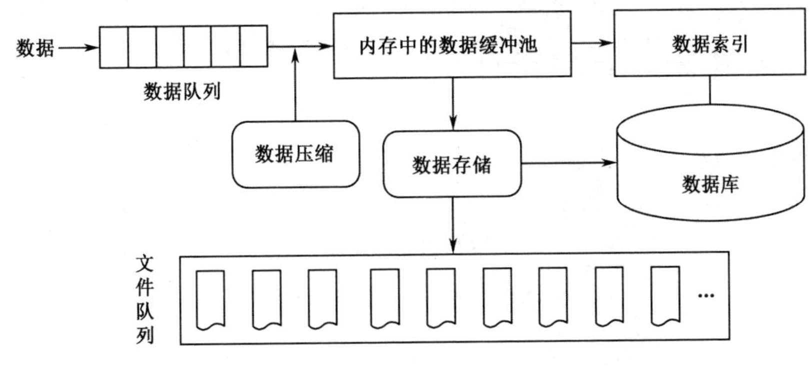

5

图 5-16　数据存储管理

其中，内存中的数据缓冲池用于优化磁盘 I/O 操作；数据库主要用来存储对象的常规属性；文件队列用于存储时态属性及二进制大数据。用户可以根据数据的规模配置数据文件的大小和文件队列的长度，并且可以方便地对文件进行归档管理。

此外，系统文件队列支持定制。例如，地震勘探数据管理中通常采用 SEG-Y 或者 SEG-D 格式［由国际勘探地球物理学家学会（SEG）制定的地震数据记录标准］进行数据存储并记录到磁带等设备上，随后提供给数据解释中心进行专业化分析与处理。

1. 数据在线压缩技术

当前工业实时数据库系统用到的压缩算法分为有损压缩与无损压缩两类。无损压缩多采用霍夫曼压缩算法，而有损压缩在一定的误差要求范围内仅保存少量点，其他时刻的值可通过线性插值算法快速还原。典型的有损线性压缩算法包括工业标准的死区压缩算法、PI 的旋转门算法等。

死区压缩算法的原理如下：对于时间序列的变量数据，规定好变量的变化限值（死区，或者称为阈值），若当前数据与上一个保存的数据的偏差超出了规定的死区，那么就保存当前数据，否则丢弃，如图 5-17（a）所示。

这种算法对来自时间序列的连续数据，仅需与前一个保存的数据进行比较，即可确定本数据是否需要保存，因此，易于理解和实现。

死区压缩算法可以较好地过滤噪声，适用于数值稳定的测点，但对于线性漂移（沿斜线变化）的数据，不能很好地压缩，如图 5-17（b）所示。

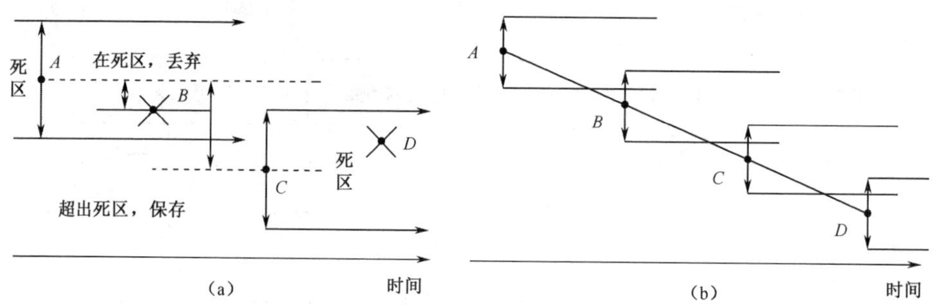

图 5-17　死区压缩算法的原理

若采用死区压缩算法，那么 *A*、*B*、*C*、*D* 都需要保存，实际上仅保存 *A* 和 *D* 即可，*B* 和 *C* 通过线性插值就可以还原。这种情况下，就需要采用一些斜率变化的压缩方式，对沿斜线变化的数据进行压缩。

旋转门算法是 OSIsoft 公司 PI 系统的核心压缩算法，该算法基于 Bristol 提出的旋转门趋势化（Swinging Door Trending，SDT）算法。旋转门算法是一种比较快速的线性拟合算法，用于对浮点型数据进行压缩，使存储容量大大减小。浮点型数据通常具有如下特点：①数据采集量大；②数据临近度高。如果不能对这些数据进行压缩，将造成巨大的资源浪费。旋转门算法作为线性拟合的一种简便算法，具有效率高、压缩比高、实现简单、误差可控制的优点，现在已成为一种专门算法。

SDT 算法的实现原理如图 5-18 所示。

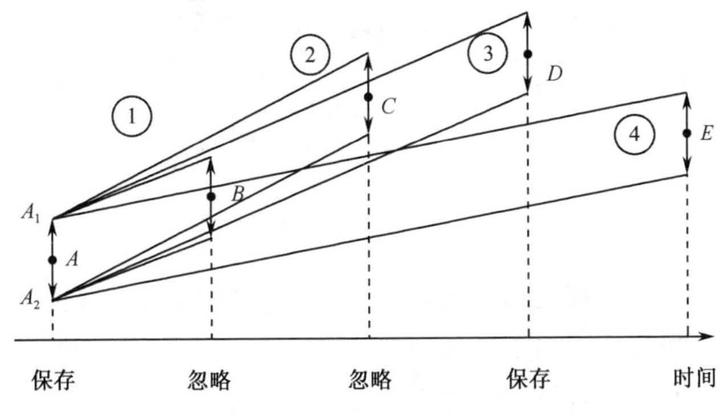

图 5-18　SDT 算法的实现原理

A 点作为第一个数据项处理，直接存入数据库。通过 *A* 点和后续点画平行四边形，其竖直方向的边长 A_1A_2 为 2 倍的压缩精度，也就是图 5-18 中的旋转门范围。当平行四边形能够包围 *A* 点与当前点之间的所有点时，继续画平行四边形，如图 5-18 中的平行四边形③包围了 *B* 点和 *C* 点；当平行四边形不能包围所有点时，如图 5-18 中的 *A* 点和 *E* 点画出的平行四边形④，那么其前一个点即 *D* 点，需要保存；然后从 *D* 点开始继续画平行四边形。

旋转门算法具体实现时，仅需要计算 A_1 与后续点的最大斜率、A_2 与后续点的最小斜率，以及 *A* 点与当前点的斜率，若这个斜率超出了最大和最小的斜率范围，那么当前点的前一个点就需要保存。

因此，这个算法计算量少，中间需保存的变量也少，测点值解压缩还原后的最大误差为压缩精度，即旋转门范围的一半。

2. 感知数据索引技术

由于感知数据是基于时间的序列数据，其数据的查询与应用很大程度上都与时间相关，因此，在这类数据存储的同时建立基于时间的索引是影响系统性能的关键因素。

由于感知数据按照数据块进行打包，并最终存储到数据文件，因此，基于时间的索引机制有利于系统按照时间快速定位数据所在位置并获取数据。图 5-19 所示为基于时间的索引建立。

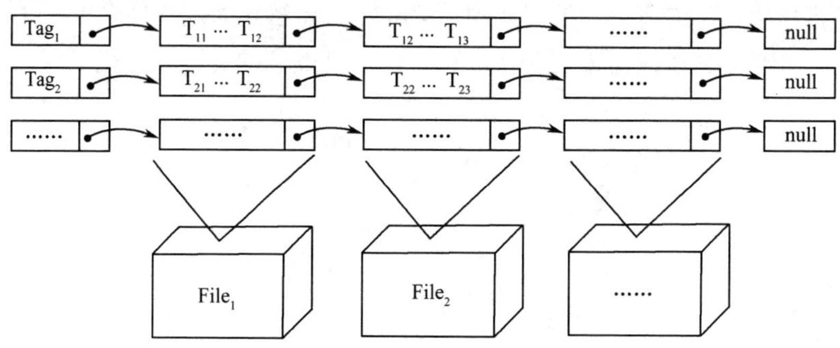

图 5-19　基于时间的索引建立

感知数据的一个主要应用模式是基于事件的查询，这些事件包括状态异常事件，用户自定义报警，感知数据在一段时间内的最大值、最小值及平均值，孤立点，位置信息，相关联的指令或者状态信息，以及用户反馈信息或者标注信息等。上面这些事件数据可以作为辅助，用来为感知数据建立辅助索引。

第 6 章

实时事务调度处理技术

事务是面向数据库中的数据存取访问的一个逻辑工作单位，是一个操作序列，执行这个操作序列使数据库从一种一致状态转换到另一种一致状态，以实现特定的业务功能。感知数据的来源主要是分布的智能设备及传感器，并且数据具有很强的时间属性。数据的时间属性或者直接来自外界的传感器，或者基于传感器数据推导计算而来，其最主要的特性是时态一致性。

传统的关系数据库系统旨在处理永久性数据，其设计与开发主要强调数据的完整性、一致性，要求事务具有 ACID 特性，以及提高系统的平均吞吐量等总体性能指标，却很少考虑与数据本身及数据处理相关联的时间属性。

随着物联网、“工业 4.0”、智能制造等理念及产业的发展，物与物之间及人与物之间的感知和交互需求越来越强烈，对数据的处理也提出更高的要求。本章将分析感知事物的特性，探讨感知事务的调度方法及并发控制方法，并且基于目前硬件的计算能力与系统架构，提出可行的、优化的实时事务执行框架及模式。

6.1 常见事务特性分析

根据感知数据的处理需求，把数据库中的事务划分为三大类：感知事务、触发事务和用户事务。另外，基于数据的分析计算这类事务可以是感知事务、触发事务，也可以是用户事务。

6.1.1 感知事务

感知事务是数据库获取数据的基本方式，又称为数据采集事务或传感器事务。这些事务一般都是预定义的定期事务，按照一定的采集周期更新数据，以保持数据时间属性的绝对一致性，具有确定的性质，包括事务的相对截止期、执行周期及最坏情形执行时间。感知事务一般是固实时的事务，如果在一定的时间周期内不能执行完成，可以放弃；到下个执行周期再执行。

但是，在特殊情况下，感知事务可以由用户事务或者其他事务触发。例如，用户的控制指令往往需要通过即刻执行的感知事务确定指令执行的结果，或者当一些事务的执行需要保持相关数据的相对时间一致性时，可以通过发起实时感知事务来保证。

6.1.2 触发事务

触发事务是感知数据库系统实现主动性的关键，可以分为更新触发事务与定期事务。触发事务一般通过 ECA（Event-Condition-Action）规则进行定义，属于预定义的事务。

更新触发事务一般是系统中预定义的过程，在感知事务更新数据对象时触发，用于主动的事务处理或者数据的推导计算等。这类事务一般具有明确的截止期，如果是时态数据更新事件定期触发，则存在事务的执行周期或者两个事务之间的最小间隔时间。更新触发事务与实时感知事务之间的关系可以是松耦合，也可以是紧耦合，取决于用户对数据一致性的要求；一般来说，实时感知事务更新时态数据对象中的相关属性，如报警判定、单位转换等采用紧耦合方式，而涉及多数据对象的属性推导计算及分析计算时，采用松耦合方式。

由于用户对感知数据的及时获取需求，数据一般采用订阅/发布方式推送到其他系统或者用户端。这类处理需求称为数据发布事务，属于只读事务，也由实时感知事务触发，但是一般采用松耦合关系，即数据发布事务作为一个独立的事务而不是感知事务的子事务。数据发布事务在触发后会检查数据订阅表，并根据订阅要求把数据发送到客户端，用于支持高实时性的数据计算服务或者客户端应用。

定期事务一般是预定义或用户提交的长计算事务，一般没有明确的截止期，属于软实时事务，但是存在事务的执行周期；并且，很多情况下的计算结果精度与事务执行的时间有关。

6.1.3　用户事务

用户事务总是由用户或者客户端应用发起的，事务的操作类型可以是只读、只写或者读写，包括数据的查询和修改。这类事务一般是非定期、软实时事务，没有明确的截止期，但是要求尽可能短的响应时间。

6.2　事务调度与并发控制

感知数据库系统的研究开发关键是事务的调度方法与并发控制策略。虽然感知数据库系统类似于实时数据库系统，事务具有时间属性及截止期，但感知数据库系统由于数据来源的多样性，事务具有更加复杂的关系，包括触发及嵌套等。

工业实时数据库一般在自动化生产线或者装置上采集数据，采集数据频率较高，但是采集频率基本一致，数据处理的逻辑与需求明确。而物联网中数据采集点的分散性及多样性会增加事务处理的不确定性。

6.2.1　事务的调度方法

事务调度最重要的目标是保证数据的新鲜度，即时间属性，并保证尽可能多的事务能够满足截止期；而事务调度方法的主要目的是为事务分配优先级，然后让系统按照优先级分派资源（主要是 CPU，还涉及内存、磁盘 I/O 等）以执行事务。

感知数据库中的采集事务主要是采集数据、完成数据更新，大量的感知事务涉及磁盘 I/O 等不可预测因素，因此，系统采用主内存来管理最新的感知数据，以保证最快的数据更新。一般来说，感知事务采用用户定义的固定优先级，而用户事务或者其他事务触发的感知事务优先级可以继承主事务的优先级。

紧耦合的触发事务一般都是短事务，可以作为感知事务的子事务触发执行；松耦合的触发事务最好作为独立的事务，按照数据重要性及时间属性分配优先级。

数据发布事务作为只读事务，可以按照数据的优先级或者感知事务的优先级来定义优先级。

定期事务一般是预定义或用户提交的长计算事务，执行周期较长，可以采用较低的优先级；而用户事务的优先级可以根据用户定义来确定。

事务调度算法必须综合考虑事务的截止期与关键性，事务截止期与关键性的分布情况在很大程度上影响系统的性能。在确定事务的优先级方面，有许多不同的算法。但是，随着计算机处理能力特别是并行能力的增强，事务的调度算法不只是分派单个的 CPU 资源，而是综合利用系统的处理能力提升事务的吞吐量，并尽可能满足数据及事务的时间需求。

6.2.2 并发控制策略

许多研究表明，事务调度方法是提升数据库事务处理能力的核心策略，而在并发控制中使用优先级解决数据冲突，有利于改进系统的性能。并发控制用于控制并发执行的事务之间的交互操作，以避免数据库的一致性被破坏。

传统的并发控制大多采用基于锁的方法，基于锁的并发控制属于悲观的方法，总假定事务冲突经常发生，而实际上锁只在最坏情形下才是必要的。优先级反转是传统的并发控制协议应用于基于优先级的事务调度所表现出的主要问题。而乐观并发控制基于相反的假设，即事务冲突很少发生，因此，允许事务无阻碍地执行直到全部操作完成，然后在提交时进行验证，如果通过了检验就提交，否则夭折。如果系统中事务之间的数据竞争很弱，则大部分事务能够通过验证并提交；事务之间的数据竞争越激烈，越多的事务就将夭折并重启，从而降低系统资源的利用率。

感知数据库系统中采用乐观的并发控制方法能够获得更高的效率。因为感知事务是只写事务，所以可以通过数据版本控制减少冲突；其他事务原则上不应该更改这些传感器数据的值。

由于所有实时采集的数据快照都保存在内存中，为了增加事务的并发度，降低事务之间的冲突，系统中可以采用两版本方法。也就是说，每个时态数据项都具有两个数据版本：一致版本和工作版本。其中，一致版本保存了该数据项的最近的有效版本。数据采集服务程序处理数据更新事务时总是使用数据项的工作版本，而在事务提交时这个工作版本将转换成一致版本。

历史数据的访问主要是通过基于时间的索引机制实现的。因为历史数据存储在文件队列中，能够通过对文件的优化访问实现查询优化。

6.3　服务器与操作系统

数据库系统需要运行在服务器硬件及操作系统上。服务器的体系结构及操作系统的多任务处理机制是进行系统设计时需要考虑的关键因素。

6.3.1　服务器体系结构与发展

从系统架构来看，目前的商用服务器大体可以分为三类，即对称多处理器（Symmetric Multi-Processor，SMP）体系结构、非一致存储访问（Non-Uniform Memory Access，NUMA）体系结构，以及海量并行处理（Massive Parallel Processing，MPP）体系结构。它们的特征分别描述如下。

1. SMP 体系结构

所谓 SMP 体系结构，是指服务器中多个 CPU 对称工作，无主次或从属关系。各 CPU 共享相同的物理内存，每个 CPU 访问内存中的任何地址所需的时间是相同的，因此，SMP 体系结构也被称为一致存储器访问（Uniform Memory Access，UMA）体系结构。对 SMP 服务器进行扩展的方式包括增加内存、使用更快的 CPU、增加 CPU、扩充 I/O 及添加更多的磁盘存储。

SMP 服务器的主要特征是共享，系统中的所有资源（CPU、内存、I/O 等）都是共享的。也正是这个特征，才导致了 SMP 服务器的主要问题，那就是它的扩展能力非常有限。对于 SMP 服务器而言，每个共享环节都可能造成 SMP 服务器扩展时的瓶颈，而最受限制的是内存。由于每个 CPU 必须通过相同的内存总线访问相同的内存资源，因此，随着 CPU 数量的增加，内存访问冲突将迅速增加，最终会造成 CPU 资源的浪费，使 CPU 性能大大降低。实验证明，SMP 体系结构 CPU 利用率最高的情况是采用 2～4 个 CPU，如图 6-1 所示。

2. NUMA 体系结构

NUMA 是针对 SMP 在扩展能力上的限制而提出的有效扩展以构建大型系统的技术。利用 NUMA 技术，可以把几十个甚至上百个 CPU 组合在一个服务器内。其 CPU 模块结构如图 6-2 所示。

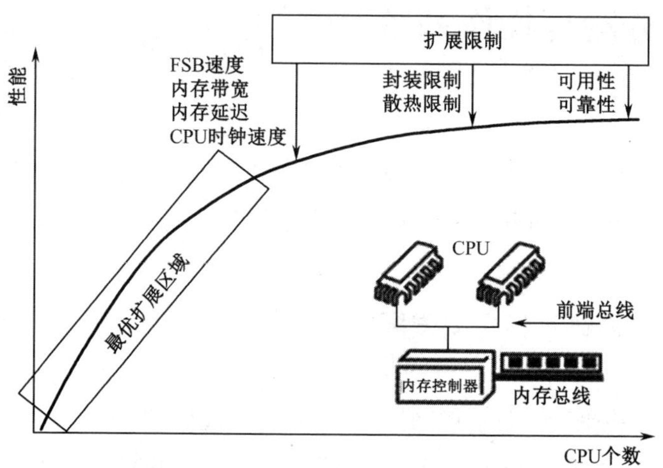

图 6-1　SMP 体系结构的 CPU 利用率

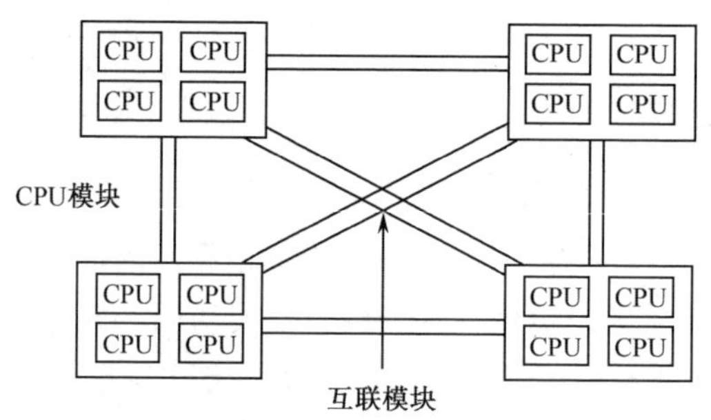

图 6-2　NUMA CPU 模块结构

NUMA 服务器的基本特征是具有多个 CPU 模块，每个 CPU 模块由多个 CPU（一般 4 个）组成，并且具有独立的本地内存、I/O 槽口等。由于其节点之间可以通过互联模块（Crossbar Switch）进行连接和信息交互，因此，每个 CPU 可以访问整个系统的内存。当然，访问本地内存的速度将远远高于访问远程内存（系统内其他节点的内存）的速度，这也是 NUMA 的由来。由于此设计特点，为了更好地发挥系统性能，开发应用程序时需要尽量减少不同 CPU 模块之间的信息交互。

利用 NUMA 技术，可以较好地解决原来 SMP 体系结构的扩展问题，在一个物理服务器内可以支持上百个 CPU。但 NUMA 技术同样有一定的缺陷：由于访问远程内存的延时远远超过本地内存，因此，当 CPU 数量增加时，系统性能无法线性增加。

3. MPP 体系结构

与 NUMA 不同，MPP 提供了另一种进行系统扩展的方式，它由多个 SMP 服务器通过一定的节点互联网络进行连接，协同工作，完成相同的任务，从用户的角度看是一个服务器系统。其基本特征是由多个 SMP 服务器（一个 SMP 服务器称为一个节点）通过节点互联网络连接而成，每个节点只访问自己的本地资源（内存、I/O、存储等），是一种完全无共享（Share Nothing）结构，因而扩展能力最好，理论上其扩展无限制。

在 MPP 体系结构中，每个 SMP 节点也可以运行自己的操作系统、数据库等。但与 NUMA 体系结构不同的是，它不存在远程内存访问的问题。换言之，每个节点内的 CPU 不能访问另一个节点的内存。节点之间的信息交互是通过节点互联网络实现的，这个过程一般称为数据重分配（Data Redistribution）。

MPP 服务器需要一种复杂的机制来调度和平衡各个节点的负载及并行处理过程。目前一些基于 MPP 技术的服务器往往通过系统级软件来屏蔽这种复杂性。

图 6-3 所示为 NUMA 和 MPP 的比较。

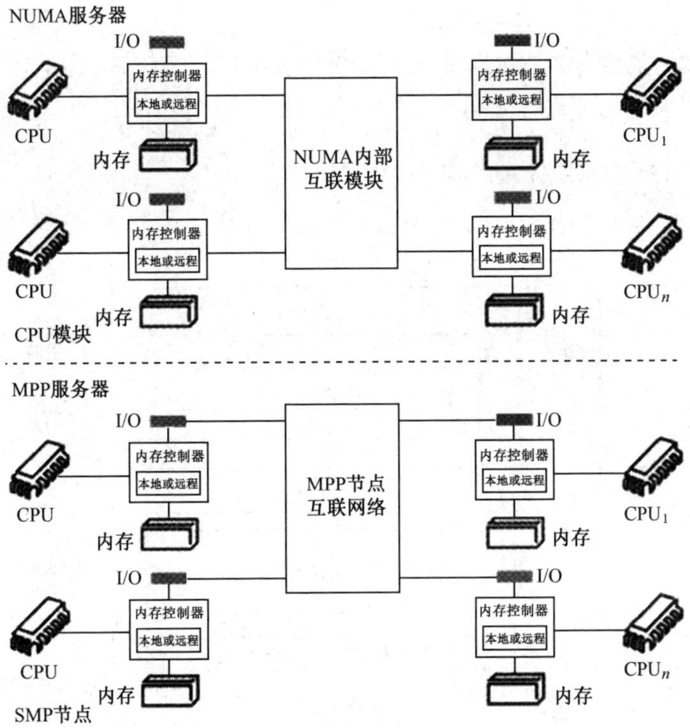

图 6-3　NUMA 和 MPP 的比较

从架构来看，NUMA 与 MPP 具有许多相似之处，它们都由多个节点组成，每个节点都具有自己的 CPU、内存、I/O，节点之间都可以通过节点互联机制进行信息交互。但是，NUMA 和 MPP 有以下两方面的重大差异。

首先是节点互联机制不同。NUMA 的节点互联机制是在同一个物理服务器内部实现的，当某个 CPU 需要进行远程内存访问时，它必须等待，这也是 NUMA 服务器无法实现 CPU 增加时性能线性扩展的主要原因。而 MPP 的节点互联机制是在不同的 SMP 服务器外部通过 I/O 实现的，每个节点只访问本地内存和存储，节点之间的信息交互与节点本身的处理是并行进行的。因此，MPP 在增加节点时性能基本上可以实现线性扩展。

其次是内存访问机制不同。在 NUMA 服务器内部，任何一个 CPU 可以访问整个系统的内存，但远程内存访问的性能远远低于本地内存访问，因此，在开发应用程序时应该尽量避免远程内存访问。在 MPP 服务器中，每个节点只访问本地内存，不存在远程内存访问的问题。

6.3.2 操作系统的多任务机制

目前常用的服务器端操作系统大多采用多用户、多任务系统，本节以 Linux 多任务操作系统为例进行介绍与分析。

1. Linux 操作系统体系结构

图 6-4 所示为 GNU/Linux 操作系统的体系结构。

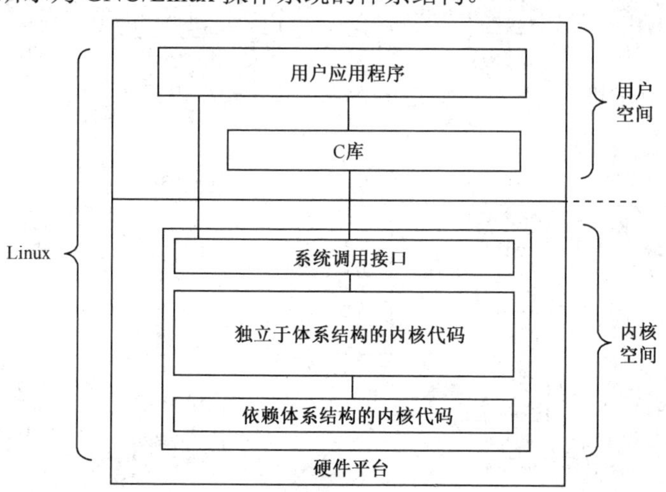

图 6-4 GNU/Linux 操作系统的体系结构

最上面是用户（或应用程序）空间，这是用户应用程序执行的地方。

用户空间之下是内核空间。Linux 内核空间进一步划分成三个层次。最上面是系统调用接口，系统调用接口之下是独立于体系结构的内核代码。这些代码是 Linux 支持的所有处理器体系结构所通用的。在这些代码之下是依赖体系结构的内核代码，这些代码用作给定体系结构的处理器和特定平台的代码。

GNU C 库（glibc）提供了连接内核的系统调用接口，还提供了在用户空间应用程序和内核之间进行转换的机制。它是 Linux 系统中底层的 API，几乎其他任何运行库都会依赖 glibc。内核空间和用户空间的应用程序使用的是不同的保护地址空间。每个用户空间的进程都使用自己的虚拟地址空间，而内核空间则占用单独的地址空间。

2. 程序、进程与线程

程序（Program）是为了完成某种任务而设计的软件，进程（Process）就是运行中的程序。一个运行着的程序，可能有多个进程。例如，Web 服务器是 Apache 服务器，当管理员启动服务后，可能会有好多人来访问，也就是说许多用户同时请求 httpd，Apache 服务器将会创建多个 httpd 进程来对其服务。

一个进程是一个程序一次执行的过程。程序是静态的，它是一些保存在磁盘上的可执行的代码和数据集合；而进程是一个动态的概念，它是 Linux 系统的基本调度单位。

在 Linux 中，一个进程在内存中有三部分数据："数据段""堆栈段""代码段"。代码段是存放了程序代码的数据，假如机器中有数个进程运行相同的一个程序，那么它们就可以使用同一个代码段。数据段存放程序的全局变量、常数及动态数据分配的数据空间。堆栈段存放的是子进程的返回地址、子程序的参数及程序的局部变量。

线程（Thread）是在共享内存空间中并发的多道执行路径，它们共享一个进程的资源，如文件描述和信号处理。在两个普通进程（非线程）间进行切换时，内核准备从一个进程的上下文切换到另一个进程的上下文时要花费很大的开销。线程允许进程在几个正在运行的任务之间进行切换，而不必执行前面提到的完整的上下文切换。

POSIX 线程是线程的 POSIX 标准，定义了创建和操纵线程的一套 API，实现 POSIX 线程标准的库称为 PThread。PThread 用来把一个程序分成一组能够同时执行的任务。相对进程而言，线程是一个更加接近执行体的概念，它可以与同进程中的其他线程共享数据，但拥有自己的栈空间，拥有独立的执行序列。

在串行程序基础上引入线程和进程是为了提高程序的并发度，从而提高程序的运行效率和响应时间。线程和进程在使用上各有优缺点：线程执行开销小，但不利于资源的管理和保护，而进程正相反；线程适合在包含对称处理器的计算机上运行，而进程则可以跨机器迁移；进程可以拥有资源，线程则共享进程拥有的资源；进程间的切换必须保存在进程控制块（Process Control Block，PCB）中，同一个进程的多个线程间的切换不用那么麻烦。

一个进程可以拥有多个线程，每个线程必须有一个父进程。线程不拥有系统资源，它只具有运行时所必需的一些数据结构，如堆栈/寄存器与线程控制块（TCB），线程与其父进程的其他进程共享该进程所拥有的全部资源。要注意的是，由于线程共享了进程的资源和地址空间，因此，任何线程对系统资源的操作都会给其他进程带来影响。由此可知，多线程中的同步是一个非常重要的问题。

3. Linux 进程调度原理

Linux 内核主要提供以下进程调度策略。

（1）SCHED_NORMAL：默认的调度策略，针对的是普通进程。

（2）SCHED_FIFO：针对实时进程的先进先出调度，适合对时间性要求比较高但每次运行时间比较短的进程。

（3）SCHED_RR：针对的是实时进程的时间片轮转调度，适合每次运行时间比较长的进程。

（4）SCHED_BATCH：针对批处理进程的调度，适合那些非交互性且对 CPU 使用密集的进程。

（5）SCHED_IDLE：适用于优先级较低的后台进程。

Linux 支持两种类型的进程调度：实时进程和普通进程。实时进程采用 SCHED_FIFO 和 SCHED_RR 调度策略，普通进程采用 SCHED_NORMAL 调度策略。任何时候，实时进程的优先级都高于普通进程，实时进程只会被更高优先级的实时进程抢占，同级实时进程之间按照 SCHED_FIFO（一次机会做完）或者 SCHED_RR（多次轮转）策略调度。

实时进程只有静态优先级，因为内核不会再根据休眠等因素对其静态优先级做调整，其范围为 0～MAX_RT_PRIO-1；默认 MAX_RT_PRIO 配置为 100，即默认的实时优先级范围是 0～99。

不同于普通进程，系统调度时，实时优先级高的进程总是先于优先级低的进程执行，直到实时优先级高的实时进程执行完成或者无法继续执行。实时进程总被认为处于活动状态。如果有多个优先级相同的实时进程，那么系统就会按照进程出现在队列上的顺序选择进程。假设当前 CPU 运行的实时进程 A 的优先级为 *a*，而此时有一个优先级为 *b* 的实时进程 B 进入可运行状态，那么只要进程 B 的优先级比进程 A 的优先级高，即 $b<a$（值越小优先级越高），系统将中断进程 A 的执行，而优先执行进程 B，直到进程 B 无法执行（无论 A 与 B 为何种实时进程）。

不同调度策略的实时进程只有在相同优先级时才有可比性。对于采用 SCHED_FIFO 策略的进程，只有当前进程执行完毕，才会轮到其他进程执行；对于采用 SCHED_RR 策略的进程，一旦时间片消耗完毕，就会将该进程置于队列的末尾，然后运行其他相同优先级的进程，如果没有其他相同优先级的进程，则该进程会继续执行。

SHCED_RR 和 SCHED_FIFO 的不同如下。

（1）当采用 SHCED_RR 策略的进程的时间片用完时，系统将重新分配时间片，并置于就绪队列尾。放在队列尾保证了所有具有相同优先级的任务的调度公平。

（2）SCHED_FIFO 一旦占用 CPU，则一直运行，直到更高优先级任务到达或自己放弃。

（3）如果有相同优先级的实时进程（根据优先级计算的调度权值是一样的）已经准备好，SCHED_FIFO 必须等待该进程主动放弃后才可以运行这个优先级相同的任务，而 SCHED_RR 可以让每个任务都执行一段时间。

6.4　事务的执行框架与模式

先前的研究基本上是围绕图 6-5 所示的通用的数据库系统模型进行的，主要研究单 CPU 环境中的实时事务调度与并发控制方法，以及准入控制、过载管理等。

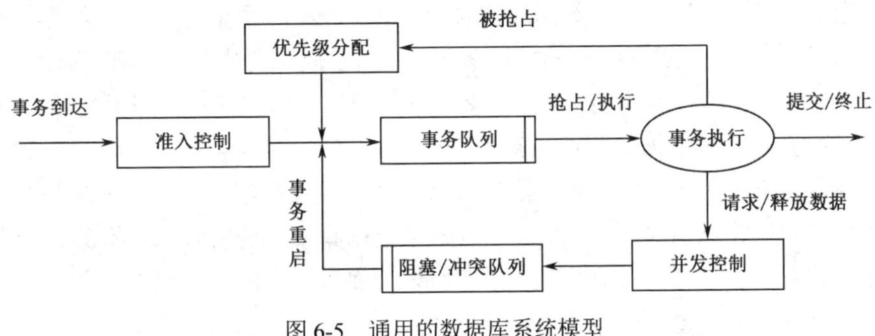

图 6-5　通用的数据库系统模型

随着多核、多线程、多处理器产品及云平台的发展，整个系统的运行效率得到了显著提升。感知数据库作为一个具有高性能、高可靠性要求的时间敏感的服务系统，如何适应多核、多线程、多处理器的服务器，从而提供更高的性能与可靠性，是研究开发中一个重要的问题。

6.4.1 通用系统模型与调度方法

在多核、多线程、多处理器环境中的系统模型与事务调度，以及并发控制都需要重新分析与设计。下面从数据库系统模型的设计出发，分析多核、多处理器环境中优化的实时数据库系统开发模式，以及设计中的关键问题，给出一个泛化的、基于前面描述的感知事务模型的单进程多线程事务调度处理框架，并在此基础上分析优化的多进程多线程的事务调度处理框架的设计模式。

6.4.2 事务调度处理框架的设计模式

事务调度处理是数据库系统设计开发的核心内容，下面给出两种多核、多处理器上的事务调度处理模式，即单进程多线程模式与多进程多线程模式，并进行分析讨论。

多进程多线程模式涉及如何划分系统的功能与线程到不同的进程，以及进程之间如何协作，在充分利用系统的多核、多处理器计算能力的同时，尽可能减少进程间通信与同步的代价。下面主要分析两种进程划分模式：基于功能划分与基于数据分区划分。

1. 单进程多线程模式

首先，基于数据库管理数据的特点，数据分为实时数据与历史数据两类。假设数据库系统中的这两类数据由实时数据管理模块与历史数据管理模块分别管理，实时数据管理一般基于主内存技术实现，而历史数据管理则基于文件系统实现，其中涉及数据压缩、缓存、索引及异步 I/O 等技术。

图 6-6 所示为一个单进程多线程的事务调度处理框架。其中，事务队列管理器可以设置 1 个或者多个队列，用于管理来自采集接口的实时感知事务、批量感知事务，由此触发的更新触发事务或者数据发布事务，和来自客户端的用户交互事务或者定期计算事务。这些事务由事务调度主线程安排不同的事务处理线程

处理，并在必要的时候存取实时数据管理器中的实时数据或者历史数据管理器中的历史数据。

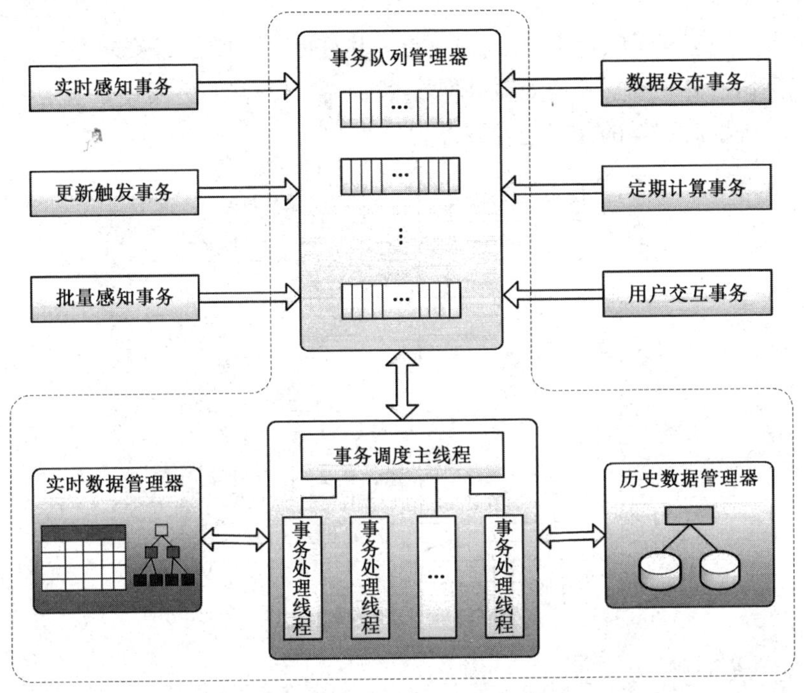

图 6-6　单进程多线程的事务调度处理框架

在这种系统框架下，事务调度主线程根据预定义的事务调度策略为事务分派不同的事务处理线程执行事务，事务处理线程根据操作系统的调度机制分配处理器资源运行，也可以由事务调度主线程指定处理器或者内核运行。在多核和多处理器计算机上，多个线程可以同时在不同的核与处理器上运行，每个处理器有自己的缓冲。线程在运行时，应该尽量保证在同一个核或处理器上运行，以提高缓冲的命中率，减少线程切换的开销。在调度时，应尽量让可以并发执行的线程同时执行，以减小线程同步的开销。

2. 基于功能划分的多进程模式

单进程多线程模式在提高系统并行性与处理器资源利用率的同时，具有系统开销小、数据共享方便等优点；但由于单进程系统没有内存隔离，单个线程的崩溃会导致整个系统的退出，并且编程与调试比较复杂。而多进程系统的优点在于内存隔离，单个进程的异常不会导致整个系统的崩溃；缺点是由于大量的进程间调用，通信和切换开销比较大，消耗更多资源。但是，通过合理的线程分组与功能划分，优化进程间通信与减少切换开销，可以得到更合理的系统进程模型。

图 6-7 所示为基于功能划分的数据库多进程系统模型。其中，实时数据管理与历史数据管理分别由不同的进程负责，并且提供一定的进程间通信机制与数据存取接口，实现数据采集处理进程、实时触发处理进程、用户交互进程，以及定期计算进程对数据的共享与存取控制。

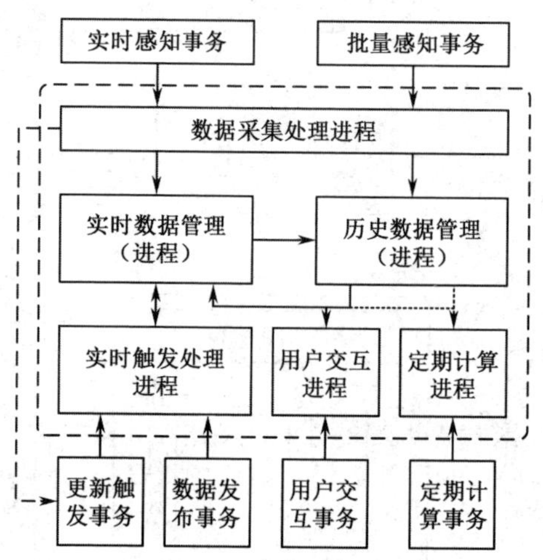

图 6-7 基于功能划分的数据库多进程系统模型

在这种模式中，数据采集处理、实时数据管理、历史数据管理、实时触发处理、用户交互、定期计算等功能分属于不同的进程。进程之间通过各种进程间通信的方式交换数据与完成功能请求。由于进程间通信的开销比线程间通信的开销大，因此，减少进程间通信的开销可以有效地提高系统的效率。对于大量的数据，可以采用共享内存等方式；对于少量的数据与命令，可以采用消息队列、管道等方式。与单进程多线程模式相比，多进程模式有以下优点。

- 更高的系统稳定性：由于各个进程有自己独立的虚拟地址空间和资源，一个进程的异常不会波及其他的进程，从而使系统更加稳定。
- 更好的模块化与可扩展性：各个功能被分解为不同的进程，它们之间的耦合比用多线程更低，因此，整个系统具有更好的模块化、更高的可扩展性。
- 可以有效地适应分布式系统：各个主要功能模块由于分属于不同的进程，因此，可以部署在不同的计算机上，实现分布式计算。

3. 基于数据分区划分的多进程模式

图 6-8 所示为基于数据分区划分的多进程模式。

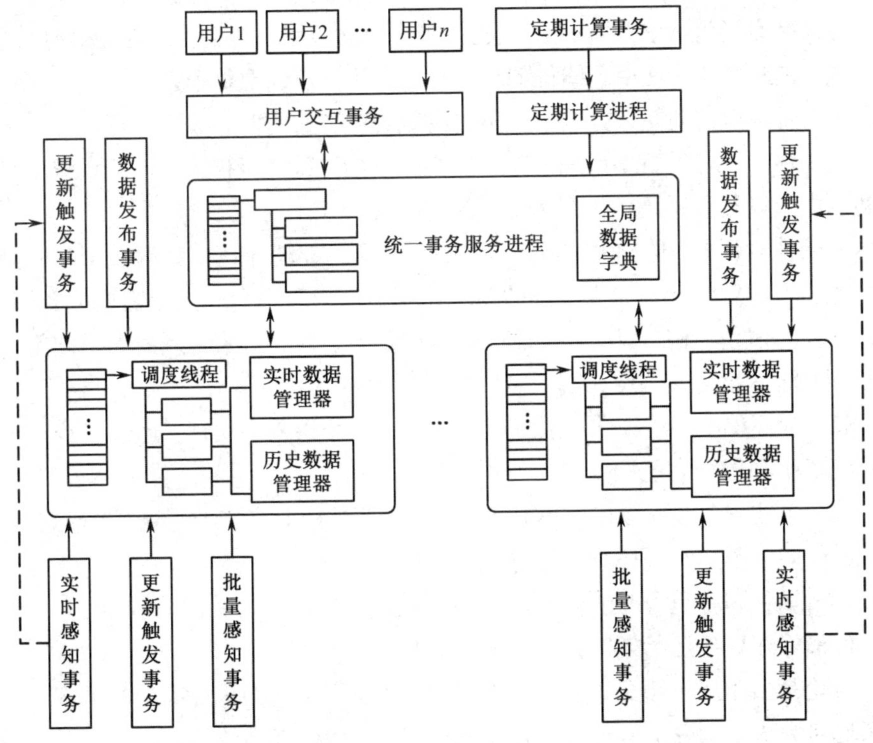

图 6-8　基于数据分区划分的多进程模式

基于数据分区划分的多进程模式将数据进行水平分片，即将数据集合划分成一系列子集，各个子集之间可以有交集，也可以没有交集。各个数据子集都有自己的一个完整的功能系统，处理该系统所属的数据。这种划分可以有效地提高系统的并行性，并且可以提供主进程+多工作进程模式，但需要提供全局的数据与服务管理能力。

6.5　系统框架的分析与性能优化

数据库作为一个具有高性能、高可靠性要求的服务器程序，从设计与开发的角度来说，无论是设计为单进程还是多进程，必然都是多线程的。单线程程序的优势是简单，却是非抢占的，特别是对于服务系统而言，会造成优先级反转，而这个问题只能由多线程来解决。多线程系统有利于提供具有不同优先级响应要求的服务，并且通过异步操作优化性能，防止阻塞关键任务的执行路径。在多核、多处理器的环境下，使用多线程的程序设计，并不是说把整个系统放到一个进程中实现，而是指在功能划分之后，在实现每类服务进程时，必要时可以借助多线程来提高性能。对于整个系统来说，需要做到能伸缩、可扩充，包括系统本身的扩展能力，以及利用硬件扩展来提升性能。

在软件设计中，选择多进程还是多线程与很多因素有关，如对数据实时处理的性能要求、对健壮性和安全性的要求、是否要求跨平台及是否需要分布部署、部署硬件的体系结构。因此，在设计中应充分考虑各种因素，以最大化利用系统资源。上面提到的系统设计模式可以概括为如下三种。

（1）多线程单进程模式：系统所有功能在单个进程中实现，通过多线程最大化系统资源利用与性能提升。

（2）多线程多进程模式：基于功能划分的多进程系统框架采用这种模式实现，系统通过多个不同的端口对外提供差别服务。

（3）多线程主进程+工作进程模式：这种模式支持动态创建或者终止工作进程，但最好在服务运行期间减少动态的创建与终止。

无论是采用何种模式，都是多线程的。多线程不是为了提高运行效率，而是为了同步完成多项任务，提高资源使用效率，从而提高系统的效率，特别是提高多核系统的性能。在几个线程同时准备运行的多线程应用程序中，每个核可以运行不同的线程，应用程序实现了真正的并行任务执行。这样不仅增强了 CPU 使用效率更高和系统可靠性更高这两个优点，而且使性能得到了彻底提升。使用线程还可以把程序中占据时间长的任务放到后台去处理，从而使用户界面可以及时响应。

一般来说，一个多线程服务程序中的线程大致可分为三类：I/O 线程、计算线程及其他辅助线程。无论是对于多线程还是多进程系统，要提高并行程序的性能，在设计时就需要在较少同步和较多同步之间寻求折中。数据不仅在执行核和存储器之间移动，还会在执行核之间传输。处理器交换的最小单元是缓冲行，或称为缓冲块，有两种读/写模式会涉及数据的移动：写后读和写后写。因为这两种模式会引发数据竞争，表面上是并行执行，但实际上只能串行执行，进而影响性能。在多核和多线程程序的设计过程中，要全盘考虑多个线程的访存需求，不要单独考虑一个线程的需求。

一般情况下，在应用程序中只需使用操作系统自己的调度器方案。然而，在数据库系统中，有时希望修改这些默认行为，以实现性能的优化。

许多操作系统的进程与线程调度器为应用程序的设计人员提供了被称为 CPU 软亲和性的编程接口、强制线程切换接口。这意味着编程人员可以控制进程与线程在 CPU 上的分布、调度，以避免进程和线程在处理器之间频繁迁移，以及频繁的线程切换开销。在实时感知数据库系统中，需要使用操作系统的这些接口进行调度优化的原因与情景主要有以下三个。

（1）执行定期计算事务。定期计算事务要在多处理器的机器上花费大量的计算时间，通过将定期计算事务的执行线程或者进程绑定在固定的处理器或者执行核上，减小长计算事务对其他事务的影响，以及线程、进程切换的开销。

（2）使用相同的数据资源。保持 CPU 缓冲的高命中率对程序的运行效率尤其重要。如果某个进程或线程迁移到其他 CPU 上，则缓冲命中率会急剧下降，这会增加访问内存的开销。在多处理机系统中，如果一个 CPU 修改了自己缓冲中的数据，则其他 CPU 都会使这些数据在自己的缓冲中失效，以保持数据的一致性。这种多 CPU 的缓冲一致性开销非常大，因此，如果有多个线程都需要相同的数据，那么将这些线程绑定到一个特定的 CPU 上是非常有意义的，这样就能确保它们可以访问相同的缓冲数据，以提高缓冲命中率。

（3）执行高优先级的关键事务。利用 CPU 亲和性的一个重要因素是执行对实时性要求高的关键事务。例如，使用硬亲和性来指定一个多 CPU 计算机上的某个处理器执行关键的实时感知事务或者更新触发事务，同时允许其他处理器处理所有普通的系统调度。

第 7 章

物联网大数据存储与管理

物联网中大量的传感器采集的数据连续不断地向物联网大数据中心传递，形成了海量的物联网数据。本书前面已经分析了这些数据的特点，针对其存储与管理，以下几个特点给物联网大数据存储与管理带来挑战。

（1）物联网大数据的海量性。物联网有大量的传感器，每个传感器均按照一定的频率频繁采样数据，大数据中心需要存储这些数据的最新版本及历史版本，从而满足对这些历史数据的查询及溯源等需求。例如，车牌识别传感数据包括车牌号码、监测点号码、监测时间及其他辅助信息。若一个城市仅按 1000 个监测点、180 天计，将产生约 36 亿条车辆识别数据。来自各个监测点的数据以 1000 条/s 的速率汇聚到监管系统的数据处理中心，数据处理中心需承载 3TB 左右结构化数据及 PB 级图片数据的存储、集成、管理和分析等需求。以一个广域覆盖的高精度位置服务平台为例，高精度 GPS 数据 1s 采集一次，以一个城市每秒 100 万条数据汇聚到数据中心计，1s 产生的数据总量大约为 100MB，则每月存储的数据总量超过 70TB。又如，车载物联网中一辆汽车内部大约有 900 个传感器，1s 产生规模很大的物联网数据，要求系统必须能够实时接入并存储到磁盘中，还需要能够高效地完成数据的查询操作。

（2）物联网大数据的高维度和部分稀疏特性。在很多应用情况下，传感器并不是孤立的，而是围绕设备整体进行组织的。例如，在车载物联网中，一辆车有 900 多个传感器，一条基础采集数据包含了车载 CAN（Controller Area Network）总线采集的 900 多个传感器的信息，使得数据中心接收的数据具有高维度的特征。对物联网数据的查询也涉及基于多个维度的约束条件进行复杂的查询。传感器数据还具有部分稀疏特性。例如，传感器数据有模拟量和状态值等，由于状态值一般可用布尔型表示，因此，可以将状态为 0 的数据项当作空项压缩，这对于海量数据的存储具有很大的价值。

（3）物联网数据的时空相关性。与传统互联网数据不同，物联网中的传感器具有地理位置（有时是动态变化的）和采样的时间属性，因此，普遍存在空间和时间属性。特别是在位置服务、智能交通、车联网等应用领域，物联网数据的时空属性非常重要。在物联网应用中，对传感器数据的查询不仅局限于传统互联网的关键字等查询，而是需要基于复杂的条件进行查询。例如，查询在某时间段内某指定地理区域，温度、湿度等多个属性满足某约束条件的记录，并对它们进行统计分析。

（4）物联网数据的序列性与动态流式特性。由于物联网传感器的采样时间是间断的，不同传感器的采样频率并不一定相同，因此，当查询某时刻的数据时，与给定时间匹配的概率极小，为了有效进行查询处理，一般将同一传感器的历次采样数据组合成一个采样数据序列，并通过插值计算的方式得到监控对象在指定时刻的物理状态。采样数据序列反映了监控对象的状态随时间变化的完整过程，包含比单个采样值丰富得多的信息。此外，采样数据序列的动态变化表现出明显的动态流式特性。

针对物联网大数据存储与管理的上述挑战，传统的关系数据库尚没有有效的解决办法；并行数据库由于采用了严格的事务处理机制，在采样数据频繁更新的条件下处理效率比较低，而且并行数据库针对海量数据的可扩展性也达不到物联网大数据的要求。NoSQL 数据库本身是一个稀疏的、分布式的、持久化存储的多维度排序 Map（Map 由 Key 和 Value 组成），适合存储高维度、稀疏的海量数据，且近年来已经在生产环境中得到应用，技术体系发展渐趋成熟。因此，针对物联网大数据的存储和管理，目前最有效的方法之一是基于云文件系统、NoSQL 数据库等新形式的海量数据管理技术。但是，由于物联网大数据的时空相关、动态流式特性及查询的实时性要求，现有的 NoSQL 数据库在某些应用场景中还不能完全满足物联网大数据存储和管理的需求，因此，利用 NoSQL 数据库来存储和管理物联网大数据，需要在其基础上面向物联网大数据进行有效的设计使用，必要时进行改进。本章先介绍云文件系统及 NoSQL 数据库的关键技术，然后就如何利用这些技术进行物联网大数据的存储和管理进行分析与探讨。

7.1 云文件系统的关键技术

进行大规模物联网感知数据的存储时，HDFS（Hadoop Distributed File System）是底层文件系统的常见选择。本节以 HDFS 为例，介绍物联网大数据文件系统的关键技术。

7.1.1 HDFS 的目标和基本假设条件

1. 硬件失败

由于系统是由大量廉价商用设备连接而成的，即使每部分的故障概率都很小，若连接在一起使用，总的故障概率也将大幅增大。因此，在系统中硬件故障成为大概率事件，这就意味着硬件故障成为常态，快速检测故障并从故障中恢复成为系统设计的核心目标之一。

2. 流式数据存取

HDFS 设计注重数据存取的高吞吐量而不是数据访问的低延时，系统以流式数据存取为主，批处理为主要使用方式，而不是一般文件系统中常用的交互使用方式。因此，系统面向的是以大规模流量数据访问为主的应用，而不是需要大量低延时随机数据访问的应用。

3. 大数据集

HDFS 被设计用来存取规模巨大的文件，文件大小以 GB 甚至 TB 为单位，而不是用来存取 KB 级或 MB 级的小型文件。单个集群能够支撑上千万个大规模数据文件，因此，文件系统必须能够管理成千上万个可扩展数据节点，并且具有高数据传输带宽。

4. 简单的一致性模型

系统面向的多数应用具有一次写、多次读的特点，文件一经创建，在写入数据且关闭之后就不再需要改变，而且数据通常只有一个写入主体，这个特点简化了数据一致性问题，使数据读取的高吞吐量成为可能。

5. 异构软硬件平台的可移植性

HDFS 使用 Java 语言开发而成，具有先天的可移植性，同时在设计上注重了系统的可移植性，因此，很容易从一个平台移植到另一个平台，这个特点有利于它的广泛使用。

7.1.2 HDFS 体系结构

如图 7-1 所示，HDFS 系统底层是由商用计算机或商用服务器构成的廉价集群，这些计算机的操作系统可以是 Linux 或 Windows，但在实际部署中使用 Linux 的居多，因为 Linux 是开源的，使用费用低，而且在必要的时候可以修改。HDFS 运行在操作系统之上，以 TCP/IP 作为通信协议对集群进行统一管理。

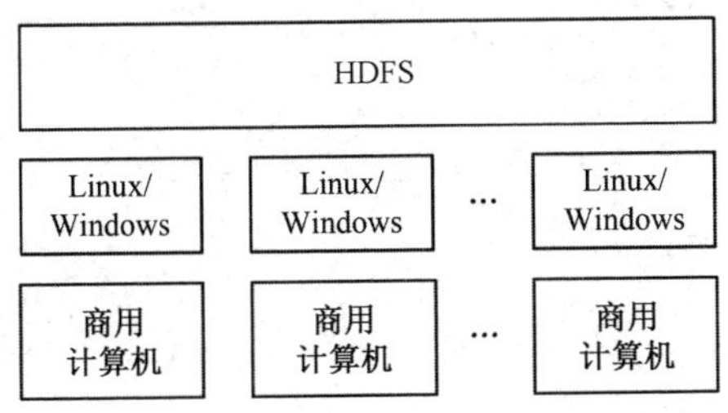

图 7-1　HDFS 逻辑分层结构

图 7-2 所示是一个 HDFS 物理部署实例，在这个实例中，集群由两个机架（Rack）组成，每个机架都有一个交换机和 16 台商用计算机，两个机架由一个交换机连接，整个集群共有 32 台计算机，其中一台作为主节点（称为 NameNode），另一台作为备用主节点（称为 Secondary NameNode），其他作为数据节点（称为 DataNode）。

如图 7-3 所示，HDFS 的系统管理采用主从结构，一台计算机负责集中管理整个集群，称为 NameNode。NameNode 管理文件系统的元数据，元数据包括树形结构的文件命名空间、文件副本个数、组成文件的数据块及其 ID 等信息。存储文件数据的计算机称为 DataNode，DataNode 一般部署在机架上，通过交换机连接在一起，当节点数量众多时可以分别部署在多个机架上，机架之间通过高速交换机连接。用户通过客户端（Client）与 HDFS 集群打交道，从 NameNode 中获得元数据，然后从 DataNode 中读取数据。

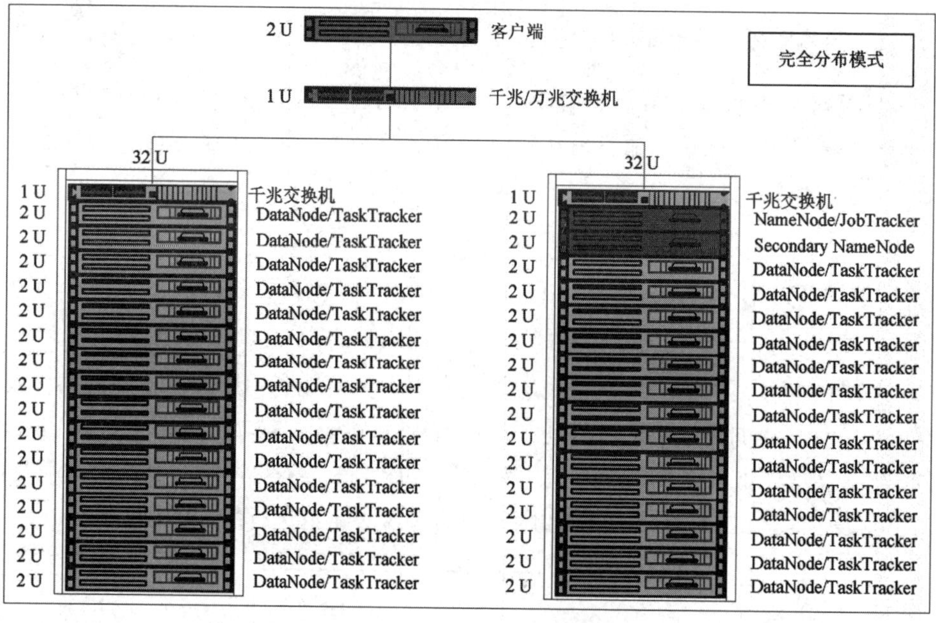

图 7-2　HDFS 物理部署实例

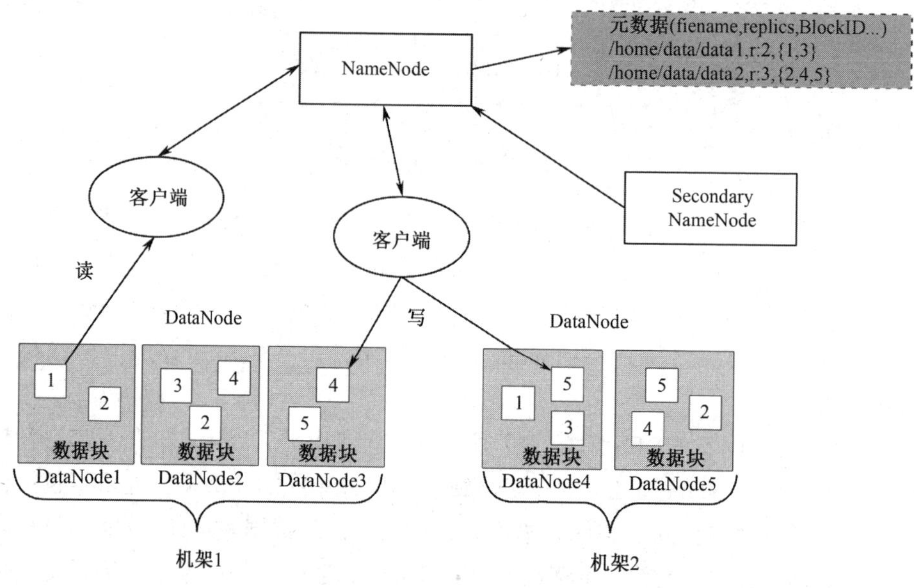

图 7-3　HDFS 系统管理示意

文件数据以块（Block）为单位存储在 DataNode 中，文件元数据管理块的标识 BlockID 和对应的存储位置。当 NameNode 出现故障时，Secondary NameNode 提供备用的管理能力。

NameNode 管理整个集群的文件元数据，执行文件系统命名空间的所有操作，包括打开、关闭、重命名，以及创建文件和目录，为文件分配数据块并指定文件到数据块的映射。NameNode 管理的文件系统元数据同其他已知的文件系统非常类似，都是以树形结构组织文件名称；不同点在于 HDFS 不支持文件或目录的硬链接或软链接方式，但 HDFS 并不阻止在系统中加入这些特征。

客户端对文件系统访问时，首先从 NameNode 获得元数据，但客户端不会从 NameNode 中直接得到文件数据，需要从文件元数据中解析得到文件数据块的位置，然后直接从 DataNode 中读取，HDFS 对用户访问不设限制。

Secondary NameNode 是为了增强系统的可靠性而配置的，为 NameNode 提供备用的管理能力，在最初的版本中并没有实现 Secondary NameNode，这是在后来的开发中逐渐增加的功能。对 Secondary NameNode，目前有许多不同的设计和实现，这里不再赘述。

DataNode 负责响应客户端对文件数据的读/写请求，文件数据在 DataNode 中以数据块的形式存在，每个文件的数据块大小及数据块副本的数量可以通过配置来指定。一个文件的数据块除了最后一块，其他块都是同样大小的。数据块副本的数量可以在文件创建后更改，但数据块的大小在文件创建后不能再改变。

DataNode 定期向 NameNode 发送心跳信号及本节点上数据块的信息，NameNode 根据这些信息判断 DataNode 是否正常工作，并且根据配置信息指示 DataNode 是否需要复制数据块及复制至哪个 DataNode。

在图 7-3 中，文件 data1 由 BlockID 为 1 和 3 的两个数据块组成，根据配置信息，这两个数据块的副本数是 2。也就是说，在系统中这两个数据块需要存在两个副本中，数据块 1 存放在 DataNode1 和 DataNode4 中，数据块 3 存放在 DataNode2 和 DataNode4 中。

7.1.3　性能保障

在 HDFS 的具体实现中，通过优化许多细节，合理安排数据块的位置，充分利用带宽资源，系统资源得到有效利用。

1. 元数据操作

为了提高 NameNode 的处理速度，HDFS 的元数据都存放在内存中，所有对元数据的操作都是对内存进行读/写。相对于存放在磁盘上，其处理速度大幅提高。这样做的前提是元数据的数据量相对较小，内存能够放得下，通过以下两个方法可以增加内存中元数据的存储量：第一是增加内存，但内存不能无限扩展；第二是采用一些压缩算法，压缩元数据的体积，如对文件名采用前缀压缩算法来减小文件名所占用的空间。

元数据全部存放于 NameNode 的内存中有一个明显的缺点，即当 NameNode 发生故障时，元数据将全部丢失。必须对元数据进行持久化处理，也就是保存在磁盘上，以便于故障后的恢复。NameNode 将每个对元数据改变的操作用事务日志的方式记录下来，称为 EditLog。EditLog 存储在 NameNode 的本地磁盘文件中，当 NameNode 运行较长时间后，日志记录将变得很多，给以后的恢复操作造成一定的困难。为解决这个问题，NameNode 定期将内存中的全部文件系统元数据以文件的形式保存在本地磁盘文件中，称为 FsImage，则 EditLog 中只需要记录最新的 FsImage 之后产生的日志即可。当 NameNode 重新启动时，读取最新的 FsImage，再读取 EditLog 中的日志，逐一执行其中的操作就能够恢复 NameNode 故障前的状态。

2. 数据块的读/写

客户端在申请创建一个文件之后，并不是立刻将创建信息发送给 NameNode，而是由 HDFS 将用户写入文件的数据先缓存在本地磁盘的一个临时文件中，当这个临时文件积累的数据量超过一个数据块大小时，客户端才联系 NameNode 传送相关信息。然后，NameNode 将文件名插入元数据的适当位置，并为文件数据分配一个数据块。后续的文件数据同样是先缓存，直到达到一个数据块的大小后才会向 NameNode 申请数据块。此时，NameNode 返回客户端一个数据块 ID 及其在 DataNode 中的位置，客户端将数据写入相应的数据块。虽然文件最后一个数据块的数据量没有达到一个数据块的大小，但在客户端执行关闭命令后同样执行上述操作，从本地缓存写入 NameNode 指定的 DataNode 数据块中。

在默认配置下，HDFS 数据块的副本数量是 3，3 个数据块的存放位置也会影响系统的存取性能，HDFS 采用机架感知的技术合理安排数据块的位置，使数据存取效率更高。机架感知技术的原理是，相比于不同机架上的计算机，同一个机架上的计算机网络距离更短，传输速度更快。

基于机架感知原理，HDFS 的数据块复制策略是，数据块的第一个副本写在与客户端同一个机架的 DataNode 上，如果客户端不在集群范围内，则写在与客户端网络距离最近、网络传输速度最高的节点上，数据块的第二个副本由第一个副本传输到同一机架的不同 DataNode 上，第三个副本由第二个副本传输到不同机架的 DataNode 上。这样做使第一个副本和第二个副本可以很快复制完成，但为了防止机架故障导致的数据不可用，第三个副本需要放在不同的机架上。

对于数据块的读取，基于机架感知技术，同样首先计算客户端与不同数据块的网络距离，选择从距离最近的 DataNode 上读取数据。

机架感知技术的核心是网络距离的计算，不同 DataNode 的网络距离可以根据统一编址的 IP 地址计算，也可以根据统一命名的网络名称计算。如图 7-4 所示，S 代表交换机，R 代表机架，D 代表 DataNode，一个 DataNode 的网络名称为/S*i*/R*i*/D*i*，*i*=1,2,3,…。以 D3 为例，其网络名称为/S1/R1/D3。在计算网络距离时，对从叶节点到根节点的每层都赋予不同的权重，为了计算方便，假设都赋予权重 2，则两个节点的网络距离计算如下。

- Distance(/S1/R1/D1,/S1/R1/D1)=0，同一个 DataNode。
- Distance(/S1/R1/D1,/S1/R1/D3)=2，同一个机架，不同 DataNode。
- Distance(/S1/R1/D1,/S1/R2/D5)=4，同一个交换机，不同机架。
- Distance(/S1/R1/D1,/S2/R4/D9)=6，不同交换机。

用类似的方法也可以对统一编址的 IP 地址计算网络距离。

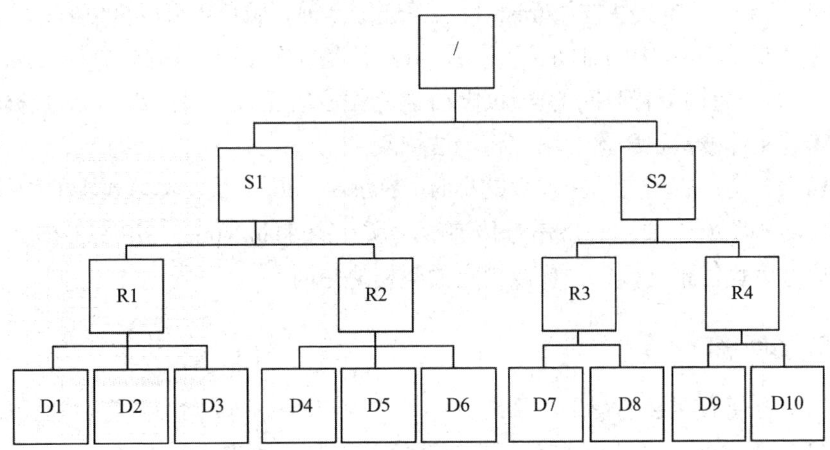

图 7-4　机架感知节点组织图

HDFS 对整个集群的数据块分布还会采用再平衡的策略进行管理，当集群中某些 DataNode 的存储空间剩余很多而有些存储空间剩余很少时，系统会自动调整数据块的分配，通过数据块的迁移使整个集群的数据块分布趋向均匀。

3. 错误处理

DataNode 会周期性地向 NameNode 发送心跳信号，NameNode 处理这些信息，将近期没有发送心跳信号的 DataNode 标记出来，并且不再将数据块的读/写请求分配给这些节点。同时，这些节点上的数据块也不再可用，相应文件元数据中的数据块副本数减少。NameNode 会定期检查数据块的副本数量，当小于配置的数量时会启动复制功能，使数据块的副本数量达到配置的要求。

数据块在读取、写入或传输过程中，可能由于各种原因造成数据损坏。客户端在写数据块的同时会生成数据块的校验和。校验和会写进一个单独的隐藏文件。当客户端从 DataNode 中读取数据时，会同时读取数据块的校验并进行检验，如果不匹配，客户端会选择数据块的其他副本，从而保证了数据的正确性。

4. 垃圾回收

当文件被删除或数据块副本配置数减小时，会产生一些废弃的数据块，对于这两种情况，系统有不同的回收方式。

当一个文件被用户删除以后，HDFS 不会立刻将它安全删除，而是将它移动到/trash 目录下。在文件被从/trash 目录下删除之前，用户还可以恢复它，被删除的文件存放在/trash 中的时间是可配置的，默认是 6 个小时。系统会自动扫描/trash 目录，将其中超过配置时间的文件删除，删除相应的元数据，释放相应的数据块。这意味着文件被真正删除，用户将无法恢复它。

当一个文件所配置的副本数减小时，NameNode 会挑选可以删除的数据块。数据块的删除操作通过心跳信号传递给它所在的 DataNode。相应的 DataNode 收到信号后执行删除操作，释放指定的数据块空间。

5. 访问接口

为了方便 HDFS 的使用，系统提供了多种应用接口，常用的有命令行接口、Java API、Web 接口等。这些都可以参考官方文档，本书不进行详细介绍。

7.2 NoSQL 数据库的关键技术

7.2.1 NoSQL 数据库概述

目前，NoSQL 数据库非常多，有上百个 NoSQL 数据库产品，常见 NoSQL 数据库及其分类如表 7-1 所示。

表 7-1　常见 NoSQL 数据库及其分类

类型	数据库名称
面向列存储	HBase Cassandra Hypertable Accumulo Amazon SimpleDB
面向文档存储	MongoDB Elasticsearch Couchbase Server CouchDB RethinkDB
Key/Value 存储	DynamoDB Riak MemcacheDB Redis Berkeley DB
面向图存储	Neo4J Infinite Graph InfoGrid HyperGraphDB DEX
面向对象存储	Versant db4o Objectivity
面向 XML 存储	eXist BaseX Berkeley DB XML

这些 NoSQL 数据库虽然种类繁多，各有特点，但与关系数据库相比有一些共同的特点。

1. NoSQL 数据库的优势和劣势

1）NoSQL 数据库的优势

（1）灵活的数据模型。在实际应用中，有许多不同的数据结构模型，如层次结构、树、图，以及多维立方体、星形结构等。当这些多样的数据模型用关系数据库进行处理时，人们只能把它们进行关系分解，在分解过程中还要顾及各种范式的约束。人们从分解的关系模型中无法直观了解数据的原始模型，这种分解破坏了数据的可读性，增加了人们理解数据的难度。例如，当保存一个对象时，可能需要将一个对象的不同属性保存在不同表中，有些复杂属性还可能需要用多个表保存，这样人们根本无法从这种关系模型中找到组成一个对象的线索。

在 NoSQL 数据库中，数据可以按照它实际应用中建模的形态进行保存，如一个类或对象可能包含复杂的结构，在 NoSQL 数据库进行处理时，并不需要分解或特别的加工，只要按照数据本来的结构进行存储即可。如以 Key/Value 形式或者面向文档的方式直接存储，这样在读取数据时可以直接读取一个完整的对象，而不用像关系数据库那样需要构造复杂的查询。

灵活的数据模型还表现在，NoSQL 数据库可以在运行时任意增加或减少字段来改变数据模型。关系数据库必须在设计时就确定好数据的结构，不允许在运行时随意改动，这限制了关系数据库模型演变的能力。因为在实际应用中，一个系统不可能事先把各种数据模型都建立完备。以个人档案为例，可能随着人事管理的需要，在个人信息表中增加字段来记录新出现的个人信息，如在个人信息中加入“个人邮箱”这个字段。在关系数据库中，这种数据模型的变化将影响整个数据库系统，甚至会改变范式约束的条件。因为增加一个字段使原来满足第三范式的数据模型现在不再满足了，需要重新建模。

（2）灵活的查询分析。关系数据库的一大优点是提供了标准化的查询语言 SQL。SQL 提供了强大的查询能力，但 SQL 也是一把双刃剑，使人们在查询分析数据时如果不使用 SQL 就不知道该怎么做。另外，SQL 并不能满足所有的查询需求，在实际应用中，为了更直观地分析数据，可能需要树形结构的查询结果，或者以递归的方式构建的嵌套式的数据，对于只能提供关系查询结果的 SQL 来说，这些操作是很难完成的。

NoSQL 数据库提供更灵活的查询方式和更强大的查询语言，人们可以使用 NoSQL 数据库提供的查询接口和查询语言构建任意复杂的查询结果。同时，某些 NoSQL 数据库还为特定查询提供了方便，如在面向图的数据库中，为人们提供了方便图分析的各种查询，如图的遍历、图的最短路径、图的连通性分析等。

（3）数据版本管理。许多 NoSQL 数据库都提供数据版本管理的功能（不是全部），版本管理最常见的是软件和文档的版本管理。对于数据，人们已经习惯了关系数据库中同一个数据项不会存在两个以上值的模式，但在实际应用中，数据与软件版本一样也有一个演化的过程，历史数据也有价值，不能直接覆盖或删除。

还是以个人档案为例，假设有“家庭住址”这个字段，在关系数据库中，一条记录的特定字段只能被赋予一个值，如果一个人的家庭住址需要修改，则本记录以前的值将会被覆盖。而实际上一个人家庭住址的变迁是有价值的，旧值也需要保存。这在关系数据库中需要另外设计数据模型，而 NoSQL 数据库本身就支持对数据项的版本管理，不需要额外设计，一个数据项可以根据配置保存多个历史数据值，当然也可以配置成像关系数据库那样只保存一个数据值。

（4）良好的可扩展性。由于数据的规模倾向于越来越大，因此，可扩展性成为衡量数据库能力的重要方面。可扩展性表现为通过增加服务器的数量来获得更大的存储容量和更好的操作性能，下面通过分析关系数据库在可扩展性方面遇到的困难来说明 NoSQL 数据在这方面的优势。

①在追求高一致性和可用性条件下，关系数据库难以通过增加服务器数量来扩展存储容量。增加服务器数量给保持分区容忍性带来困难，第 2 章介绍 CAP 理论时已经论述了这一点。另外，关系数据模型的范式理论和字段间的依赖关系使关系数据库的分割需要考虑更多的因素，如将关系数据库分区保存在不同的服务器上时，是按水平分割的方式以行为单位分割存储在不同的分区，还是按垂直分割的方式以列为单位分割存储在不同的分区。此外，对于有依赖关系的表，如表 A 的主键是表 B 的外键，在对表 A 和表 B 进行分割时若需要考虑查询的效率而将 A 和 B 有关联的记录放在同一台服务器上，以减少跨服务器的连接查询，这些也给关系数据库的分割造成困难。

②关系数据库通过增加服务器数量无法提高操作性能，甚至会降低操作性能。由于关系查询大多基于连接操作，通过多表联合查询得到结果，分区后表的记录分布在不同的服务器上。每次查询都需要遍历多个表，即使在索引的帮助下查询也需要跨越多台服务器来实现查询结果的汇总输出，不但增加了网络带宽消耗，而且读取效率低下。

NoSQL 数据库在这两个方面有先天的优势。NoSQL 数据库通过放松对一致性的要求来实现分区容忍性的目标。在数据库的分割方面，以 Key/Value 模型为例（面向列、面向文档、面向图、面向对象、面向XML都可以看作Key/Value模型的变体），数据库只对键值进行索引，记录之间没有关联关系，不像关系数据库那样通过外键可以建立关联关系。因此，可以很容易地将记录分散存储在多台服务器上。而且，通过构造适当的算法，可以实现将记录均匀地分布存储在服务器上。要做到这一点，只需要对键值进行适当的哈希运算即可，可以很方便地通过增加服务器数量来扩大存储容量。

操作性能指读/写数据的能力。首先来看读数据的能力，这里一般是指查询的速度。NoSQL数据库一般采用MapReduce计算模型（第8章将涉及），这种计算模型可以充分利用分布式计算的优点，将运算部署在靠近数据的服务器上。一般情况下将查询计算分布部署在拥有数据的服务器上，可以很容易地实现数据的大规模并行搜索，而且查询不需要进行连接运算，因此，查询效率远远超过关系数据库的查询运算效率，这也是Google和百度可以在几毫秒内完成对几十亿个网页搜索的原因。对写的能力，基于同样的理由，由于记录根据键值的哈希运算被均匀地分配在多台服务器上，因此，可以实现并行写入，其写入效率也远非关系数据库所能比拟。

（5）大数据量和高性能。NoSQL数据库良好的扩展性带来了可以线性增加的存储容量和计算能力，因此，能够处理大规模的数据存储并提供高性能的数据吞吐能力。NoSQL数据库支持并行计算的特点使它可以很容易地利用增加的服务器的计算能力，这已经在前面进行了分析。

多数NoSQL数据库通过对操作进行特别的设计来获得很高的数据吞吐量。例如，在关系数据库中可以对数据进行修改，而在NoSQL数据库中很少这样做。因为修改一个数据意味着要先通过查询获得它的准确位置，然后覆盖，这是很低效的操作。NoSQL数据库不推荐甚至不提供修改操作，只进行增加和删除操作。增加和删除批量进行，可以达到很高的效率。对于要修改的数据，NoSQL数据库通过为数据添加版本号的方式标识数据的新旧程度，查询一般只提供最新版本的数据，通过配置可以定期删除版本号过期的数据。

2）NoSQL数据库的劣势

（1）查询的复杂性。首先，NoSQL数据库灵活的查询语言虽然是它的优势，但也带来了应用和学习上的困难。不同的NoSQL数据库系统提供了不同的查询接口和查询语言，虽然有些比较相似，但仍然存在不同。这就要求使用者针对每个NoSQL数据库学习它的查询语言，掌握它的查询接口。这增加了学习和掌握NoSQL数据库的难度，挫伤了人们使用NoSQL数据库的热情。这与标准化了的

SQL 形成了鲜明的对比，人们使用不同的关系数据库产品几乎不需要额外学习查询语言。

其次，关系数据库经过几十年的发展，提供了对 SQL 的强大支持，对查询进行了最大限度的优化，并提供丰富的连接、过滤、映射、排序等功能，用户不用担心关系数据库提供这些操作的能力，也不用担心这些操作的可靠性。而在 NoSQL 数据库中，许多连接、过滤、映射等工作被转移到用户层完成，系统只支持基于键值的简单查询。也就是说，用户要自行实现相当一部分的查询任务。当然，NoSQL 数据库系统仍在发展中，有许多共性的操作实现会逐渐加入数据库系统中，但在目前对数据库操作的封装方面，NoSQL 仍然较简陋。

（2）事务性和一致性。对于像银行、保险等对数据的一致性和操作的事务性要求很高的金融机构，关系数据库仍然是首选产品。大部分 NoSQL 数据库为了追求可用性和分区容忍性，放松了对一致性的要求，这就意味着数据存在短期不一致的可能。大多数 NoSQL 数据库为了增强系统可扩展性和并行计算能力，不提供对事务的支持，数据库的操作是无状态的，也就是说，当连续的操作失败时无法提供回滚的能力。

（3）关系完整性。关系数据库自动维护关系完整性。例如，表 A 的一个外键引用表 B 的主键，则当删除表 B 中键值在表 A 中存在的记录时，系统会自动阻止这种删除操作，以维护关系的完整性。关系数据库的理论和架构设计使实现这种完整性检查非常容易。

对于 NoSQL 数据库来说，由于简单数据模型和分布式环境限制，很难对关系完整性进行检查。例如，对象 A 的键值是对象 B 的数据项，由于分布式存储和多副本策略，大多数 NoSQL 数据库不提供强制的引用检查。也就是说，当删除对象 A 时，虽然对象 B 中仍然在使用对象 A 的数据，但系统并不检查这种引用关系，并不会阻止对对象 A 的删除操作。

（4）访问控制。在数据库的访问权限管理方面，关系数据库系统已经有成熟的用户和用户权限管理机制，有健全的安全模型，而且安全模型已经嵌入数据库管理系统中，成为其中的一部分。在 NoSQL 数据库系统中，这方面的管理还很不完善。作为一个分布式系统，其安全模型也有很多选择，不同的产品使用不同的安全策略，安全管理的粒度也不同，大多数安全措施不是作为数据库管理系统固有的部分提供，而是需要用户另外构建。

（5）标准化。SQL 是关系数据库标准化工作的一个典型，当然关系数据库的标准还有很多，包括访问接口、安全管理、报表生成等，标准化可以减少人们使用相关产品的重复学习，可以促进系统之间的协调和合作。

标准化工作也延长了代码的使用寿命，提高了代码的可重复使用率。例如，一段数据库访问的代码，在访问接口标准化的环境下可以被重复使用，而且可以一直使用；但是，如果数据库的访问接口没有标准化，处于不断变化中，则此访问代码可能只使用一次就被丢弃了。

在标准化方面，虽然许多组织和单位在建立标准方面付出了不少努力，但由于 NoSQL 数据库产品多样且面向的领域复杂，在访问接口、查询语言、权限管理等方面至今没有统一的标准，使得人们选择使用某一产品时必须学习相关产品的具体特性和接口等知识。

2. HBase 数据库系统

HBase 数据库系统是应用广泛的 NoSQL 数据库系统之一，是 Google BigTable 的开源版本，建立在 HDFS 之上，具有高可靠性、高性能、列存储、可伸缩、实时读/写的特点。它通过行键（Rowkey）和行键范围（Range）来检索数据，主要用来存储半结构化的松散数据。HBase 的主要目标是高效地管理半结构化数据，依靠横向扩展，可通过不断增加廉价的商用服务器来提高计算和存储能力。

3. HBase 数据模型

1）表（Table）

HBase 以表的形式存储数据，表由行和列组成。列划分为若干列族，一行由行键、版本号和若干列组成。

HBase 中的表一般具有以下特点。

（1）大：一个表有上亿行和上百万列。

（2）面向列：面向列（列族）的存储，列（列族）独立检索。

（3）稀疏：为空（Null）的列并不占用存储空间，因此，表可以存储稀疏的数据。

表 7-2 所示是一个 HBase 表的片段。

表 7-2 HBase 表的片段

传感器 ID+时间（行键）	版本号	属性（列族 1）
……	……	……
000000011468902666	t3	
000000011468902666	t2	属性：温度=27.5（℃）

续表

传感器 ID+时间（行键）	版本号	属性（列族 1）
000000011468902666	t1	属性：压力=1013（kPa） 属性：湿度=0.16（RH）
……	……	……

2）行（Row）

在表中以行为单位管理和存储数据，行由行键标识，HBase 以字节数组来处理和存储行键，行键可以以字符串的形式表现。行是按照行键以词典顺序排序的，行键值最小的行在表的最上面。例如，从 1 到 100 的数字，就是按照 1, 10, 100, 11, 12, …, 9, 91, 92, 93, 94, 95, 96, 97, 98, 99 这样的方式来排序保存的。要想以自然顺序来保存整型数，行键必须在左边以 0 填充。

3）列族（Column Family）和限定符（Qualifier）

用户可以在 HBase 的一行记录中存储上百万列的数据，但是要求用户根据这些列的性质或结构进行分组，将相同性质、长度或结构的列组成一个列族。列族需要在进行表结构设计时就设计好。也就是说，要像关系数据库那样在操作表之前将表结构设计好。但是，列族中的列不需要提前设计，可以在操作时任意添加，一个列族中列的数量不受限制，可以有上百万个。

列族的数量在理论上也不受限制，但在 HBase 中，建议尽量少地设置列族的数目。因为 HBase 是以行为单位横向分割的，然后以列族为单位将数据组织成一个数据块存储在服务器上，每次存取都要操作一个完整的行。如果列族数目过多，操作将跨越多个数据块，从而影响数据库的读/写性能。而对于同一列族的众多列来说，由于存储在同一个数据块上，因此，数据量的多少对数据块的读/写影响较小。所以，一般建议一个 HBase 表列族的数量尽量不超过 3 个，但对列族内列的数量不限制。

在 HBase 中列的完整标识是“列族：限定符”，如表 7-2 中有一个列族——“属性”，“温度”是列族“属性”中的一个限定符，因此，这个列的完整标识是“属性：温度”。列族必须是可打印字符，也就是可见字符，但限定符可以是任意字节数组。

4）版本号（Version）

根据用户的配置情况，HBase 的数据可以以多版本的方式保存。版本号有时以时间戳来表示，以长整型数据保存，如一个时间戳可以设置为用 java.util.Date.

getTime()或 System.currentTimeMillis()函数获取的当前时间，并且当一个数据项被请求时，返回最新的版本。开发者可以在插入数据时自定义版本号，然后通过指定这个版本号来重新获取该值。

5）数据项（Cell）

数据项是 NoSQL 数据库中最小的数据单元，一个数据项由[行,列,版本号]这三个坐标唯一确定。数据项的内容是用户自定义的，以字节数组的形式保存，没有格式、类型等限制。

4. HBase 系统架构

1）表和分区（Region）

表中的所有行都按照行键词典顺序排列，在达到一定规模后，表会在行的方向上分割为多个分区，如图 7-5 所示。

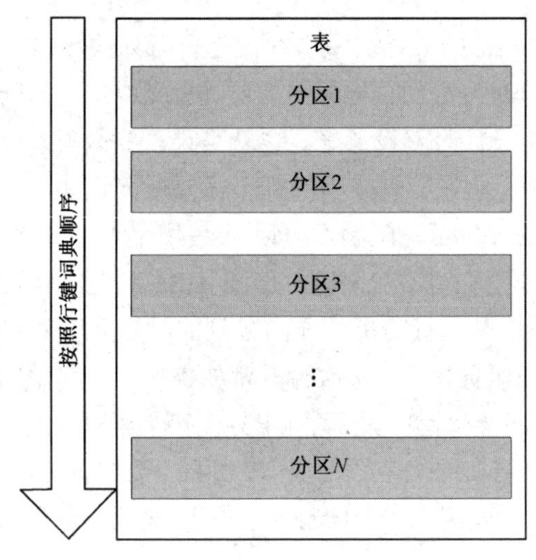

图 7-5　一个表分割为多个分区

分区按大小分割，每个表一开始只有一个分区。随着数据不断插入表中，分区不断增大，当增大到一个阈值时，分区就会等分为两个新的分区，如图 7-6 所示。表中的行不断增多，就会有越来越多的分区。

2）分区和分区服务器（Region Server）

如图 7-7 所示，分区存储在分区服务器上，分区是 HBase 中分布式存储和负载均衡的最小单元。最小单元表示不同的分区可以分布在不同的分区服务器上，但一个分区是不会拆分存储到多台分区服务器上的。一台分区服务器可以存储多个分区。

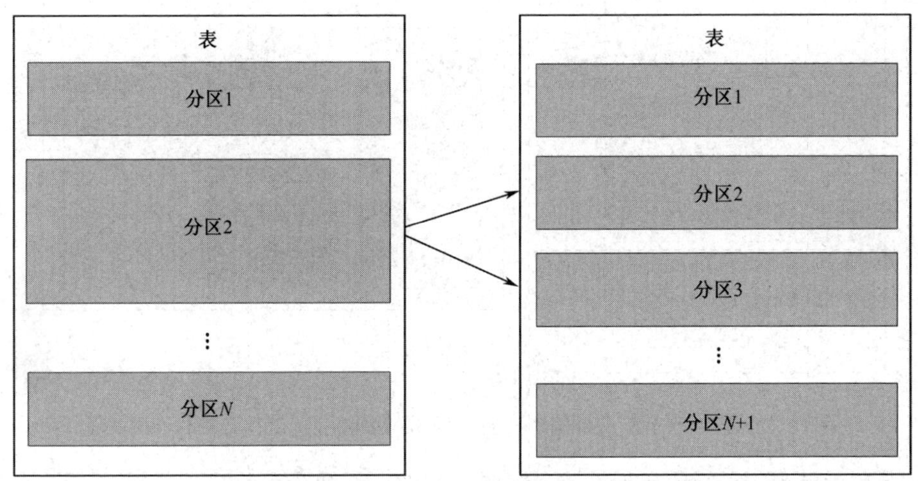

图 7-6　一个分区等分为两个分区

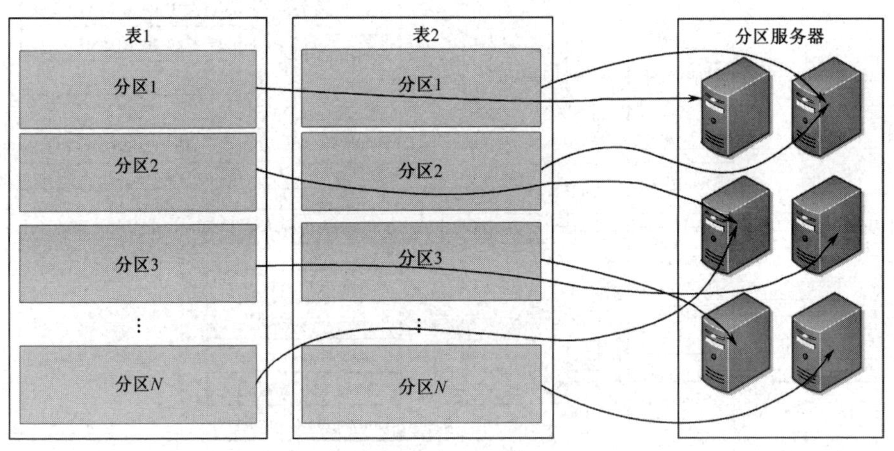

图 7-7　分区和分区服务器

3）分区和存储块（Store）

分区虽然是分布式存储的最小单元，但并不是存储的最小单元。分区由一个或者多个块组成，每个块保存一个列族。每个块又由一个内存块（MemStore）和 0 至多个块文件（StoreFile）组成，如图 7-8 所示。

内存块是放在内存中的块，用来保存修改的数据。当内存块的大小达到一个阈值时，内存块会被写进文件，生成一个块文件。HBase 有一个专门的线程负责内存块的写操作。块文件以 HFile 格式保存在 HDFS 上。

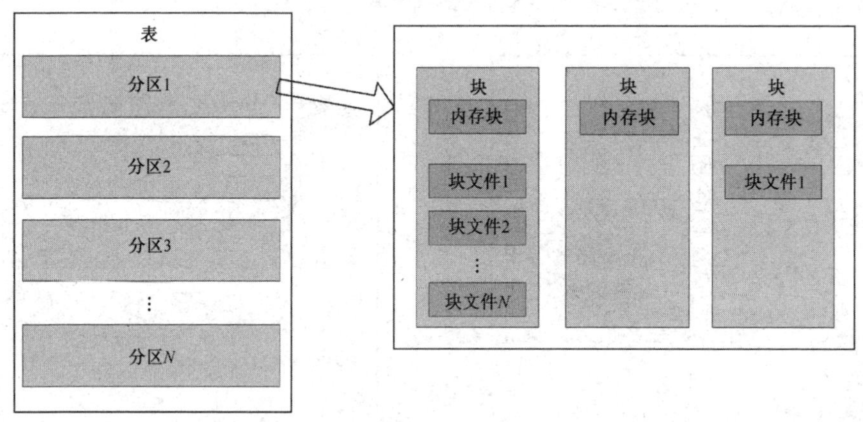

图 7-8　分区和存储块

块文件的 HFile 格式如图 7-9 所示，分为 6 个部分。

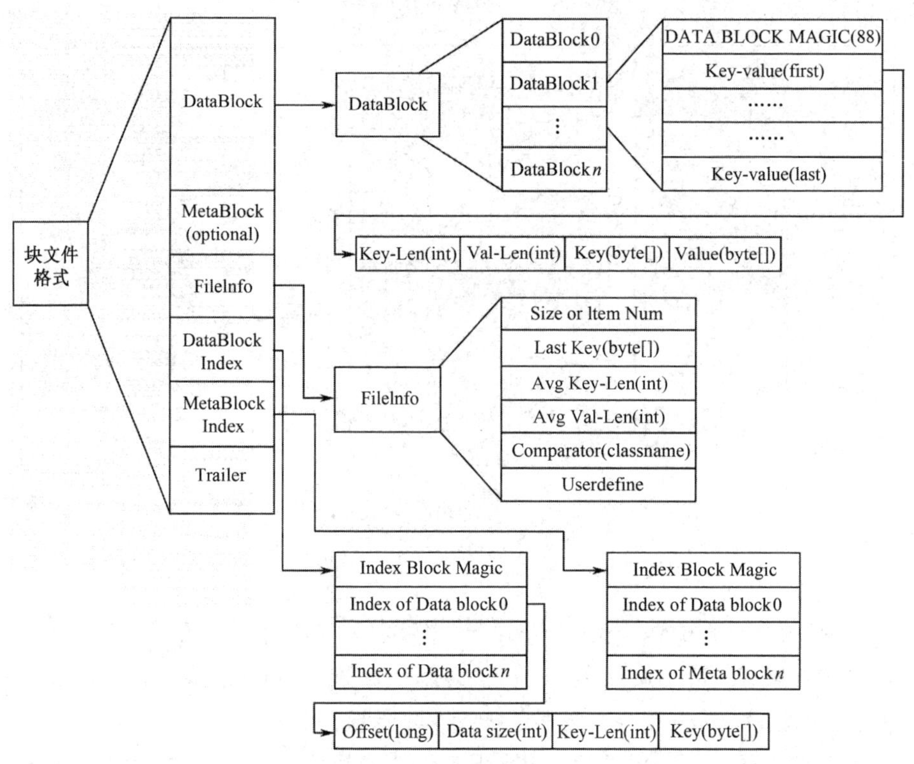

图 7-9　块文件的 HFile 格式

（1）DataBlock：以 Key/Value 方式保存表中的数据，可以被压缩。

（2）MetaBlock（可选）：保存用户自定义的 Key/Value 对，可以被压缩。

（3）FileInfo：HFile 的元信息，不可以被压缩，用户也可以在这一部分添加自己的元信息。

（4）DataBlock Index：DataBlock 的索引。每条索引的 Key 是被索引 Block 的第一条记录的 Key。

（5）MetaBlock Index（可选）：MetaBlock 的索引。

（6）Trailer：这一段是定长的，保存了这 6 个部分每段的偏移量。读取一个 HFile 时，首先会读取 Trailer，Trailer 保存了每段的起始位置（段的 Magic Number 用于安全检查），然后 DataBlock Index 会被读取到内存中。这样，当检索某个 Key 时，不需要扫描整个 HFile，只需要从内存中找到 Key 所在的 Block，通过一次磁盘 I/O 将整个 Block 读取到内存中，再找到需要的 Key。

4）集群组织架构

如图 7-10 所示，一个完整的 HBase 集群由客户端（Client）、Master、ZooKeeper 集群和分区服务器集群组成。

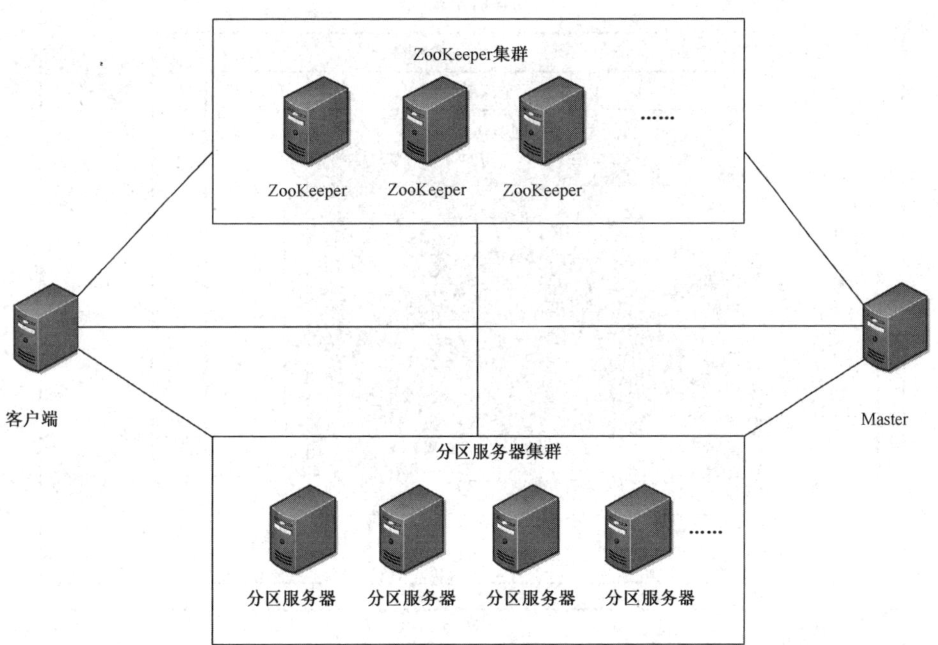

图 7-10　HBase 集群组织架构

客户端包含访问 HBase 的接口，负责帮助用户从 Master 上找到数据所在的分区服务器，在定位了所需的分区之后，客户端就直接与分区服务器连接进行数据的读/写，不再需要与 Master 通信了。

HBase 也采用主从结构的管理方式，Master 负责监控整个分区服务器集群，存储和管理分区服务器的元数据，为分区服务器分配分区，负责分区服务器的负载均衡，发现失效的分区服务器并重新分配其上的分区。

ZooKeeper 是一个提供分布式锁服务的轻量级文件系统，也可以作为集群管理系统使用，用来协助在服务器集群中产生一个 Master 并保证只有一个 Master 负责工作。它可以实时监控分区服务器的状态，将分区服务器的上线和下线信息实时通知给 Master，存储 HBase 的元数据信息，包括有哪些表、每个表有哪些列族等。HBase 系统架构如图 7-11 所示。

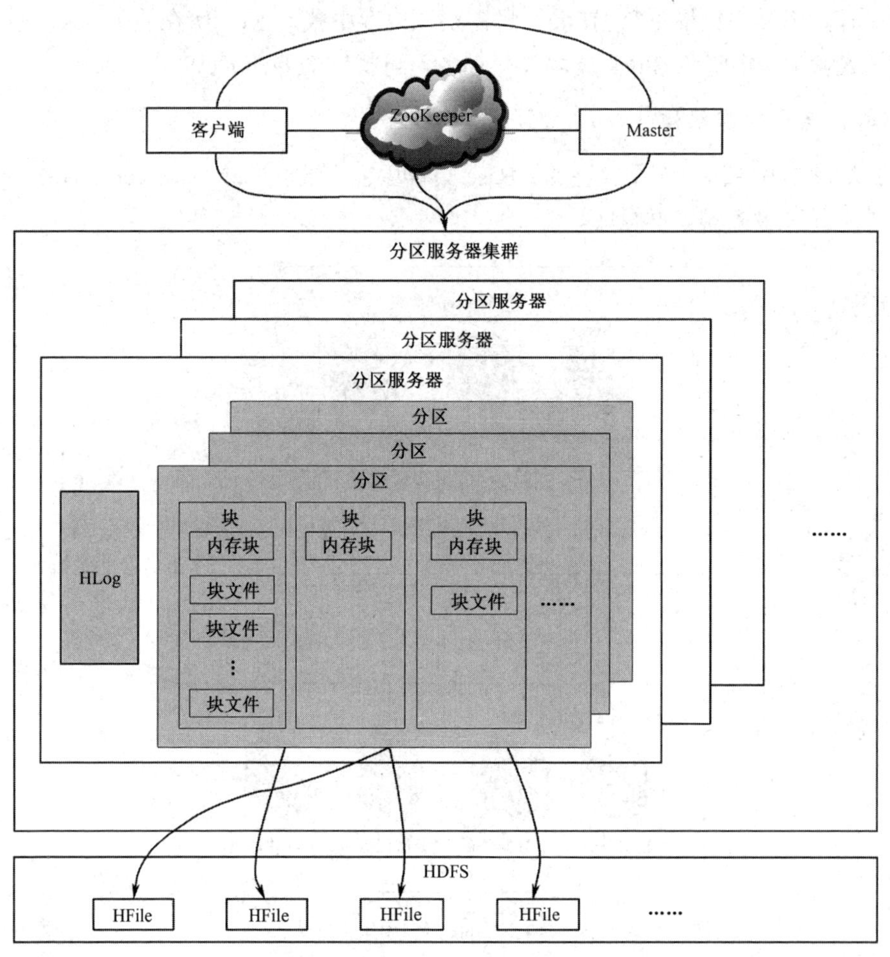

图 7-11　HBase 系统架构

5. HBase 访问接口

HBase 提供了多种形式的访问接口，包括以下 6 种。

（1）Native Java API：最常规和高效的访问方式，适合 Hadoop MapReduce Job 并行批处理 HBase 表数据。

（2）HBase Shell：HBase 的命令行工具，最简单的接口，适合 HBase 管理使用。

（3）Thrift Gateway：利用 Thrift 序列化技术，支持 C++、PHP、Python 等语言，适合其他异构系统在线访问 HBase 表数据。

（4）REST Gateway：支持 REST 风格的 HTTP API 访问 HBase。

（5）Pig：可以使用 Pig Latin 流式编程语言来操作 HBase 中的数据，与 Hive 类似，本质也是编译成 MapReduce Job 来处理 HBase 表数据，适合做数据统计。

（6）Hive：通过 Hive 可以使用类似 SQL 的语言访问 HBase。

7.2.2 基于 NoSQL 数据库的物联网大数据存储与管理

HBase 等 NoSQL 数据库本身是一个稀疏的、分布式的、持久化存储的多维度排序 Map，适合存储高维度、稀疏的海量数据。以 HBase 为例，其底层持久化是以列族为存储单位分块存储的，字段个数对底层结构没有影响。而 MySQL、Oracle 等关系数据库以行（一条数据）为单位存储，当表中字段个数达到一定程度时，数据将被分片存储，这样会严重影响插入、查询的效率。因此，MySQL、Oracle 等数据库都建议表字段不要超过 255 个（分片存储机制的阈值），而 HBase 对此没有任何限制。HBase 以 HDFS 为底层文件系统，其分布式特性可以有效解决海量数据存储的可扩展性问题。HBase 的数据以分区为单位在集群中进行负载均衡，可以根据行键来确定数据发向集群中的哪个存储节点。HBase 可以使用多并发线程或修改自动缓存的大小等方法提高写入效率。这使得 HBase 可以作为存储和管理物联网大数据的基础。

传统的物联网数据采用实时数据库进行存储，存在无法大规模扩展且不便于数据分析和挖掘的缺陷。为此，在 3.2 节介绍的物联网大数据技术体系中引入物联网平台与大数据中心，对海量传感器的数据进行存储、管理、计算、分析，以及展示和交互。其中，为对海量传感器数据进行存储和管理，引入 NoSQL 数据库 HBase，将传感器产生的数据存储到 HBase 中。

1. 基于 HBase 的物联网数据库设计技术

1）行键的设计

利用 HBase 存储和管理物联网大数据，首先考虑的问题是行键的设计与选择。HBase 中不允许使用联合主键来标识数据，一条数据只能由一个行键项唯一标识。在这种情况下，存储之前就需要先对部分原始列进行组合，形成唯一的标识列，作为主键。

行键的设计将影响数据插入和查询的性能。HBase 的索引是建立在行键基础上的，用户需要尽量将查询的维度或者信息放在行键中。含有结构信息的整个单元格称为 KeyValue，KeyValue 在存储时先按行键从左到右降序存储。例如，行键为 0100,0070,1000,3310，经过排序后顺序为 0070,0100,1000,3310。在 HBase 中，一张表会随数据量的增加划分为若干分区。分区存储从 Start Key 到 End Key 的数据。多台分区服务器维护和管理这些分区。如果行键不断递增写入，则会使写入热点出现。在此情况下，分区也会不断分裂，导致 HBase 有一段不可用期，造成写入瓶颈。

以某传感器数据为例，“传感器 ID”和“系统时间”两项组合起来可以唯一标识一条数据，即新标识列可以是[传感器 ID/系统时间]或[系统时间/传感器 ID]。HBase 以行键的排序来分配集群存储节点，如果“系统时间”在“传感器 ID”前面，则会导致同一时刻接收的数据被分配到同一节点存储的概率很大，这样容易使部分节点压力过大。因此，可以选择[传感器 ID/系统时间]作为行键。

如图 7-12 所示，在上述行键的设计下，HBase 的客户端数据写入的步骤如下。

（1）当在初始阶段或者分区发生了拆分时，首先客户端向 HBase Master 发送请求，获取 Root Regtion 的地址（在 Root Region 中存储着各个分区的.META Table 的位置信息）。

（2）客户端扫描 Root Region 的地址，找到 User Region 的.Meta Table 地址。

（3）客户端根据.Meta Table 中的分区信息获取 User Region 的地址，并将数据写入对应的分区中。

从 HBase 数据的写入步骤中可以看出，如果采取一种策略，将写入的数据进行分流，使得数据能够写入到不同的分区服务器中，能有效避免分区服务器负载不均衡的情况。

基于上述原理设计的行键具有明显的优点：首先，随着时间的变更，一个传感器会产生大量的数据，由于行键排序的特点，在物理上同一个传感器的数据存储位置会相对集中，将查询常用的时间维度和 ID 加入行键，提高了查询的效率；

其次，虽然同一时间会写入大量的传感器数据，但是同一台分区服务器只需要维护在自己确定的范围内的传感器数据。客户端会根据这些传感器数据的 SensrorID 前缀，将数据分流到不同的分区服务器上，不会出现写入热点，从而使集群负载较为均衡。

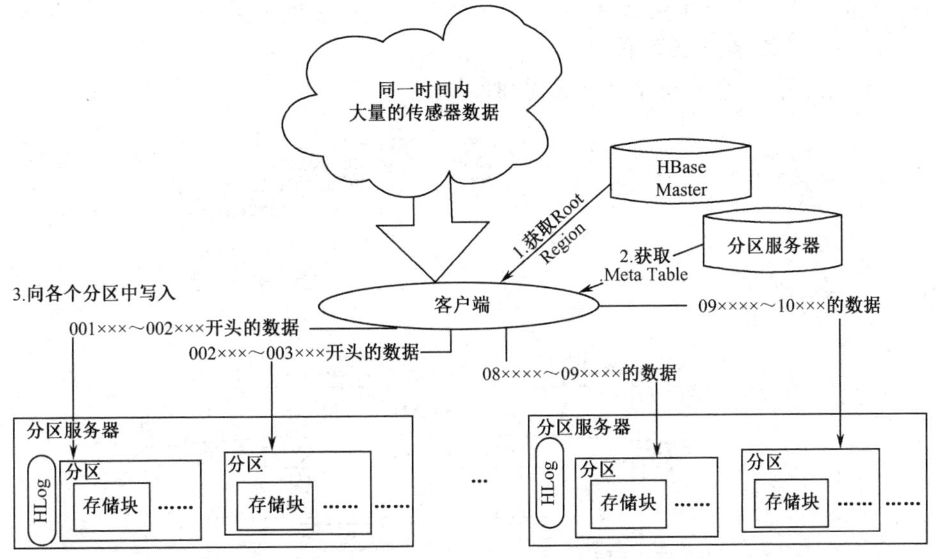

图 7-12　数据分流写入

2）列族和列的设计

HBase 列族在使用之前必须先创建，列族创建后，其中的任何一个列关键字下都可以存放数据。列族中的列不需要提前设计，可以在操作时任意添加，一个列族中列的数量不受限制，可以有上百万个。但是，一张表中的列族个数不能太多。

例如，在各种类型的传感器表中，只设置一个 dataColFamily 列族，并通过限定符来表示传感器的各种属性。这样设计的好处在于：①即使传感器规格不同，由于列可以任意添加，可以通过添加列的形式来解决数据异构的问题；②相同列族的数据在物理上是存放在一起的，相同读/写方式的数据放在一起，提高了 HBase 的读/写性能。

2. 基于 HBase 的物联网数据库写入技术

传感器类别的差异使数据结构呈现多元化，在写入数据库之前需要对传感器数据流进行规范化、整合操作，保证写入数据的有效性和完整性。例如，根据传感器类别标识对数据进行分类，然后将分类后的数据存入缓冲区中。在大量数据写入 HBase 的过程中，会触发分区的分裂操作，将一个分区分裂为两个。在分裂的过程中，HBase 会对分区加锁，对该分区的访问请求会被阻塞。HBase 对分区的分裂操作会导致分区在分区服务器上分布不均，接着会触发 HBase 的分区均衡操作，此过程会导致分区下线。如果客户端仍然向已下线的分区写入大量数据，将会出现异常。因此，HBase 写入性能具有一定的不稳定性，为解决此问题，可引入多源数据缓冲区技术。

图 7-13 所示为数据存储服务详细设计图。

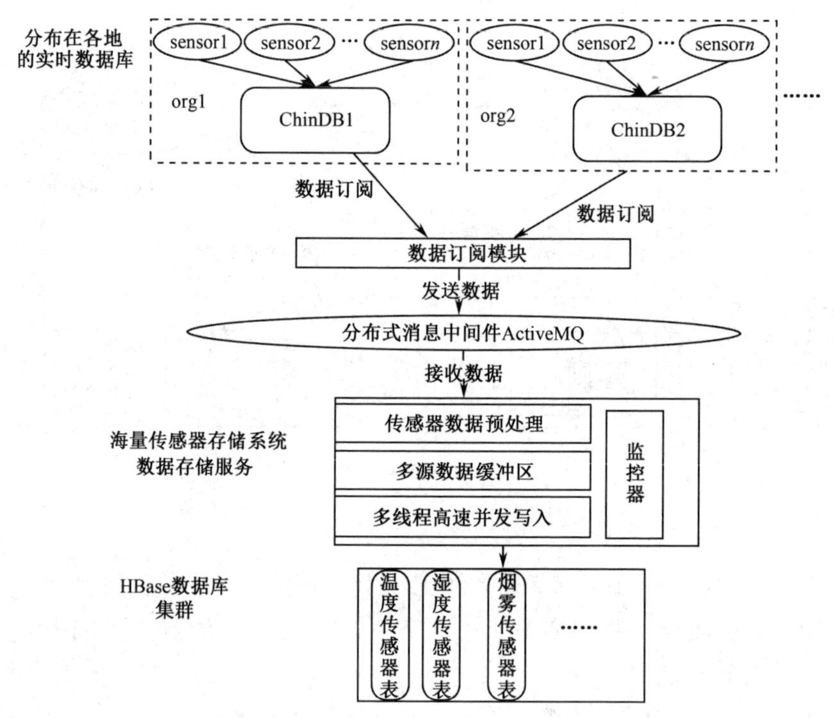

图 7-13　数据存储服务详细设计图

将传感器数据按照传感器类别分类后形成的多源数据缓冲队列如图 7-14 所示。其中，Key 为传感器类别，d1 至 dn 表示传感器所产生的数据。多源数据缓冲区主要有以下两个作用。①缓存批量写入的数据。HBase 写入的最大瓶颈在于网络 I/O，将数据批量写入将显著地提高写入性能。因此，系统首先将分类后的传感器数据存放在缓冲区，当缓冲区的数据量达到一定阈值时，便触发一个线程，将数据写入 HBase。②保存写入失败的数据。触发线程进行写入并不意味着写入数据成功，为保证数据完整性，系统将写入时抛出异常、没有写入成功的数据重新放回缓冲区队列中，等待系统调度，再次进行写入，直至写入成功。

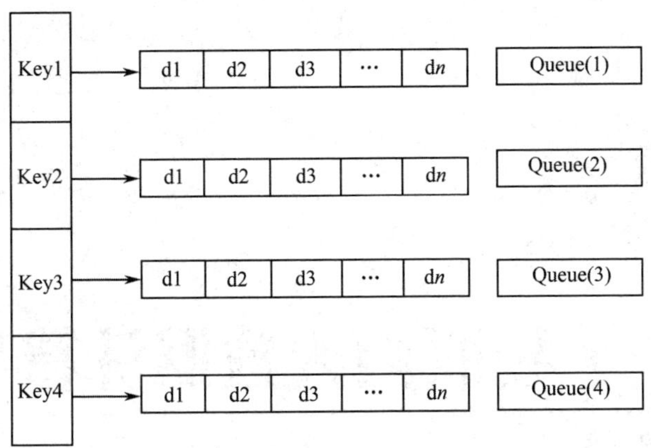

图 7-14　多源数据缓冲队列

HBase 支持高并发写入，为进一步提高写入性能并保证系统稳定，采用线程池技术对多线程进行管理和调度，并使用多线程对数据进行并发写入。监控器的主要功能是对数据的写入平均速度、瞬时写入速度、总写入量及在缓冲区缓存的数据总量进行实时统计，并记录到日志文件中。如上所述，当分区已下线时，如果仍然有大量数据执行写入操作，将会出现异常。监控器会实时捕获异常，并通知主线程（主线程用来触发写入线程）。主线程将采取等待（Wait）策略，减少写入线程触发，从而降低写入速度，避免异常频繁出现。

第 8 章

物联网大数据计算与分析

8.1 物联网大数据批处理计算

物联网大数据的一个显著特性是数据规模巨大，以至于无法利用普通的单个服务器在短时间内完成计算任务，必须借助海量计算能力来完成。基于集群的分布式并行编程能够让软件与数据同时运行在连成网络的许多台计算机上，并且可以通过增加计算机来扩充新的计算节点，从而在短时间内完成大规模数据的处理任务。基于集群的分布式并行编程需要将大规模数据切分并分发到不同的计算机上，然后将不同计算机上的计算结果传输到一台计算机上进行合并，还需要处理异常等一系列问题，需要大量复杂代码来处理上述问题，这使得原本很简单的计算变得难以处理。为了解决这个问题，谷歌使用了名为 MapReduce 的并行编程模型进行分布式并行编程。MapReduce 借用了 Lisp 和许多其他函数语言中相似功能的名称，将复杂的运行于大规模集群上的并行计算过程高度抽象为两个阶段，分别用 Map 函数和 Reduce 函数命名，并将并行化、容错、数据分布和负载均衡等细节对程序员隐藏。MapReduce 的主要优点是可通过简单的接口来实现自动的并行化和大规模分布式计算。

MapReduce 编程模型为了让程序员专注于数据的处理部分而不用关心分布式并行计算所涉及的技术细节，采用分布式并行编程中的公共管理模块，使程序员只要编写 Map 函数和 Reduce 函数就可实现数据的大规模分布式并行处理，简化了并行程序的编写过程。

MapReduce 编程模型首先在谷歌内部得到大量应用，又迅速被工业界和学术界广泛接受，直至今天成为一个通用的云计算环境下对大规模数据进行处理的编程模型，其开源实现 Hadoop 则在工业界被广泛采纳。

在一个实现良好的 MapReduce 框架中，程序员只需要明确程序应用逻辑，即计算什么，然后编写 Map 函数和 Reduce 函数即可，而程序的控制逻辑、并行/故障处理等细节，即具体怎么做，则由 MapReduce 框架中的驱动程序来实现，并不需要程序员编写。因此，程序员的负担就大大减轻了。

8.1.1 MapReduce 的设计思想

决定一个编程模型被广泛使用的关键，除了其实现比较实用、功能比较完善，更重要的是其设计思想。设计思想决定了编程模型是否好用、是否能有效地解决实际问题、是否能保障性能。MapReduce 基于以下思想进行设计。

1. 向“外”横向扩展，而非向“上”纵向扩展（Scale “out”, not “up”）

基于 TPC-C 在 2007 年年底的性能评估结果，一个低端服务器与高端的共享存储器结构的服务器相比，其性价比大约要高 4 倍。如果把外存价格除外，低端服务器性价比大约提高 12 倍。因此，选用低端服务器比选用高端服务器成本低得多。MapReduce 编程模型在设计之初，假定计算环境（MapReduce 集群）选用价格便宜、易于扩展的大量低端商用服务器，而非价格昂贵、不易扩展的高端服务器。

2. 失效被认为是常态（Assume failures are common）

由于 MapReduce 集群中使用了大量低端服务器（如谷歌、微软、亚马逊的数据中心目前在全球均使用百万台以上的服务器），因此，服务器节点硬件的失效和软件出错是常态。在这样的环境中，MapReduce 实现框架的设计必须具有良好的容错性，不能因为节点失效而影响计算服务的质量，任何节点失效都不应当导致结果的不一致或不确定性。当任何一个节点失效时，其他节点要能够无缝接管失效节点的计算任务，当失效节点恢复后，它应能自动无缝加入集群，而不需要管理员人工进行系统配置。

MapReduce 并行计算软件框架使用了多种有效机制来实现这样的目标，如节点自动重启技术，使集群和计算框架具有对付节点失效的健壮性，能有效处理失效节点的检测和恢复。

3. 把处理向数据迁移（Moving processing to the data）

传统高性能计算系统通常有很多处理器节点与一些外存储器节点相连，如用 SAN 连接的磁盘阵列，如 50 台左右的物理服务器加载一个 SAN 阵列。在云计算环境下，通常一台物理服务器上有 3～10 台虚拟服务器，这样就相当于 50 台物理服务器上共有 150～500 台虚拟服务器连接到一个存储阵列。因此，大规模数据处理时外存文件数据 I/O 访问会成为制约系统性能的一个瓶颈。

MapRedude 为了减小大规模数据并行计算系统中的数据通信开销，在设计时的主导思想是将计算任务向数据靠拢和迁移，而非把数据传送到处理节点。MapReduce 采用“数据/代码互定位”的技术方法，计算节点首先尽量负责计算其本地存储的数据，以发挥数据本地化特点，仅当节点无法处理本地数据时，再采用就近原则寻找其他可用计算节点，并把数据传送到该可用计算节点。

4. 对程序员隐藏系统层细节（Hide system-level details from the application developer）

对程序员尽可能隐藏底层实现细节是软件工程实践中的原则。前面已经提到，大规模数据处理并行程序编写需要考虑数据分布存储管理、数据分发、数据通信和同步、计算结果收集等诸多细节问题。并发执行具有不可预测性，程序的调试也十分困难。

MapReduce 则设计了一种抽象机制，将程序员与系统层细节隔离开来，程序员仅需描述需要计算什么，而具体怎么去做就交由系统的执行框架来处理，这样程序员可从系统层细节中解放出来，聚焦于应用本身计算问题的算法设计。

5. 平滑无缝的可扩展性（Seamless scalability）

理想的算法应当能随数据规模的扩大表现出持续的有效性。在同样的硬件资源上处理的数据规模扩大，必然带来计算性能的下降。理想情况下，其计算性能下降的程度应与数据规模扩大的倍数呈线性关系。如果在同样数据规模的情况下，通过在集群中增加服务器的方式提高性能，则理想情况下，算法的计算性能应能随服务器节点数的增加保持接近线性的增长。

绝大多数现有的单机算法都达不到以上理想要求，把中间结果数据维护在内存中的单机算法在大规模数据处理时很快失效。从单机到基于大规模集群的并行计算从根本上需要完全不同的算法设计。

MapReduce 设计时追求的是平滑无缝的可扩展性，即能随着数据规模的扩大而表现出持续的有效性。事实证明，MapReduce 也几乎能实现以上理想的扩展性特征。多项研究发现，基于 MapReduce 的计算性能可随节点数目增长保持近似线性的增长，这并非易事，因为很多其他基于非 MapReduce 构架的多核并行计算性能无法达到预期的增长。

8.1.2　MapReduce 的工作机制

MapReduce 在不同的硬件环境下可能会有不同的实现。Hadoop 是 MapReduce 的开源实现，是迄今为止使用最广泛的 MapReduce 编程框架实现。Hadoop 被雅虎等多家公司采纳应用，并是 Pig、Mahout 等其他许多云计算项目的基石。Google、Hadoop 常用的计算环境是由大量普通服务器通过以太网互连构成的大型集群。在该环境中，机器通常为廉价服务器；服务器之间通过普通网卡互连，一个机架有 40～80 台机器，机架连接中心交换机；而存储介质是各机器上的普通 IDE 硬盘，用 Google GFS 或 HDFS 等可扩展分布式文件系统管理硬盘数据。

MapReduce 集群中的服务器节点由一个主节点（Master）和多个从节点（Slave）构成。集群采用 HDFS 作为其分布式文件系统（在第 7 章已经介绍过 HDFS 的技术细节），集群中有一个节点（可以是主节点，也可以不是）可作为 HDFS 的 NameNode 服务器，用来管理文件系统的命名空间和客户端对文件的访问操作。集群中的从节点同时是 HDFS 的 DataNode，负责管理存储数据，这就遵循了"尽可能将计算任务向数据靠拢"的设计原则。

在 MapReduce 的 Hadoop 实现框架中，一个新的计算任务在主节点称为作业（Job），它是客户端需要执行的一个工作单元，包括输入数据、MapReduce 程序及其配置信息。作业被分解成子任务（Task），下达给各从节点执行，执行子任务的从节点称为工作节点（Worker）。子任务分为 Map 任务和 Reduce 任务两类，有的工作节点负责执行 Map 任务，有的则负责执行 Reduce 任务。

在实现 MapReduce 编程的 Hadoop 集群中的主节点上运行着一个名为"JobTracker"的 Java 应用程序，它负责协调作业的运行。作业分解后的子任务由从节点或工作节点上名为"TaskTracker"的程序运行。

图 8-1 所示为 MapReduce 的总体工作流程。输入的原始大数据集首先被切割成小数据集，通常让小数据集小于或等于 HDFS 中一个块的大小（默认

是 64MB），这样能够保证一个小数据集位于一台计算机上，便于本地计算。如图 8-1 中步骤（1）所示，输入数据切割完毕后，启动程序的多个复制副本。其中有一个特殊的副本运行在主节点上，它将任务（Job）分配给 M 个 Map 工作站和 R 个 Reduce 工作站，如步骤（2）所示。假设切割后有 M 个小数据集待处理，就启动 M 个 Map 任务。这 M 个 Map 任务在 N 台计算机上并行运行，Reduce 任务的数量 R 则由用户指定。

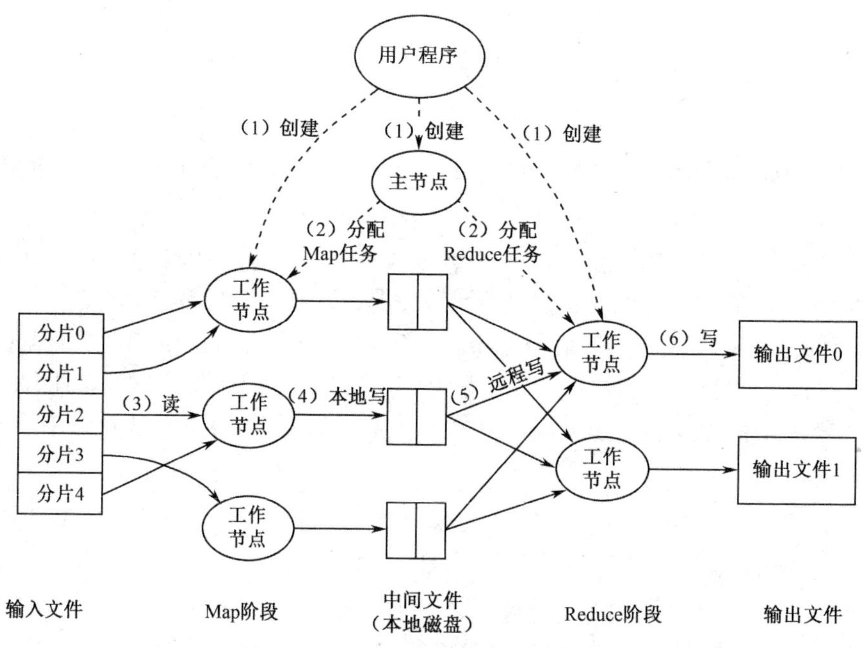

图 8-1　MapReduce 的总体工作流程

在步骤（3）和（4）中，Map 工作节点读输入生成 Key/Value 对缓存在内存中，周期性地写入本地硬盘，用划分功能划分为 R 个桶。一个 Map 工作节点完成时通知主节点，主节点将其生成的数据传给 Reduce 工作节点。在步骤（5）中，Reduce 工作节点接到工作数据位置后通过远程调用从 Map 工作节点的硬盘中读取数据。读取完成后做 Reduce，按 Key 排序，使 Key 相同的数据汇集到一起。中间数据太大时用外存排序。最后，在步骤（6）中，Reduce 工作节点将 Key/Value 对发送给用户 Reduce 函数，把生成的 Key/Value 对加入输出文件。Reduce 工作节点完成时通知主节点，要求另一个 Reduce 任务。所有 MapReduce 任务都完成时，把控制权交回用户程序，产生的输出就是 R 个 Reduce 文件。

8.1.3 MapReduce 在物联网大数据中的应用

对物联网大数据进行分析产生价值的过程，不是单独基于一类数据进行采集、存储、管理和分析的过程，而是针对物联网设备全生命周期的各类要素信息进行的；它也不是基于设备的生命周期进行短期采集和分析的过程，而是要基于过去很长一段时间不同工作和环境状态下的所有数据，才能相对准确地分析得到有价值的信息。第 4 章对常用感知数据类型进行了初步介绍，在大数据时代，物联网中可以进行采集、存储并加以分析利用的数据不单是感知数据。表 8-1 所示是一个工业物联网中的设备全生命周期的数据类型[1]，这还不包括产品物流及销售，以及服务过程中的数据，这些数据的规模是巨大的。例如，根据某省电网谐波监测系统的实际项目数据情况，每小时每个监测点的数据量为 165998×8=1327984（B），每天每个监测点的数据量为 165998×8×24/1024/1024≈30.40（MB），一个省按 600 个监测点计，每天需要保存约 17GB 数据，一年约有 6500GB 数据，3 年共计 19500GB 数据。在其他行业，这样的例子比比皆是。例如，位于美国亚特兰大的 GE 能源监测和诊断（M&D）中心，收集全球 50 多个国家的上千台 GE 燃气轮机的数据，每天收集的数据量达 10GB，这些数据为 GE 公司对燃气轮机的故障诊断和预警提供了支撑。

表 8-1　一个工业物联网中的设备全生命周期的数据类型

数据类型	含义
设备运行状态数据	从传感器和控制器取得的反映设备运行工况和健康状态的数据，采集频率高、采集变量多
设备运行的工况数据	设备的负载、转速、运行模式等工作条件的设定信息，从控制器获得。对相同工况下的设备运行状态参数进行比较和分析才能得出设备健康状态的变化
设备环境参数	所有可能影响设备性能和运行状态的环境信息，如温度、风速、天气状态等
设备维护保养记录	设备点检、维护、维修和保养更换记录。一般从 ERP（企业资源计划）等系统获得
绩效类数据	与设备运行相关的绩效及对设备运行状态进行判断的指标类数据。例如，制造设备的能耗、生产质量、加工精度等

[1] 李杰. 工业大数据：工业 4.0 时代的工业转型与价值创造[M]. 北京：机械工业出版社，2015.

过去限于存储条件，源源不断地产生的传感器数据很多不仅被丢弃，也没有被充分利用。MapReduce 及前面介绍的 NoSQL 技术，使存储、管理和分析大规模的数据成为可能，过去无法存储的长期历史数据，如今可以被无限制地存储起来；过去利用普通的单个服务器在短时间内完成的计算任务，在 MapReduce 的帮助下，也可以由普通开发人员完成。

在物联网大数据驱动的应用需求下，MapReduce 及 NoSQL 等技术已经逐渐开始在物联网行业投入应用。利用物联网及大数据技术，可将产品生产过程、物流及销售、服务过程等全生命周期的数据保存到云端，从而帮助分析工厂运行过程，提供决策支持。以工业物联网为例，其支持的典型应用包括产品创新、产品故障诊断与预测、工业生产线物联网分析、工业企业供应链优化和产品精准营销等各个方面。下面以产品故障诊断和预测中的预见性维护及产品精准营销中的销售预测为例进行介绍。

预见性维护（Predictive Maintenance）是近年来在工业物联网中逐渐被广泛接受的概念。预见性维护是通过各种传感器对设备进行监控，基于设备运行过程中的监控数据及与设备维护相关的其他数据，通过预测可能的失效模式来避免设备故障的活动。预见性维护要进行数据和信号的采集，分析和判断设备的劣化趋势、故障部位、原因，并预测变化发展，提出防范措施，防止和控制可能的故障出现。预见性维护的关键是根据机器实际状态而非根据固定周期进行监控。因此，通过联网的传感器进行状态监控，将数据存储和管理起来并加以分析至关重要。

近年来，已经有一些公司采用 Hadoop、NoSQL 等可扩展的解决方案来处理预见性维护所需要的大规模传感数据。例如，工厂的 ERP 系统中一般都有工厂设备关键组件的历史记录，在相关设备软件中也有对设备组件进行监控的传感器数据。ERP 系统通常记录的是组件的安装位置、维护记录、整修记录、设备故障记录、计划外的维护记录等。传感器数据是 ERP 系统中历史数据的补充，提供了设备组件真实的运行状态及周边环境信息。将 ERP 系统中的历史数据与实时的传感数据结合在一起，先从中提取有用的信息，再运用合适的机器学习算法来构建数据特征和故障之间的关联关系，得出预见性维护相关的预测模型，然后将预测模型应用在新产生的数据上，以便预测所有设备未来发生各种故障的概率。有了预测模型，工厂就可以基于设备的实际运行状态智能地对维护活动进行计划，减少不必要的甚至有损害的维护活动，大大降低维护成本，避免设备故障带来的巨大损失。但由于存储技术的限制，一般工厂存储的传感器历史数据只跨越数个星期甚至更少。在 Hadoop 和 NoSQL 等技术框架的支持下，良好的扩展性使系统不再有存储容量方面的限制，使存储数月、数年的传感器数据成为可能。海量的传感器历史数据使我们可以查看任意一台设备故障发生前设备各个组件的状态，足够的模型训练样本也有可能使模型的构建更为精准。

物联网技术逐渐兴起，各行各业厂家销售的产品已经应用了物联网技术，在所销售设备上预先安装了各种联网的传感器，典型的如汽车、卡车、货车、重型设备、电梯等。Hadoop、NoSQL 等可扩展的解决方案使厂家可以采集、存储、分析售出的所有产品的传感器数据。通过这些数据可以查看用户使用产品的情况，如产品各部件的使用频率、用户的使用习惯等。产品使用频率可以反映产品的需求量，再加上外部环境的季节性因素、地区因素、趋势因素等，可以帮助厂家预测销售趋势。

8.2　物联网大数据交互式查询

如前所述，HBase 提供了多种访问接口，如 Native Java API、HBase Shell、Thrift Gateway 等。使用这些访问接口查询数据，需要使用客户端访问数据库的 API 编写客户端程序。由于 SQL 语言具备丰富的语义表达能力，具有良好的易用性，因此使用 SQL 等易于理解的语言可以使人们更加轻松地使用 HBase。目前，使用 SQL 语言查询 HBase 数据库主要有两种方案：一种是在 HBase 之上增加一个中间层，将 SQL 语言解析为 HBase 提供的 get、put 等基本的操作 API，称为“原生 SQL on HBase”方案；另一种是通过 Hive 等使用类似 SQL 的语言，解析为 MapReduce 程序来访问 HBase，称为“SQL on Hadoop”方案。为 NoSQL 数据库添加基于 SQL 语言查询的功能还有一个重要的作用，即改变了传统的 OLAP 只能在关系数据仓库中运行的局面，从而可以对 TB 级别甚至 PB 级别的结构化数据进行 OLAP 数据分析。

8.2.1　原生 SQL on HBase

传感器的数值信息是存储在 HBase 中的，对于 HBase 来说，SQL 查询从宏观上可以分为非统计查询和统计查询。如果所有操作均在 HBase 客户端完成，其效率将是十分低下的，因此，充分利用 HBase 的新特性，把对数据的操作从客户端移动到分区服务器端，将降低网络 I/O 负载，提高 HBase 的性能。对于非统计查询来说，可以使用过滤器获取目标字段。HBase 提供了多级别的过滤器，能够十分方便地对行键、列名（Qualifier）、列值（Value）进行组合过滤，所有的过滤操作均在分区服务器端完成，提高了查询的性能。对于统计查询来说，可以采用协处理器方式获取数据。协处理器是 HBase 在 0.92.0 版本后提出的特性，用户可以使用协处理器将自定义的任意计算逻辑代码推到托管数据的 HBase 节点上，该代码将跨所有的分区服务器并行运行。协处理器当前分为 observer 和 endpoint 两种。observer 允许集群在正常的客户端操作中有不同的行为表现，类似关系数据库中的触发器。endpoint 扩展了 HBase 的 RPC 协议，对客户端开放了新的方法。使用 endpoint 可以十分方便地实现分散聚合算法，用来完成 sum、avg、count、max 等聚合操作。

以 SQL 查询语句“select SensorID, value, Time from tempSensorTable where Time>=to_date ('2016-2-24 00:00:03', 'yyyy-mm-dd hh24:mi:ss') and Time<= to_date ('2016-2-24 00:00:04', 'yyyy-mm-dd hh24:mi:ss') and value<=25 and SensorID>= '0001'and SensorID<'1001'”为例，该查询语句的主要作用是，从温度传感器表中查询 SensorID 为 0001 和 1001 且两个时间段内温度小于 25℃的传感器的数据信息。该例中目标字段为 SensorID、value、Time，而筛选条件为 Time、value、SensorID。下面以该 SQL 语句为例，阐述底层数据库调度过程。

（1）判断查询是否为统计查询。SQL 中的统计聚合函数包括 sum、avg、count、max、min。在底层数据库调度中，是否包含统计查询将影响 HBase 查询所使用的具体查询技术。底层数据库调度模块通过解析 SQL 语法树，判断是否有统计聚合函数的关键字。

在该例的 SQL 目标字段中并没有聚合函数出现，因此，将进入下一步，调用过滤器进行过滤。

（2）调用过滤器或协处理器对 HBase 进行调度。在该例中的 SQL 筛选条件中，Time 属于 HBase 中的行键字段的一部分，value 为列族中的列。底层数据库调度模块将得到的 SensorID 与 Time 进行拼接，得到行键的范围，调用行键与值的组合过滤器对存储在 HBase 中的传感器数值信息进行过滤，将过滤后的行键与传感器的数据作为结果返回。

此外，原生 SQL on HBase 也有一些开源工作。例如，Phoenix 是一个开源的 SQL on HBase 项目，将 SQL 查询编译为 HBase 上的一系列扫描操作，Phoenix

使用协处理器、自定义过滤器等进行优化，可以实现少量数据上的微秒级响应，以及百万级别行数据的秒级响应。根据相关参考资料，Phoenix 在单表操作上的性能比 Hive Handler 好很多（但是 Hive Handler 也有可能会升级，加入协处理器相关聚合等特性），Phoenix 支持多列的二级索引，列数不限。其中，可变索引时列数越多，写入速度越慢，不可变索引不影响写入速度。Phoenix 对 Top-N 的查询速度远超 Hive。其对原 HBase 的使用基本没什么影响，具有低侵入性。另外，与 Hive 不同，Phoenix 的 SQL 语句更接近标准 SQL 规范。但是，Phoenix 也有一些限制。例如，对于其创建的表，HBase 可以识别并使用；但对于使用 HBase 创建的表，Phoenix 不能识别，因为 Phoenix 对每张表都有其相应的元数据信息。

8.2.2 SQL on Hadoop

Hive 是对 HDFS 进行修改扩展生成的一个数据仓库框架，它实现了类 SQL 语句的编程接口，提供了一种类似 SQL 的语言——HiveQL，用户可以使用该语言进行数据的查询和分析操作，省去了编写 MapReduce 程序的复杂过程。如果在 HBase 之上套接 Hive 数据仓库，利用 Hive 的特点可以方便地按照关系数据库的形式提取部分列，再以 Hive 为数据源就可以使用 Hive 的类 SQL 语言进行简单的数据统计分析。但是，在 HBase 上使用 Hive 得不到很好的性能，其原因如下。

Hive 访问 HBase 中的表数据，实质上即通过 Hadoop 读取 HBase 表数据，对 HBase 表进行切分，获取 RecordReader 对象来读取数据。对 HBase 表的切分原则是一个分区切分成一个分裂，即表中有多少个分区，就有多少个 Map 任务。每个分区的大小由参数 hbase.hregion.max.filesize 控制，默认为 10GB，这样会使每个 Map 任务处理的数据文件太大，性能很差。读取 HBase 表数据即进行全表扫描，通过 RPC 调用分区服务器的 next()方法来获取数据，每次使用 next()方法都会为每行数据生成一个单独的 RPC 请求。大量的 RPC 请求降低了效率。可以提前根据预计的数据量大小来合理规划分区的数量以优化数据访问效率，或者设置合理的 HBase 扫描器缓存大小，使得每个 RPC 请求可以扫描更多数据，从而减少 RPC 请求的次数，提高访问效率。虽然 HBase 提供了很多提高效率的优化手段，但在很多情况下，Hive 从 HBase 上读取数据并不如直接从 HDFS 上读取数据效率高。这是因为，HBase 需要 RPC 请求、序列化/反序列化等额外开销，而 HDFS 将数据直接存储为文件。当需要扫描全表或批量统计查询时，直接基于 HDFS 的数据访问可能效率更高。

8.2.3 基于 HBase 的交互式查询

如第 7 章所述，采用 HBase 作为物联网大数据的存储和管理系统的基础，交互式查询分析的响应延迟常常需要控制在秒级范围内，但目前的 HBase、Hive 在某些查询场景下还达不到这样的实时性要求。

在 HBase 中，行键按照字典排序，分区按照行键进行，数据实质上是按照行键进行索引的（称为一级索引）。按行键从 HBase 中查询数据效率是比较高的，但是如果根据定义在列的属性上的约束条件进行查询，特别是当针对多个属性的约束条件进行查询时，效率较低，满足不了交互式查询的秒级响应要求。

针对多个属性的约束条件进行交互式查询，可以考虑使用倒排索引技术来提高查询效率，或者采用 ElasticSearch 等内建高效倒排索引的存储方案。根据 (Rowkey, Value) 生成 (Value, Rowkey)，新创建一个倒排索引表，这个表就相当于在该属性上生成的二级索引。例如，管理传感器数据，可以在传感器的某个属性上创建一个二级索引。基本表中的每条记录，在索引表中都有相应的入口。例如，对于基本表中行键[SensorID/系统时间]为 0001/系统时间的一条记录，温度为 20℃，湿度为 0.65RH；如果要查询温度在某范围的所有传感器，可以创建一个索引表，Rowkey 为温度，Value 为传感器，那么基于这个索引表就可以较快地得到查询结果。

华为的 HBase 二级索引项目[1]及 Phoenix 中都实现了二级索引。华为的项目在 Balancer 中收集信息，在协处理器中管理二级索引数据。在创建表的时候，在同一个分区服务器上创建索引表，且一一对应。在主表中插入某条数据后，用协处理器将索引列写到索引表中去，写到索引表中的数据记录的主键为“分区开始 Key+索引名+索引列值+主表行键”。这使得在同一个分布规则下，索引表会与主表在同一个分区服务器上，在查询的时候就可以少一次 RPC 请求。一个查询到来的时候，通过协处理器先从索引表中查询范围行，然后从主表的相关行中扫描获得最终数据。为了使主表和索引表始终在同一个分区服务器上，要禁用索引表的自动和手动 Split，只能由主表 Split 触发，当主表 Split 的时候，对索引表按其对应数据进行划分，同时，将索引表第二个 Daughter Split 的行键前面部分修改为对应主键的行键。

[1] https://github.com/Huawei-Hadoop/hindex。

8.3 物联网大数据流计算

8.3.1 流计算的需求特点

面向物联网应用的感知数据流计算的需求一般有如下特点。

（1）高吞吐低延迟（每秒有至少一万条需要处理的事件，响应时间延迟需在几秒以内）的数据处理能力。

（2）将流数据和历史数据进行“无缝”关联。很多流数据处理的应用不仅需要实时处理流数据，还需要将流数据和历史数据进行“无缝”关联。对于流数据处理系统来说，与存放历史数据的传统数据库系统进行交互将带来很大的延迟，因此，在流数据处理系统中，历史数据的状态应该使用嵌入应用程序进程中的嵌入式数据库进行存储，以消除过大的访问和存取开销。为了访问大规模的历史数据，流数据处理系统还应该能够接入来自 Hadoop 等流行的大规模数据批处理框架中的数据，并提供定制化的查询功能。

（3）流数据处理需具有动态可伸缩的架构，能够适应流数据规模和速度的动态变化性，适应不同的负载。近年来，在普通低端服务器成本持续降低和联网技术进步的大背景下，云计算成为一种商业上比较成功的计算模式。动态可伸缩、动态可扩展是云计算的显著特点之一。在云计算环境中，应用在理论上可以做到随意伸缩，即应用所占用的资源可以随负载的上升或降低而增加或减少，从而保证在不同的负载下仍能获得一致的性能。很多流数据处理应用的负载都具有动态变化的特点。例如，对于交通流监控和分析系统，在上下班高峰，以及节假日等时间段和平时时间段，其车牌监测数据及 GPS 信号等数据的规模和速度有着明显的差异。这就要求流数据处理系统能够适应流数据规模和速度的变化，根据负载来自动、透明地分配和调度底层的硬件资源。

（4）能够处理有缺陷的数据。在流数据处理系统中，由于数据并不进行持久化存储，到达的数据是相互独立的，不受应用系统的控制，因此，数据时有延迟、丢失和无序的情况发生，系统需要采取一定的策略来应对，如超时处理机制等。

（5）容错性，同时保障容错的开销较小。流数据本身的延迟、丢失和无序等缺陷，以及系统组件的故障都会导致流数据处理系统不可用。在云计算环境下，流数据处理服务器集群是由大规模的普通低端服务器构成的，服务器的故障更是一种常态。因此，流数据处理系统需要将严格容错作为一项基本要求，确保在系统出现故障时仍能正常运行。

（6）支持高级流数据处理原语或语言。为了实现复杂的业务逻辑，流数据处理系统能执行类似 SQL 的查询，包括在时间窗口上的 Join 和各种聚合函数等。

（7）支持多租户共享流数据处理基础设施，支持 pay-as-you-go 的流数据处理服务使用模式。支持多租户共享及 pay-as-you-go 的“即取即用”的使用模式是云计算环境的重要特点之一，以这种方式提供流数据处理与集成的云服务，能够帮助用户摆脱烦琐的 IT 环境管理，使其将更多的时间和精力聚焦于应用程序的开发，这是一种发展趋势。例如，亚马逊的 Kinesis 就属于这类流数据处理托管服务（按小时和吞吐量计费），它向用户提供了方便的 RESTful 服务编程接口，来收集、分析由应用程序产生的数据流，用户无须自行运维和搭建属于自己的流数据处理基础设施。

8.3.2 流数据的基本概念

图 8-2 所示为流数据处理系统的一般功能模型。起源于 UNIX 的数据管道（Pipeline）模型是流数据处理系统通用的组件抽象模型。输入数据通常通过缓冲区从数据源流入流数据管道，流数据管道中的所有操作形成链路，数据流平滑通过整个流数据管道，任何操作都不能阻塞处理过程。因此，流数据管道可以看作一个图，图的节点是执行数据处理的“算子”（Operator），图的边是算子之间的数据“流”（Stream）。流数据管道就是由这样的节点和边连接而成的图。算子具有输入端口和输出端口，输入数据项的到达将触发算子的执行，算子所执行的数据操作包括数据转换、处理及产生输出数据。

流数据管道模型中的算子包括三种：数据源接收算子（Source Operator）、目的接收算子（Sink Operator）和数据处理算子。数据源接收算子负责管理多个数据源通道，实现数据源到系统的传输和通信协议，接收来自多个数据源的数据，并将它们一个接一个地发送给下一个数据处理算子。流数据管道模型中的数据源接收算子不具有输入端口。与数据接收器相连的“时钟”（Clock）组件可选，它用来周期性地创建一条特殊的带有时间戳的数据项，以方便周期性地对数据进行处理。目的接收算子负责将管道中的数据递送到外部的应用或用户，它在流数据管道模型中没有输出端口。每个数据处理算子会执行一些数据操作，包括数据转换、处理及产生输出数据等，可用流数据的处理规则来表达，这些规则一般包括对数据的过滤、连接和聚集等，互相连接的基本算子运算符构成执行计划。

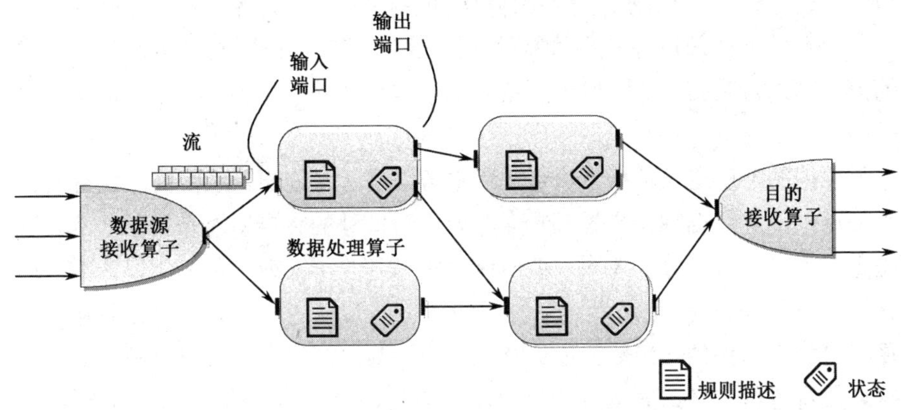

图 8-2　流数据处理系统的一般功能模型

若算子在多次触发执行过程中不需要对状态进行维护，则称为无状态(Stateless)的算子，若执行投影操作的算子在每次执行时丢弃一些数据项的属性，则属于无状态的算子；反之，若算子在多次触发执行过程中需要对状态进行维护，则称为有状态（Stateful）的算子，如求某时间范围内数据项某属性最大值的算子，属于典型的有状态的算子。

流数据处理的算子还可分为阻塞式算子和非阻塞式算子两类。前者在产生执行结果时需要预先读取整个流数据，后者在数据项到达时即可产生结果。阻塞式算子，如执行否定操作的算子，它判断整个流数据中没有出现某数据项时才为真；而执行“联合”操作的算子（将两个或多个不同来源但相同类型的流合并为一个新的流）为非阻塞式算子。

在部署模型上，流数据处理系统主要分为集中式和分布式两类。早期的流数据处理系统限于当时数据处理的规模，多是集中式的。当前大多数流数据处理系统都采用分布式的部署架构，分布式流数据处理引擎可以看作由消息队列连接起来的分布式网络节点组成的。

从流数据处理系统组件之间交互的角度看，数据源接收算子和流数据处理系统之间的交互模型若为“拉”模式，则系统发起数据收集，反之则为“推”模式。系统和目的接收算子之间的交互模型若为“拉”模式，则目的接收算子负责发起数据接收，反之则为“推”模式。分布式的流数据处理节点之间的交互模型若采用“拉”模式，则每个节点负责从上游节点中获取数据，反之则为“推”模式。大多数流数据处理系统的三种交互模型均采用“推”模式。

流数据的处理模型分为完全模型和滑动窗口模型两类。完全模型在整个流数据范围内进行处理，如阻塞式算子的执行。但由于流数据是无边界的连续数据项，读取整个流数据在理论上是不可能的，因此，“窗口”被用来对运算符执行时考虑的流数据进行限制，从而使得阻塞式算子也可以执行，同时，也使得非阻塞式算子的执行更有效。

流数据的窗口定义了算子执行过程中考虑哪一部分输入流数据。设置的窗口边界使流中部分数据项位于窗口内，而处于窗口外的数据则不被算法考虑。现有系统定义的窗口可以分为逻辑（或时间）窗口和物理（或计数）窗口两类。逻辑（或时间）窗口的边界定义为一个时间函数，如强制定义运算符只计算从当前时间算起的前 5 分钟到达的数据项。物理（或计数）窗口的边界使用窗口中包括的数据项数目进行定义，如运算符只对从当前到达数据算起的前 10 个数据项进行计算。

上面的窗口分类是从窗口边界定义的角度进行的，从另一个与之正交的角度，即根据窗口边界移动方式的不同，窗口又可分为如下几类。

固定窗口：窗口边界不移动，如只处理某固定时间段内的数据项。

界标窗口：窗口边界从某个已知时间点到当前时间点为止。

滑动窗口：窗口边界是按照固定大小向前滑动的，即当新的数据项到达时，窗口的上边界和下边界都相应地移动。滑动窗口的终点永远为当前时刻。其中，滑动窗口的大小可以由一个时间区间定义，也可以由窗口所包含的数据项数目定义。滑动窗口有窗口范围和更新间隔两个基本概念。窗口范围（Range）指滑动窗口的大小；更新间隔（Slide）指窗口一次滑动的时间区间或数据项数目。

窗格式窗口和翻滚式窗口：这两类窗口都是滑动窗口的变种。当 k 个数据项到达时，窗口的上边界和下边界移动 k 个元素。窗格式窗口大小大于 k，而后者小于 k。因此，对于翻滚式窗口，每次窗口移动，窗口中的数据项都全部更新；而对于窗格式窗口，每次窗口移动其数据项部分更新。不同窗口的选择与流数据处理的具体需求相关。例如，假设计算每周的平均气温，如果计算在每天中午进行，则使用窗格式窗口；如果计算在每周日进行，则必须使用翻滚式窗口。

流数据处理的规则有两类：一类是转换规则（Transformation Rules），另一类是检测规则（Detection Rules）。

转换规则定义了一个由基本的算子运算符构成的执行计划。这些运算符描述了算子所执行的包括过滤、连接、聚集等在内的数据操作。执行计划可由用户自定义或由系统预定义。系统预定义转换规则一般使用类似 SQL 的语句来表达。其规则描述语言可分为声明式语言和命令式语言两类。

其中，声明式语言显式描述处理过程的目标而非处理的具体过程。这类语言往往是通过对关系代数、SQL 的扩展进行设计的。STREAM 的 CQL、Esper 支持的 EPL 等都支持声明式语言。

命令式语言以命令的方式对规则进行定义，用户需要明确规定基本算子的执行计划。一般采用命令式语言的流数据处理系统提供相应的可视化工具来支持用户描述转换规则。

检测规则由条件和活动两部分构成。条件部分通常使用逻辑谓词来表达，活动部分通常使用特定的结构来表达。检测规则通常用基于模式（Pattern-Based）的语言进行描述。条件通常表达为模式的形式，使用逻辑操作符、数据内容和时间约束等选择输入流数据中的匹配部分，活动则定义了所选数据项如何关联来产生新的数据。这在复杂事件处理系统中尤为常见。

流数据处理系统一般提供声明式语言和命令式语言进行窗口的描述，只有很少的基于模式的语言用于描述窗口的结构。

流数据处理系统的规则描述语言中经常使用的算子运算符如下。

（1）单数据项（Single-Item）运算符。单数据项运算符分为两类：一类为选择运算符，对输入流数据中的数据项按照某种条件进行过滤操作；另一类为数据加工运算符，包括投影运算符和重命名运算符。

（2）逻辑（Logic）运算符。逻辑运算符是对多个数据项的操作，但与数据项的顺序无关，包括联合（Conjunction）运算符、析取（Disjunction）运算符、数据项重复（Repetition）运算符（数据项 a 的重复度为 $<m, n>$，当且仅当 a 被检测到出现了不少于 m 次，但不多于 n 次）及否定（Negative）运算符（作用在某数据项上的否定运算符，当且仅当流数据中没有出现该数据项时为真）。

（3）序列（Sequences）运算符。序列运算符当且仅当数据项序列 $a_1, a_2, \cdots, a_n$ 以某个具体的顺序出现时为真。序列运算符在基于模式的语言中经常使用，而转换规则描述语言通常不提供该运算符。

（4）迭代（Iteration）运算符。迭代运算符用来表达满足给定迭代条件的无边界数据项序列。与序列运算符类似，迭代运算符以数据项的排序为前提。

（5）流管理（Flow Management）运算符。声明式和命令式的流数据处理转换规则描述语言都需要对多个来源的流数据进行合并、分割、组织和处理等。流管理运算符包括连接（Join）运算符、Bag 集合运算符、数据流重复（Duplicate）运算符、分组（Group-By）运算符及排序（Order-By）运算符。

其中，连接运算符、分组运算符和排序运算符的含义类似关系数据库中相应的运算符，只是操作对象为连续的数据项构成的流，而非关系表。

Bag 集合运算符将不同的流结合，包括联合（Union）运算符，将两个或多个不同来源但相同类型的流合并为一个新的流；排除（Except）运算符，其输入为两个相同类型的流，生成一个新的流，输出流中的数据项都在第一个流中出现，但不在第二个流中出现；交叉（Intersect）运算符，将两个或多个输入流进行交叉运算，只输出包含在所有输入流中的数据项；去重（Remove-Duplicate）运算符，从一个输入流中去除所有重复的数据项。

数据流重复（Duplicate）运算符允许一个流重复作为多个运算符的输入。

（6）流创建（Flow Creation）运算符。流创建运算符从数据项集合中生成一个新的流。声明式的流处理规则描述语言通常提供流创建运算符。例如，CQL 提供了三个相应的流创建运算符，称为 Relation-To-Stream 运算符：IStream 将关系表 T 中的所有新元素生成一个流；DStream 将关系表 T 中所有删除的元素生成一个流；RStream 一次性将关系表 T 生成一个流。

（7）聚集（Aggregation）运算符。类似关系代数中的聚集操作，很多流数据处理的应用场景也需要聚集多个流数据，并生成新的数据。早期流数据处理系统提供一些预定义的聚集运算符，如求最小值、最大值和平均值的运算符。聚集运算符往往需要和窗口结构联合使用，以对操作的范围进行约束，称为窗口聚集操作或窗口聚集查询（Windowed Aggregation Query）。

在分布式数据库中，聚集函数根据计算性质可分为三类：分配型、代数型和整体型。对滑动窗口内的连续数据进行聚集，将相邻滑动窗口内新增加的元组称为新增（Plus）元组，而将减少的元组称为消失（Minus）元组。在滑动窗口上进行聚集操作时，若新数据到达，有时不必针对窗口内的全部数据重新计算，而是可以借鉴“增量式”的思想，通过处理相邻窗口中不同元组（新增元组和消失元组）的聚集操作得到聚集值。因此，根据分配型、代数型和整体型聚集函数作用在新增元组和消失元组上的特点，可以将流数据上的聚集函数分为非整体型、半整体型及整体型三类：①非整体型聚集函数是指对窗口的新增元组和消失元组都是分配型或代数型的聚焦函数，如 sum()、count()；②半整体型聚集函数是指对窗口的新增元组为分配型或代数型的聚集函数，但对消失元组不是分配型或代数型的聚集函数，如 max()、min()、top-k()等；③整体型聚集函数是指对新增元组既不是分配型又不是代数型的聚集函数，如求中位数的聚集函数等。

8.3.3 流数据查询操作

流数据查询相关工作可以分为两个方面：一方面是单个查询操作的实现及优化，如连接查询、聚集查询等操作的实现及优化；另一方面是互相连接的多个流数据操作算子的执行及优化。与传统数据库一样，流数据的基本查询操作也可分为选择、投影、连接和聚集等操作。其中，选择和投影操作相对简单，而连接操作和聚集操作是两种较复杂、耗时的查询操作。在传统数据库研究中，连接查询和聚集查询一直是热点研究内容；在流数据研究中，大规模流数据的实时性、不间断性等固有特性，以及云计算环境下分布并行处理的特点，给聚集操作和连接操作的实现与优化方法带来了一些新的问题。除流数据基本查询操作之外，还有一些应用较广泛的流数据高级查询操作，如流数据上的 skyline 查询、K 最近邻（K-Nearest Neighbor，KNN）查询、关键字查询、相似查询等。

1. 流数据连接查询操作

流数据在理论上是无限的，因而流数据上的查询一般被定义为“滑动窗口连续查询”。面向连接操作的滑动窗口连续查询（以下简称滑动窗口连接查询）可用于关联不同的流数据源，如关联多个移动对象生成的数据等。流数据的连接查询算法可以分为两个或多个流数据之间的连接查询，以及流数据和静态数据之间的连接查询两类。传统的对称哈希连接（Symmetric Hash Join，SHJ）算法可以扩展后支持滑动窗口连接查询。在分布式和云计算环境中，连接查询主要通过数据分区技术来实现。

2. 基于云计算的流数据聚集查询操作

基于云计算分布并行的计算模式，流数据上的滑动窗口聚集操作有如下几种优化方法。

（1）并行划分。基本的滑动窗口划分方法以窗口为单位将其划分到多个节点上执行，这种方法虽然简单，但由于连续的滑动窗口之间存在元组重叠的情况，同一元组会划分到多个节点上重复处理。基于批量窗口的划分方法将多个窗口的元组作为一个单元划分到节点上进行处理，同一分片中的元组不需要重复处理，减少了计算开销和空间开销。由于划分代价和计算代价都会随重叠元组数目增加而提升，因此，当窗口太大、流数据的到达速度太高时，以上并行处理方法不具有好的可扩展性。此外，并行划分可以与层次型处理方法结合，将窗口先划分为子窗口后，再划分到多个节点上执行。

（2）增量式处理。增量式处理方法只处理相邻窗口中不同的元组。增量式处理只对非整体型聚集函数有意义，非增量式处理可应用于任何类型的聚集函数。增量式处理可以减少待处理的元组，加快元组处理效率，但可能造成处理浪费。

（3）层次型处理。层次型处理实质上是对窗口聚集函数进行两轮计算：将窗口分成几个不重叠的子窗口，先在子窗口上进行聚集函数计算，然后进行整体上的聚集计算。在第二轮计算时，可以采用增量式处理和非增量式处理方式。层次型处理可对不同子窗口的数据进行并行处理，从而进一步提升处理效率。

半整体型聚集函数由于不需要专门对消失元组进行处理，因此层次型处理的第二轮计算可基于子窗口的处理结果进行，节省了计算开销和空间开销。整体型聚集函数虽然无法基于子窗口的处理结果节省开销，但也节省了重叠窗口聚集查询的计算开销和空间开销。

除流数据基本查询操作之外，流数据上的 skyline 查询、K 最近邻查询、关键字查询等高级查询操作应用也较广泛，这类查询计算代价比较大，当数据规模大、速度高时，面临更大挑战。近年来，分布式环境中流数据高级查询的研究成为热点，而利用云计算环境提升流数据查询处理性能和效率的研究刚刚起步。其基本思想是采用划分的方法，有效划分高速到达的大规模流数据，并将其分配到各个并行计算节点上，利用各节点的并行来提高系统的性能。在分布并行的云计算环境中进行流数据高级查询操作还面临一系列难点问题。例如，数据划分到不同节点上之后，状态维护及不同节点之间通信会带来开销，如何在开销及取得的效率提升之间进行平衡；当负载变化时，如何动态保障系统的可伸缩性。

此外，由于实际应用中产生的流数据往往是不确定或不精确的，在对这些不确定流数据进行查询操作时，会涉及流数据概率等复杂计算，使得针对大规模、高速到达的流数据进行查询面临极大的挑战。

8.3.4 流数据定制化服务

流数据定制化服务的目标是面向不同类型应用的需求，以服务方式提供对流数据连续查询、事件检测、实时分析等的能力，支持用户对大规模流数据集成和处理进行灵活的共享与定制。云计算环境下流数据定制化服务的现有工作可分为流数据服务建模、发现、编程、提供及托管等不同方面的工作。面向流数据的访问和获取，流数据定制化服务首先要考虑服务的抽象和建模问题。流数据的使用者还需要发现有哪些流数据需要访问，以及数据的格式、语义、集成的方式等，流数据定制化服务向服务消费者提供API、表达语言、丰富的元数据等来满足需求，服务消费者可发送访问和查询的请求到服务提供者并从服务提供者处获取数据，或者进一步进行大粒度服务及应用的编程和构造。流数据服务的托管将用户对流数据进行管理、部署和运营的任务托管给云基础设施，并将流数据的采集、查询、分析和管理的能力在互联网上作为云数据服务交付给用户使用，为用户提供“即取即用”的服务使用模式。

针对具有实时、持续不间断等特性的流数据，采用目前流行的网络服务（如 Web 服务）的方法和技术对其进行统一访问和查询存在天然的局限性。现有的服务抽象模型难以刻画对大规模流数据进行查询和集成的能力。例如，现存的服务模型［如基于 Web 服务描述语言（Web Services Description Language，WSDL）的服务模型］主要用来刻画与其他分布式的组件进行交互的业务功能，不对数据源的数据模式进行显式的描述，而是将数据源抽象为一组带有 I/O 参数的操作接口。并且，这些操作接口是预先定义好的，只提供了对数据源有限的访问和查询功能，客户端无法针对数据源提交预定义功能外的定制查询请求。

针对服务模型存在的上述问题，国内外有研究者在数据服务模型方面开展了不同程度的研究工作和实践，包括“数据服务”（Data Service）和“以数据为中心的 Web 服务”（Data-centric Web Service）相关工作。流数据服务的模型和数据服务模型类似，都将数据作为服务描述的“首要对象”（first-class citizen）。但大规模流数据具有规模大、实时、持续不间断等特性，使得二者有很大区别。表 8-2 对大规模流数据服务模型与传统数据服务模型从几个角度进行了初步比较。首先，二者描述的数据源类型不同；其次，流数据服务模型还需屏蔽大规模流数据处理的复杂性，需要对流数据基本操作的算子进行定义，对流数据处理的规则进行描述。此外，相对于传统数据服务被动调用的方式及较低的结果更新频率，大规模流数据服务的结果持续更新、频率较高，通常采用主动推送的调用方式。

表 8-2　大规模流数据服务模型与传统数据服务模型的比较

比较项	大规模流数据服务	传统数据服务
数据源类型	无边界的流数据；离散数据项，带有时间戳	静态数据；关系数据、网页数据、XML 数据等
主要功能	屏蔽大规模流数据处理的复杂性	对数据源的只读访问和查询
调用方式	支持主动推送	被动调用
结果更新	结果持续更新，频率较高	结果更新频率低
部署环境	部署在云存储、分布并行的流数据处理等云环境上	部署在传统数据库、服务及应用上

流数据服务模型需要对服务的数据模型、操作、服务处理方法及性质等进行刻画。针对这些问题，已有研究工作提出了流数据服务模型支持规模大、实时、持续不间断的流数据访问和查询等。Stream Feed 建立了基于 RESTful 服务模型的流数据服务，将来自传感器的流数据变为 Web 上可直接访问的资源。如图 8-3 所示，该服务模型支持将流数据更新实时、主动地推送（Push）到客户端的调用模式［也兼容“拉取”（Pull）的服务调用模式］，在服务端提供基本的流数据过滤操作，支持将多个流数据融合成一个新的流数据。同时，该服务模型支持对流数据及其历史数据的查询。在性能上，该服务模型也满足了流数据更新频率高、低延迟、数据量大等基本要求。

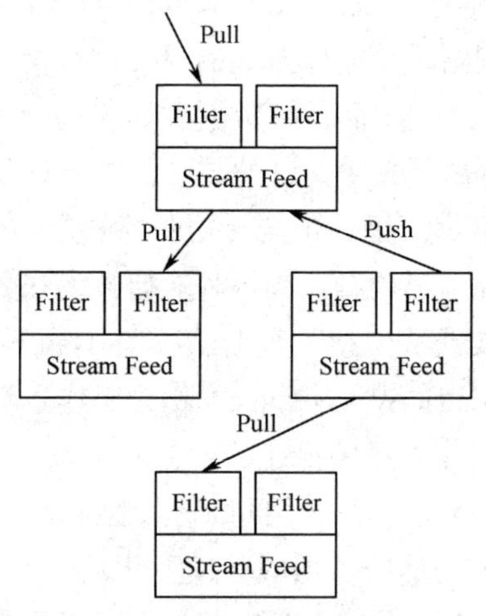

图 8-3　Stream Feed：一种流数据服务抽象模型

为了利用流数据构造具体的应用，研究者提出了不同的编程模型与方法，从基于特定编程语言（如 IBM 在分布式集群中进行流数据处理的编程语言 SPL）、基于程序库（如 Spark Streaming）到基于 SQL 的流数据查询语言（如 CQL）等。利用流数据服务构造应用的方法则延续服务计算的核心思想，采用面向服务的编程模型，在近年来传感器流数据应用的构造过程中得到广泛研究。其主要思想是将现实世界中的传感器流数据抽象为服务，并将其与传感器所在的周围情景信息及用户的情景信息相关联，从而实现灵活的智能服务，能够感知物理世界并主动做出响应。与传统的服务不同，由于流数据服务大多是基于计算能力有限的传感器设备提供的，其数量多、变化快，因此，在基于流数据服务的编程方法中，需要尽可能减少服务执行和注册的开销，同时对根据情景信息动态发现服务并主动按需向用户提供服务的能力有更突出的要求。

在流数据服务的托管方面，亚马逊的 Kinesis 向用户提供了方便的客户端库及 RESTful 服务编程接口来收集、分析由应用程序产生的数据流，用户无须自行运维和搭建流数据处理基础设施。Google BigQuery 及 Google Predictive API 也是一类流数据定制化服务，用户无须搭建流数据处理系统，即可以用每秒 10 万条记录的速率发送数据到指定接口并进行实时查询及分析。在多租户共享的服务使用模式下，流数据的规模和速度具有突出的动态变化性，因此，流数据服务托管面临的主要挑战是不可预测及动态变化的负载。解决此问题的关键是应用和服务的可伸缩性保障，使其能够灵活地伸缩，避免系统瓶颈并提高资源利用率。

8.3.5　评测基准

评测基准是可用于评测、比较不同系统性能的规范。评测基准用于客观、全面反映具有类似功能的系统之间的差异。相较于大数据处理的其他技术，基于云计算的流数据处理系统、应用和服务的评测基准还存在许多亟待研究之处。

传统的数据管理技术如数据库处理，其评测基准包含度量指标、模拟数据生成器、工作负载设定、审计等要素，发展已相对成熟和稳定。流数据处理由于各个要素普遍缺乏标准，评测基准还有其特殊性。对于流数据处理，基准测试的需求在于下述方面。第一，广泛的评估和比较流计算系统。除了根据传统分布式系统的吞吐量和响应时间等指标评估性能，还需要评估可用性、伸缩性等关键要素。第二，评估不同数据或计算特征下的能力。除了能够根据传统平稳运行或峰值指标评估系统能力，还需要针对动态变化的负载（如突发数据暴增）评估其伸缩能力。第三，产生不同的有代表性的负载。与传统分布式系统相比，基于云计算的流数据处理系统由于面向多个不同类别的租户提供服务，业务需求差异大，缺乏统一具有代表意义的数据，因此难以设计普遍适用的相对公平、合理的负载。

Linear Road Benchmark（LRB）是传统流数据处理应用非常广泛的测试基准，它由 Aurora 和 STREAM 合作设计。LRB 是一定规模的车辆在一个城市的多条高速公路上行驶时的位置、车速等数据，基于这些数据，可以进行计费通知、事故通知、旅行时间估计等查询。LRB 可用来测试不同系统执行这些查询时的性能。

近年来，大数据的繁荣带来了相关评测基准的发展。Hibench 针对 Hadoop 海量数据处理，其中包含七个测试场景，使用诸多机器学习算法作为基准程序。BigBench 针对端对端的大数据处理，其中包含丰富的业务用例，借鉴了 TPC-DS 的思想，使用了结构化和非结构化的数据产生数据负载。BigDataBench 针对生产环境下的业务，包含6组真实数据集和19种测试场景。BerlinMOD针对连续移动对象数据，给出了具有代表性的数据集，设计可扩展的查询语句作为基准程序，评估查询处理的能力。此外，许多业界知名的流处理系统各自完成了在自身适用场景下的专用评测，并给出了相关技术报告。例如，S4给出了典型的基于点击事件的基准程序评估自身性能；Spark Streaming以典型的流数据grep运算和单词计数统计（Word Count）作为基准程序，不仅评估了自身性能，还给出了扩展性和容错能力指标；微软的TimeStream以相异计数（Distinct Count）和推文（Tweets）分析作为基准程序，评估了自身的扩展性和容错能力。

8.3.6 Spark Streaming及其在物联网大数据中的应用

Spark是加州大学伯克利分校AMP实验室开源的类Hadoop MapReduce的通用并行框架，拥有Hadoop MapReduce所具有的优点。不同于MapReduce的是，其Job中间输出结果可以保存在内存中，从而不再需要读/写HDFS，因此，Spark除了能够提供交互式查询，还能够更好地适用于数据挖掘与机器学习等需要迭代的MapReduce算法。

Spark Streaming是构建在Spark上处理流数据的框架，它将Stream数据分成小的时间片段（几秒），以类似批处理的方式来处理这小部分数据。小批量处理的方式使它可以同时兼容批处理和实时数据处理的逻辑与算法，方便了一些需要历史数据和实时数据联合分析的特定应用场合。

Spark Streaming的优势如下。

- 能运行在超100个节点上，并达到秒级延迟。
- 使用基于内存的Spark作为执行引擎，具有高效和容错的特性。
- 能集成Spark的批处理和交互查询。
- 为实现复杂的算法提供与批处理类似的简单接口。

1. 场景分析

交通检测摄像头会源源不断地产生车牌信息，这些车牌信息格式相同、数量巨大，怎么使用这些流数据来帮助城市交管部门实时监控城市当前的车流量，从而采取一定的措施预防交通拥堵、事故等的发生，成为亟待解决的问题。下面尝试使用Spark Streaming流数据处理系统对车流数据进行处理。

2. 示例设计

1）示例说明

本示例使用 Spark Streaming 对模拟的流数据进行分析，实时计算某市当前 10min 内的车流量，并将结果插入 MySQL 关系数据库中。本示例通过 ActiveMQ 来模拟流数据的发送装置。

系统输入：输入数据为文本型数据，其元组定义为<字段 1,字段 2,…,字段 *n*>，必须含有的字段为车牌号字段、车辆识别传感器编号字段、时间戳字段，其他字段可以忽略，如<京 P0PT26, CAM84112112, 2012-11-1 08:50:01, … >。

系统输出：系统输出为 10 分钟内某市的车流量，且该记录存储到 MySQL 关系数据库中。

2）详细设计

该示例中主要有三个类：TrafficVolume、CurrCarDao、CurrCarModel。类 TrafficVolume 是该程序的入口类，主要用于车流量的实时计算；类 CurrCarDao 主要用于对数据进行 CRUD 操作；类 CurrCarModel 是一个车流量计算结果实体类。本示例数据库使用一张数据表 currTrafficVolume 来存储实时计算的车流量结果，数据表中的字段主要为 id、carnum（车流量）、time（记录插入系统的时间）。

3. 示例实现

TrafficVolume 交通流量实时监控应用入口类源代码如下。

```
/**
 *
 *
 * 类名称：TrafficVolume
 * 类描述：交通流量实时监控应用入口类
 *
 */
public class TrafficVolume {
    //系统当前时间
    public static String nowDate;

    public static void main(String[] args) {
        //Spark 配置项
        SparkConf sparkConf = new SparkConf( ).setAppName( " example1 " );
        //Streaming 配置项
```

```
JavaStreamingContext ssc = new JavaStreamingContext(sparkConf,new Duration
(1 * 1000));
//窗口机制参数：窗口大小（widowLength），窗口滑动范围（slideInterval）
String windowLength = 10 * 60 * 1000 +  " " ;
String slideInterval = 20 * 1000 +  " " ;
//流数据接入
JavaReceiverInputDStream<String> lines = ssc.receiverStream(new
DataReceiveal( " tcp://10.61.6.201:61616 " , " example1 " ));
JavaDStream<String> jds = null;
if ( " " .equals(windowLength) ||  " " .equals(slideInterval)) {
    jds = lines;
} else {
    jds = lines.window(new Duration(Long.parseLong(windowLength)),
            new Duration(Long.parseLong(slideInterval)));
}

//通过对一行数据映射得到一行数据的车牌号
.flatMap(new FlatMapFunction<String, String>() {
    public Iterable<String> call(String s) throws Exception {
        String[] strs = s.split( " , " );
        return Arrays.asList(strs[3]);
    }
});

//将记录映射为(车牌号,1)
JavaPairDStream<String, Integer> pairs = jds
        .mapToPair(new PairFunction<String, String, Integer>() {
            public Tuple2<String, Integer> call(String s)
                    throws Exception {
                return new Tuple2<String, Integer>(s, 1);
            }
        });
//根据车牌号 groupby
JavaDStream<Long> countvalue = pairs.groupByKey().count();
//调用 foreach action 算子，对于每条记录插入 mysql 关系数据库中
    countvalue.foreach(new Function<JavaRDD<Long>, Void>() {
    // 将得到的 count 值更新到数据库中
            @Override
            public Void call(JavaRDD<Long> count) throws Exception {
```

```
                List<Long> list = count.collect();
                //将记录插入数据库中，详见类 CurrCarDao
                CurrCarSingleton.getInstance().add(list.get(0),
            nowDate);
                System.out.println( " nowDate:  " +nowDate);
                return null;
            }
        });
        //启动 Spark Streaming 应用程序
        ssc.start();
        //等待应用程序执行
        ssc.awaitTermination();
    }
}

}
```

系统展示包括数据展示和效果展示。截取 MySQL 数据库中表 currTrafficVolume 中的一段记录，如图 8-4 所示。由图 8-4 可知，该市 10min 内的车流量维持在 45000 辆左右，每 20s 更新一次结果。

id	carnum	time
33	45259	2015-11-03 09:39:27
34	45195	2015-11-03 09:39:48
35	45115	2015-11-03 09:40:07
36	45113	2015-11-03 09:40:27
37	45135	2015-11-03 09:40:47
38	45176	2015-11-03 09:41:08
39	45221	2015-11-03 09:41:28
40	45183	2015-11-03 09:41:47
41	45132	2015-11-03 09:42:09
42	45027	2015-11-03 09:42:27
43	44934	2015-11-03 09:42:48
44	44891	2015-11-03 09:43:07
45	44754	2015-11-03 09:43:27
46	44593	2015-11-03 09:43:47
47	44511	2015-11-03 09:44:08
48	44509	2015-11-03 09:44:27
49	44480	2015-11-03 09:44:47
50	44394	2015-11-03 09:45:07

图 8-4　监测点流量数据

8.4 物联网大数据分析

传统的数据分析方法首先利用数据库存储结构化数据，在此基础上构建数据仓库，根据需要构建数据立方体进行 OLAP。对于更深层次的分析需求，则采用数据挖掘、机器学习的方法。前面分析过，不同于传统的数据，对于物联网大数据而言，其具有海量、高维度、序列性、动态流式、时空相关等特点，因此，其分析面临很大的挑战。物联网大数据也不同于互联网大数据，物联网大数据强调数据特征之间的物理关联，不仅对数据质量的要求高，对分析结果的准确性要求也高，因此，也不能照搬互联网大数据的分析方法。

数据分析为决策服务，其性能（一个分析任务的平均执行时间）对很多应用来说非常重要。一般来讲，5s 以内（有些应用可以增加到 10s 左右）执行完的分析任务常被称为实时分析，1～2min 执行完的分析任务被称为交互性分析，半小时以上完成的分析任务常被称为离线分析，而介于交互性分析和批处理之间的分析任务，可以称为非交互性数据分析。一般要求流式分析具备实时分析的性能，希望 OLAP 具备交互性分析的性能，而深度分析在数据量大、任务复杂的情况下往往是离线分析任务[1]。

下面从“物联网大数据 OLAP 多维分析”“物联网大数据深层次分析”两个层次分别介绍物联网大数据分析的关键技术。

8.4.1 物联网大数据 OLAP 多维分析

OLAP 最早是由关系数据库之父 E. F. Codd 于 1993 年提出的。Codd 认为 SQL 对数据库的简单查询不能满足用户分析的需求，用户的决策分析需要对数据库进行大量计算才能得到结果，而查询的结果并不能满足决策者提出的需求，因此，他提出了多维数据库和多维分析的概念。OLAP 是使用多维分析对数据快速访问的一种技术。分析多维数据常用的方法包括上卷（Drill Up）、下钻（Drill Down）、切片（Slicing）和切块（Dicing）等。以北京市各监测点的车流量数据

[1] 杜小勇，陈跃国，覃雄派. 大数据与 OLAP 系统[J]. 大数据，2015，1 (1): 1-13.

集为例，可以将其看作一个三维数组。三个维分别对应监测点所属区域、月份和日期。下钻指在维的不同层次间从上一层降到下一层，或者说将汇总数据拆分到更细节的数据，如从北京市这个区域钻取数据，查看海淀区、朝阳区、石景山区等各城区的车流量；上卷是下钻的逆操作，即从细粒度数据向高层聚合，如从海淀区、朝阳区、石景山区各城区车流量汇总来查看北京城区的车流量；切片指选择维中特定的值进行分析，如只选择海淀区的数据；切块（Dice）指选择维中特定区间的数据或者某批特定值进行分析，如选择 2012 年 10 月至 12 月的车流量数据。

OLAP 有多种实现方法，根据存储数据的方式不同，可以分为 ROLAP、MOLAP、HOLAP。ROLAP（Relational OLAP）表示基于关系数据库的 OLAP 实现，以关系数据库为核心、以关系型结构进行多维数据的表示和存储。ROLAP 将多维数据库的多维结构划分为两类表：一类是事实表，用来存储数据和维关键字；另一类是维表，即对每个维至少使用一个表来存放维的层次、成员类别等维的描述信息。事实表和维表通过主关键字和外关键字联系在一起，形成“星形模式”。对于层次复杂的维，为避免冗余数据占用过大的存储空间，可以使用多个表来描述，这种星形模式的扩展称为“雪花模式”。ROLAP 不做 Cube（数据立方体）计算，在 ROLAP 过程中，能够将 Cube 上的各种操作转换为数据库上 SQL 查询分析语句执行。ROLAP 最大的好处是可以实时地从源数据中获得最新数据更新，以保持数据实时性；缺陷在于运算效率比较低，用户等待响应的时间比较长。MOLAP（Multidimensional OLAP）表示基于多维数据组织的 OLAP 实现，以多维数据组织方式为核心，也就是说，MOLAP 使用多维数组存储数据。多维数据在存储中将形成 Cube 结构，此结构在得到高度优化后，可以很大限度地提高查询性能。随着源数据的更改，MOLAP 存储中的对象必须定期处理以合并这些更改。两次处理之间的时间将构成滞后时间，在此期间，OLAP 对象中的数据可能无法与当前源数据相匹配。维护人员可以对 MOLAP 存储中的对象进行不中断的增量更新。MOLAP 的优势在于经过数据多维预处理，分析中数据运算效率高；MOLAP 的主要缺陷在于数据更新有一定的延滞。HOLAP（Hybrid OLAP）表示基于混合数据组织的 OLAP 实现，用户可以根据自己的业务需求，选择哪些模型采用 ROLAP，哪些模型采用 MOLAP。一般来说，常用或需要灵活定义的分析使用 ROLAP 方式，而常用、常规模型采用 MOLAP 实现。

随着数据规模的扩大，传统关系数据库已经满足不了存储和 OLAP 分析的需求，其主要挑战在于，在亿级、十亿级、百亿级海量数据上进行多维指标计算，以及进行多维复杂条件的筛选、计算耗时难以达到 OLAP 期望的秒级或分钟级的交互式分析延时要求。

为了应对这种挑战，出现了基于大规模并行处理、NoSQL 等各种新型数据库的 OLAP 方案。最初，ROLAP 技术随着大规模并行处理技术的发展得到了迅速发展。基于列存储的大规模并行处理数据库成为 TB 级别数据仓库进行 OLAP 数据分析最先进的技术，已经涵盖了绝大多数 OLAP 市场。但大规模并行处理数据库依赖昂贵的硬件配置，性价比低，且在可扩展性方面存在缺陷，使得以 MapReduce 和 NoSQL 数据库为基础的 OLAP 数据分析方案得以发展并广受关注。

当前绝大多数以 MapReduce 和 NoSQL 数据库为基础的 OLAP 数据分析方案是以 ROLAP 方式进行的，即不做 Cube 计算。在 ROLAP 过程中，各种多维分析操作转换为 NoSQL 数据库或云文件系统上的 SQL 查询分析语句执行。也有少数方案沿着 MOLAP 的思路，使用 MapReduce 预处理数据，生成 Cube，将 Cube 保存到 NoSQL 数据库中，以空间换时间来完成低延迟的交互式数据分析任务。下面分别介绍这两种方案。

1. ROLAP 方式的交互式大数据分析

本书前面已介绍了 Hive 系统，它是对 HDFS 进行修改扩展生成的一个数据仓库框架，它实现了类 SQL 语句的编程接口，提供了一种类似 SQL 的语言 HiveQL，用户可以使用该语言进行数据的查询分析操作。Hive 的出现一改传统 OLAP 只能在关系数据仓库中运行的局面，从而可以对 HDFS 中存储的 TB 级别甚至 PB 级别的结构化数据进行 ROLAP 方式的数据分析。

Hive 的主要优点之一是用户可以通过 SQL 语句来对大数据进行查询和统计分析。但 Hive 主要使用 MapReduce 作为计算引擎，其性能还达不到 OLAP 所需要的交互式分析要求。然而，除了 Hive，还出现了其他多个 SQL on Hadoop 系统，使得基于 Hadoop 的 OLAP 系统性能得到了很大的提升。

Hive 的原理是将 HiveQL 查询首先转换成 MapReduce 作业，然后在 Hadoop 集群上执行。某些操作（如连接操作）被翻译成若干个 MapReduce 作业，依次执行。为了提升 Hive 的性能，近年来 Hive 做了很多改进。其中比较显著的一个改进是和 Apache Tez 紧密集成。Tez 是一种新的计算模型，扩展了 Hadoop 的 MapReduce 计算模型，能够执行复杂的以有向无环图（Directed Acyclic Graph，DAG）表达的计算任务。Tez 的 DAG 顶点管理模块在运行时从任务收集相关信息，从而动态改变数据流图的一些参数，以便优化资源消耗，获得更高的性能。

Impala 是由 Cloudera 公司推出的一个支持交互式（实时）查询的 SQL on Hadoop 系统。Impala 放弃使用效率不高的 MapReduce 计算模型，设计专有的查询处理框架，把执行计划分解以后，分配给相关节点运行，而不是把执行计划转换为一系列的 MapReduce 作业。Impala 不把中间结果持久化到硬盘上，而是使用大规模并行处理数据库惯用的技术，即基于内存的数据传输，在各个操作之间传输数据。Impala 后台进程以服务的形式启动，避免了类似 MapReduce 任务的启动时间。

在磁盘 I/O 方面，Impala 维护每个数据块的磁盘位置信息，对磁盘块的操作顺序进行优化调度，保持各个磁盘忙闲均衡。此外，Impala 在实现细节上进行了一系列优化。在存储格式方面，Impala 支持最新研发的列存储格式 Parquet，有利于提高数据仓库查询性能，这些查询一般只涉及少数属性列，列存储可以避免不必要的数据列的提取。

在连接操作的处理方面，Impala 根据表的绝对大小和相对大小，在不同的连接算法之间选择。广播连接是默认的一种连接算法，右侧的表默认比左侧的表小，小表内容被发送到查询涉及的各个节点上。另一种连接算法称为分区连接，适用于大小相近的大型表之间的连接。使用分区连接，每个表的内容被散列分布到各个节点，各个节点并行地进行本地连接，连接结果再进行合并。Impala 使用 Compute Stats 语句，收集数据库表的统计信息，辅助进行连接算法的选择。根据 Cloudera 的评测结果，对于 I/O 限制的查询，相对于老版本的 Hive，Impala 有 3～4 倍的性能提升。而对于需要多个 MapReduce 作业或者需要在 Reduce 阶段实现连接操作的查询，Impala 可以获得更大的性能提升。对于至少有一个连接操作的查询，其性能提升达到 7～45 倍。如果数据集可以完整地保存到缓存中，则性能提升达到 20～90 倍，包括简单的单表聚集查询。

Spark SQL 也是可实现大数据交互式查询和 OLAP 分析的一个重要系统，Spark SQL 使用内存列存储技术支持分析型应用。在复杂查询执行过程中，中间结果通过内存进行传输，无须持久化到硬盘上，极大地提升了查询的执行性能。Spark SQL 在设计上实现了和 Apache Hive 在存储结构、序列化和反序列化方法、数据类型、元信息管理等方面的兼容。

MapReduce 系统性能不佳的原因有很多，包括中间结果持久化到硬盘、数据存储格式性能低劣、不能控制数据的并置（Co-partitioning）、执行策略缺乏基于统计数据的优化、任务启动和调度的开销过大等，Spark SQL 设计者据此实现了一系列优化措施，包括采用基于内存的列存储结构；支持基于散列的 shuffle 和基于排序的 shuffle 操作；基于 range 统计信息进行分区裁剪，减小查询处理过程中需要扫描的数据量；下推查询限制条件；支持分布式排序；支持分布式并行装载等。Spark SQL 部分实现了基于成本的优化功能，根据表格和各列数据的统计信息，估算工作流上各个阶段数据集的基数，进而可以对多表连接查询的连接顺序进行调整。另外，如果连接的中间结果或者最终结果集具有较高基数，系统可以根据启发式规则调整 Reduce 任务的数量，完成 Join 操作。此外，Spark SQL 还支持数据并置及部分 DAG 执行技术，允许系统根据运行时收集的统计信息动态改变执行计划，以获得更高的性能。

此外，Presto 也是 ROLAP 的一种与 Spark SQL 媲美的选型方案，国外互联网公司包括 Airbnb 和 Dropbox 都在使用 Presto，国内也有多家大公司使用 Rresto。

2. MOLAP 方式的多维交叉大数据分析

基于 MOLAP 的多维交叉大数据分析方案的特点是“按最小粒度聚合，预建索引”，即预先构造 Cube 或预先建立索引等。MOLAP 目前有三种主要的技术选型方案：Kylin、Pinot 和 Druid。

Kylin 是一个 Hadoop/Spark 上的 MOLAP 系统，是由 eBay 开发的，于 2011 年发布并开源。Kylin 的工作原理如下：首先用户把数据放在 Hadoop 上，通过 Hive 管理，用户在 Kylin 中进行数据建模以后，Kylin 会生成一系列 MapReduce/Spark 任务来计算 Cube，算好的 Cube 最后以 Key/Value 的方式存储在 HBase 中。分析工具发送标准 SQL 查询，Kylin 将它转换成对 HBase 的扫描，快速查到结果，返回给请求方。图 8-5 所示是 Kylin 的架构。

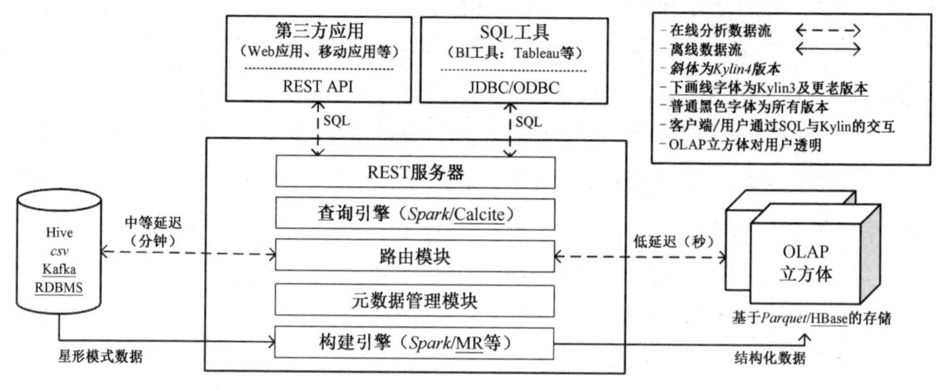

图 8-5　Kylin 的架构

Kylin 可以支持 100 亿行数据规模的低时延查询，部分查询可以达到亚秒级的响应时间。Kylin 提供 REST、SQL 和 OLAP 接口，支持 TB 级别到 PB 级别的数据量；兼容 ANSI SQL 标准，以及 Tableau、Microstrategy 和 Excel 等前端工具；支持数据的编码和压缩，支持 Cube 的增量更新功能，支持近似查询能力。

Kylin 使用 Hadoop 结合 Cube 技术实现多维度快速 OLAP 分析能力，其开发了快速计算 Cube 的算法，算法的基本思想是在 Mapper 中对立方体进行预聚合，从而减少输入 Reducer 的记录数目，并且在 Mapper 中进行所有维度子立方体（Cuboid）的计算，从而使一轮 MapReduce 就可以完成 Cube 计算。为了防止这时 Mapper 出现内存溢出而异常终止，优化方法是主动探测内存溢出错误的发生，将堆栈中的子立方体缓存到本地磁盘等。

Kylin 具有相当优异的查询和分析性能。据公开资料对比，Kylin 能够在比 Hive、Spark SQL 更弱的硬件配置下获得更好的查询性能。针对 103GB 原始数据、11 亿条记录，同样的"select x, count(y) from t where x group by x"查询，Hive 在 86 个虚拟 CPU 核心、360GB 内存的集群环境中耗时 1522s；Spark SQL 在 131 个虚拟 CPU 核心、912GB 内存的集群环境中耗时 125s，而 Kylin 在 5 个节点的 HBase 集群环境中耗时只有 3.43s。Kylin 的查询性能不只是针对个别 SQL 的，而是针对上万种 SQL 的平均表现，生产环境下 90%的查询能够在 3s 内返回。资料表明，在京东云海的案例中，单个 Cube 最大有 8 个维度，最大数据达 4 亿条，最大存储空间为 800GB，30 个 Cube 共存储空间达 4TB 左右，查询场景为"select x from t where x order by x offset n limit n"，在查询性能上，当 QPS 为 50 左右时，所有查询的平均响应时间在 200ms 以内；当 QPS 为 200 左右时，所有查询的平均响应时间在 1s 以内。

Kylin 的优异性能得益于其离线预计算的思路，大量时间花在 Cube 的构建上。Cube 的构建时间与维度数量、不同组合情况、Cardinality 大小、源数据大小、Cube 优化程度、集群计算能力等因素都有关系。资料表明，在一个分片集群构建数十吉比特的数据需要几十分钟。因此，Kylin 适合那些数据 ETL 和数据分析可以错峰进行的应用。例如，对过去一段时间物联网数据的分析，Cube 计算可在 ETL 完成后由系统自动触发，这个时间与数据分析错峰进行。Kylin 并不适合对数据写入及分析结果实时性要求高的场景。

Kylin 在实时分析上的限制使其并不适合物联网中的实时 OLAP 场景。例如，对故障进行分析的报警系统需要"实时"地进行决策，从一个事件数据被创建，到这个事件数据可以被查询的时间，决定了相关人员在系统出现潜在灾难性情况时可以多快做出反应。

为了能够满足实时 OLAP 的需求，出现了 Druid 和 Pinot。二者架构类似，主要原理是将数据分为实时和历史两个部分，实时部分从消息队列消费数据，然后在内存中对数据进行分区和索引，而后再将数据持久化到列式存储中进行存储。数据的分区采用的是基于时间的分区，在查询执行时，可以方便地路由查询到实时和历史节点，然后将结果合并返回。但是，两个产品目前都不支持 Join。

为了提高分析的实时性，Druid 实时节点为所有传入的事件数据维持一个内存中的索引缓存。随着事件数据的传入，这些索引会逐步递增，并且这些索引是可以立即查询的。查询这些缓存于 JVM 的基于堆的缓存中的事件数据，Druid 的工作原理类似行存储。为了避免堆溢出问题，实时节点会定期或者在达到设定的最大行限制时，把内存中的索引持久化到磁盘。这个持久化进程会把保存于内存缓存中的数据转换为基于列存储的格式。所有持久化的索引都是不可变的，并且实时节点会加载这些索引到 off-heap 内存中，使它们可以继续被查询。Pinot 的实时数据分析原理也与此类似，如图 8-6 所示。

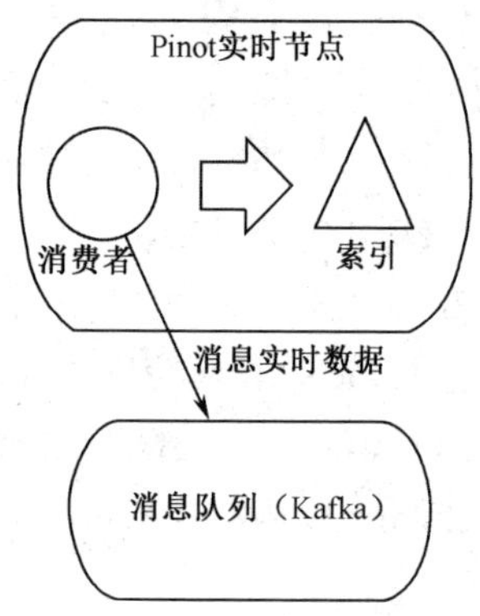

图 8-6　Pinot 的实时数据分析原理

资料表明，Druid 的实时性体现在两个方面：一是 Druid 查询的响应时间非常快，大部分查询会在 10s 以内返回；二是能够查询的数据的时效性非常高，进入 Druid 采集系统的数据，能被立即查询到，延迟在毫秒级别。

Druid 企业用户比较多，如 Netflix、Paypal 等。Pinot 于 2015 年开源，目前主要在 LinkedIn 使用，其超过 25 个分析产品使用 Pinot 作为后端的支撑，并且超过 30 个内部产品使用 Pinot。

由于时间序列性、动态流式等特点，相比较而言，Druid 或 Pinot 更适合作为物联网大数据分析平台的选择。

8.4.2　物联网大数据深层次分析

大数据分析挖掘处理主要分为简单分析和智能化复杂分析两大类。前面介绍的 OLAP 多维分析，是从传统数据库 OLAP 的处理技术和方法延伸出来的，属于简单分析的范畴；而大数据的深度价值通常需要使用基于机器学习和数据挖掘的智能化复杂分析才能实现。本节主要介绍物联网大数据的深层次分析技术。

物联网大数据和互联网大数据有很大的不同，3.1 节已进行了介绍。互联网大数据对数据量的需求大，要求具有大量的样本数据，对数据质量的要求低；而物联网大数据对数据质量的要求较高，在数据处理阶段需要对数据质量进行严格的预判和修复，物联网大数据往往是现实世界中设备的真实状态，其数据背后具有严格的物理意义。二者表象的不同，也使二者的分析方法和手段不同。例如，物联网大数据的分析往往更注重数据特征背后的物理意义及特征之间关联性的机理逻辑，互联网大数据倾向于依赖统计学工具挖掘特征之间的相关性；互联网大数据通常以统计分析为主，侧重于算法工具和模型的建立，而物联网大数据并不仅仅依靠算法工具，而是更注重逻辑清晰的分析流程，以及与分析流程相匹配的技术体系。

物联网涉及广泛的应用领域，如工业 4.0、智能家居、智能交通、智慧医疗等，在不同领域、不同行业，往往需要面对不同类型和不同格式的数据，数据分析的目的也不尽相同，这使得物联网中的数据更加多样化。例如，工业 4.0 大数据包括结构化、非结构化的设备运行状态参数，设备运行工作条件设定信息，设备运行过程中的环境参数，以及设备的维护保养记录等；城市交通大数据包括结构化、非结构化的交通信息管理系统数据、OBD 数据、GPS 数据、摄像头车牌识别数据等；医疗健康大数据包括结构化、半结构化、非结构化的医疗单位数据、个人健康数据和公共健康数据，如医疗单位的电子病例数据、放射信息管理系统数据，传感器收集的体温、脉搏等个人数据，以及公共健康数据（包括政府发布的流感信息、社交媒体信息）等。其所使用的分析方法及工具往往也有很大的区别。多样化的数据源和数据分析需求，导致其分析手段及流程也不尽相同，难以总结出统一、通用的物联网大数据分析流程。下面分别以城市交通及工业物联网为例，对物联网大数据的分析流程进行阐述，以便对物联网大数据分析技术窥见一斑。

1. 城市交通物联网大数据分析流程

图 8-7 所示为城市交通物联网大数据分析流程。

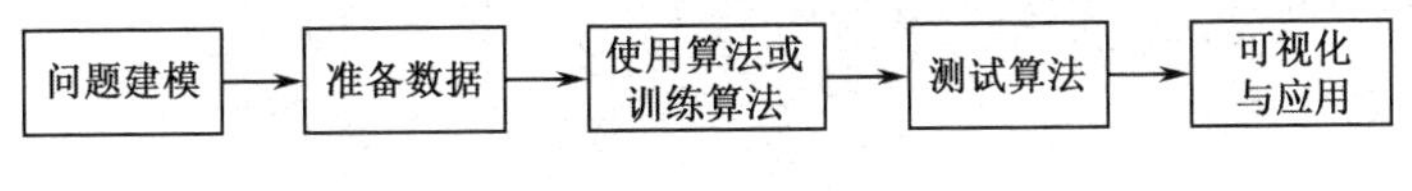

图 8-7　城市交通物联网大数据分析流程

在问题建模阶段，收集问题的相关资料，理解问题，在此基础上，拆解问题、简化问题，将其转化为机器可预估的问题。

首先，要理解数据源的物理意义。对实际数据了解得越充分，越容易找到符合实际需求的分析手段。主要应该了解数据的以下特性：可以获取哪些数据；数据的具体属性有哪些；这些属性有哪些物理含义；它们之间可能存在什么样的潜在关系；数据的原始格式是什么样的；数据量有多大；数据是否为实时更新的，如果是，更新频率是多少；数据的特征值是离散型变量还是连续型变量，特征值中是否存在缺失的值，何种原因造成缺失值，数据中是否存在异常值，某个特征发生的概率如何。

其次，理解数据分析的目的和目标，考虑合适的机器学习算法。如果分析的目标是要预测目标变量的值，则可以选择监督学习算法，否则，可以选择无监督学习算法。确定选择监督学习算法之后，需要进一步确定目标变量的类型，如果目标变量是离散型的数值，则可以选择分类器算法；如果目标变量是连续型的数值，则需要选择回归算法。如果不需要预测目标变量的值，则可以选择无监督学习算法。进一步分析是否需要将数据划分为离散的组。如果这是唯一的需求，则使用聚类算法；如果还需要估计数据与每个分组的相似程度，则需要使用密度估计算法；如果需要分析频繁出现的变量或者需要分析变量之间的关联关系，则使用关联规则分析算法。一般来说，发现最好算法的关键环节是反复试错的迭代过程。

问题建模阶段基本确定了待使用的算法，因此，在准备数据阶段，就按照算法要求对数据进行收集、预处理，确保数据的内容、格式都符合算法要求。一般原始数据中有很多不符合要求的垃圾数据，如数据项缺失的数据、明显的异常和错误数据，要过滤掉这些数据。对缺失的数据，还可以采取一些方法进行补全。

在使用算法或训练算法阶段，将准备好的数据输入算法进行计算，从中抽取知识。如果使用的是无监督学习算法，由于不存在目标变量值，因此不需要训练算法。

测试算法阶段主要是对算法进行评估。对于监督学习算法，必须已知用于评估算法的目标变量值，如果不满意算法的结果，则可调整算法参数重新进行测试。对于无监督学习算法，也需要用交叉检验等其他方法来检验算法的准确率。

最后，将算法转换为应用程序，执行实际任务，一般采用可视化的手段对算法结果或分析过程进行直观的展示。

下面以伴随车辆组发现问题为例来进一步说明。

1）问题建模

伴随车辆是交通领域的一个术语，通常指与追踪车辆在一定时间范围内以一定概率存在伴随关系的车辆。犯罪嫌疑人为了便于逃窜，往往会使用多辆车协同作案，案件刑侦分析时，某些车辆的行驶轨迹可能会成为重要线索。如果可以提前获知犯罪嫌疑车辆的车牌号码，便能够从车牌识别数据中直接查询与其具有伴随关系的车辆。然而，在现实生活中，由于涉案车辆具有一定的随机性，而且无法准确地预测犯罪行为发生的具体时间和地点，因此，往往不能提前获知犯罪嫌疑车辆的车牌号码。在这种情形下，如何从海量的车牌识别数据中发现犯罪嫌疑车辆的伴随车辆组，是一个值得研究的问题。

寻找伴随车辆组，实际上是基于伴随车辆的时空关系，从车牌识别数据集中寻找存在具有时空伴随关联关系的车辆。

那么，如何对伴随车辆组的发现这一问题进行建模呢？如果一组车辆在一定的时间阈值δ_t内经过同一个监测点，由于它们在其他监测点很有可能不再具有伴随关系，因此，只能说明该组车辆针对该监测点在该时间阈值内具有伴随关系，并不能据此定义该组车辆为伴随车辆组。可以判断为伴随车辆组的车辆，需要以一定的概率在多个监测点都具有伴随关系。因此，直观上来看，如果多个车辆频繁地在多个监测点共同出现，那么它们之间的关系为伴随关系的概率比较大。由此可以进行如下定义。

点伴随关系是指两辆或多辆车在一定的时间阈值δ_t内共同经过某个监测点s_k所构成的一种关系。这些车辆共同组成点伴随组 G，其子集记为 g。如果 $g_k=\{<v_i, t_{ik}>,\cdots,<v_j, t_{jk}>\}, |t_{ik}-t_{jk}|\leqslant \delta_t$ 是点伴随组 G 的一个子集，则称 g 中的车辆之间在监测点 s_k 下存在点伴随关系或在该监测点下存在共现关系。在图 8-8 中，车辆组$\{v_1, v_2, v_3, v_4, v_7\}$和车辆组$\{v_5, v_8, v_{10}\}$在 30min 内共同经过了同一个监测点 s_1，因此，其在 s_1 监测点下具有点伴随关系，它们共同组成点伴随组，且它们中的车辆在监测点 s_1 下共现。

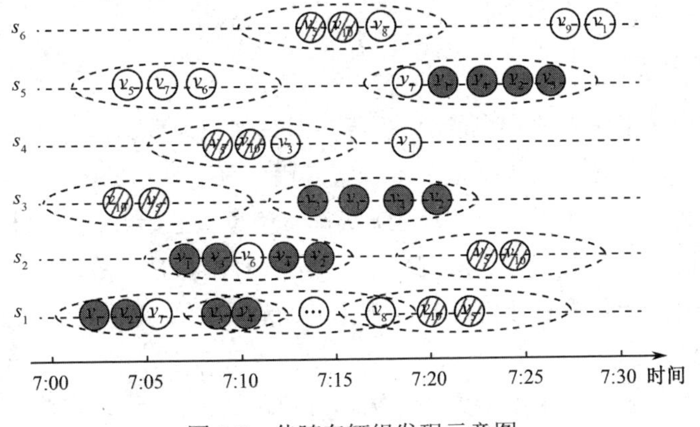

图 8-8　伴随车辆组发现示意图

如果一组车辆在一定数目的监测点都具有点伴随关系，就可以初步认为它们是一个伴随车辆组了。下面就可以给出伴随车辆组的更严格的定义。

设δ_{com}为监测点数目阈值，δ_{coin}为监测点个数比值阈值，对于一个点伴随车辆集合 q 的子集，当且仅当如下两个条件成立时，该子集可判断为伴随车辆组。

（1）q 中的每个成员都在 n_{com} 个监测点下具有共现关系（点伴随关系），其中，$n_{\text{com}} \geqslant \delta_{\text{com}}$。

（2）对 q 中的任意车辆 v_i，n_{com} 与 v_i 所经过的监测点个数 len_i 之间的比值满足 $\text{coin}(v_i) \geqslant \delta_{\text{coin}}$ 的条件，其中 $\text{coin}(v_i) = n_{\text{com}}/\text{len}_i$。

第（1）个条件保证了伴随车辆组至少在一定数目的监测点都具有点伴随关系；第（2）个条件将那些在道路上出现的时间很长的车辆过滤掉，因为对这些车辆而言，虽然它们与其他车辆在一定数目的监测点都具有伴随关系，但由于其经过的所有监测点和其他车经过的所有监测点有很大差别，其与伴随车辆组的其他车辆之间存在伴随关系的可能性较小。在图 8-8 中，假设δ_{com}为 4，δ_{coin}为 0.7，根据第（1）个条件，$\{v_1, v_2, v_3, v_4\}$ 与 $\{v_5, v_{10}\}$为伴随车辆组。因为车辆组$\{v_1, v_2, v_3, v_4\}$共同经过了$\{s_1, s_2, s_3, s_5\}$4 个监测点，而车辆组$\{v_5, v_{10}\}$共同经过了$\{s_1, s_2, s_3, s_4, s_6\}$5 个监测点，它们存在点伴随关系的监测点数目大于或等于δ_{com}。再根据第（2）个条件进行过滤即可。在这个例子中，对 v_1 来说，其比值为 4/6，小于δ_{coin}，因此，需将其过滤掉，最后得到的伴随车辆组为$\{v_2, v_3, v_4\}$和$\{v_5, v_{10}\}$。

求出点伴随组后，其结果为不同的监测点和共同经过同一监测点的车辆所组成的数据集，格式为$<s, \{v_1, v_2, v_3, \cdots\}>$，根据上面伴随车辆组的定义，要想计算得到伴随车辆组，需要挖掘所有符合条件的点伴随组的子集，这些点伴随组的子集车辆就是伴随车辆组，可以将点伴随组作为待挖掘的事务集，通过使用频繁项集挖掘算法进行频繁子集挖掘。点伴随组事务集以监测点 s 作为事务的 ID 标识（TID）。

2）准备数据

在智能交通系统中，各交通路口摄像头的车牌识别数据是可供利用的重要数据源之一。每条车牌识别数据记录了一条某辆车在某时刻经过某监测点的信息，至少包括时间、车牌号码、监测点 ID 等基本信息。原始数据记录样例如图 8-9 所示，浅色框框起来的三列是监测点 ID、车牌号码和时间数据列，其余列的数据对伴随车辆的计算没有任何影响，可以看作无用数据，在数据预处理模块中可以直接将其剔除。

一个城市一般有上千个摄像头（大型城市可达上万个），高峰时段采样频率为 1 条记录/秒，即每秒将产生成千上万条车辆识别数据，一年车辆识别数据记录数超过百亿条，数据量巨大。将这些数据以文本格式存放到分布式文件系统（HDFS）中，便于并行地读取和计算。

1	1738892343	CAM84112112	2	京POPT26	1	?	0	2	0	2012-11-1 08:50:01	20121101085001343	JGJ31541	0	0
2	1730799857	CAM10514112	2	京FB7883	1	?	0	1	0	2012-11-1 08:50:01	20121101085001042	JGJ30793	0	0
3	1730792037	CAM10515121	2	京N56H51	1	?	0	1	0	2012-11-1 08:50:01	20121101085001434	JGJ30798	0	0
4	1730014673	CAM09815112	2	京92N10A	1	?	0	2	0	2012-11-1 08:50:01	20121101085001502	JGJ30483	0	0
5	1730014690	CAM02014112	2	京N11452	1	?	0	2	0	2017-11-1 08:50:01	20121101085001282	JGJ30196	0	0
6	1730014722	CAM09912122	2	京GTF439	1	?	0	3	0	2012-11-1 08:50:01	20121101085001356	JGJ30547	0	0
7	1730015306	CAM09916111	2	京NEV785	1	?	0	2	0	2012-11-1 08:50:01	20121101085001123	JGJ30494	0	0
8	1730016074	CAM15911112	2	京N6F731	1	?	0	2	0	2012-11-1 08:50:01	20121101085001328	JGJ31209	0	0
9	1730014615	CAM13812111	2	京PQOV58	1	?	0	2	0	2012-11-1 08:50:01	20121101085001087	JGJ31064	0	0
10	1730014633	CAM04611111	1		2	?	0	1	0	2012-11-1 08:50:01	20121101085001749	JGJ30032	0	0
11	1730015190	CAM15213111	2	京L95728	1	?	0	1	0	2012-11-1 08:50:01	20121101085001306	JGJ31168	0	0
12	1730015207		2	京GXV396	1	?	0	3	0	2012-11-1 08:50:01	20121101085001688	JGJ31564	0	0
13	1730014508	CAM09612212	2	京L27308	1	?	0	1	0	2012-11-1 08:50:01	20121101085001746	JGJ30438	0	0
14	1730007402	CAM07013121	1	京AB6977	2	?	0	3	0	2012-11-1 08:50:01	20121101085001328	JGJ30097	0	0
15	1730014765	CAM07911121	2	京F73578	1	?	0	2	0	2012-11-1 08:50:01	20121101085001468	JGJ30264	0	0
16	1730014766	CAM02275111	2	京M66753	1	?	0	1	0	2012-11-1 08:50:01	20121101085001716	JGJ31214	0	0

图 8-9　原始数据记录样例

原始数据中还存在一些无效数据。例如，图 8-9 中，从横向框框起来的三行数据可以看到，这三行数据或是记录的监测点时间不正确，或是数据不完整，缺少某一项关键数据，这样的数据会对计算过程产生影响，无法参与后续计算，因此需要在预处理过程中将其剔除。针对业务需求，有时还需要将一些特殊车牌号码，如出租车车牌号码、公交车车牌号码等剔除。利用 Spark 的 textFile 方法从分布式文件系统 HDFS 中读取车牌识别数据集，并利用 filter 方法对这些数据进行并行过滤处理，将其转换为只包含车牌号码（v）、监测点（s）、经过监测点的时间（time）三个字段的信息。经过预处理后的数据样例如图 8-10 所示，三列分别为监测点 ID、车牌号码和经过监测点的时间，格式为<监测点，车牌号码，时间点>（简写为<s, v, time>）。

1	CAM84112112	京POPT26	2012-11-1 08:50:01
2	CAM10514112	京FB7883	2012-11-1 08:50:01
3	CAM10515121	京N56H51	2012-11-1 08:50:01
4	CAM09815112	京92N10A	2012-11-1 08:50:01
5	CAM09912122	京GTF439	2012-11-1 08:50:01
6	CAM09916111	京NEV785	2012-11-1 08:50:01
7	CAM15911112	京N6F731	2012-11-1 08:50:01
8	CAM13812111	京PQOV58	2012-11-1 08:50:01
9	CAM15213111	京L95728	2012-11-1 08:50:01
10	CAM09612212	京L27308	2012-11-1 08:50:01
11	CAM07013121	京AB6977	2012-11-1 08:50:01
12	CAM07911121	京F73578	2012-11-1 08:50:01
13	CAM02275111	京M66753	2012-11-1 08:50:01

图 8-10　经过预处理后的数据样例

经过前面问题建模的分析可知，我们求解问题的基本思路是基于频繁项集挖掘算法对待挖掘的点伴随组进行挖掘。因此，还需要将预处理后的数据进行计算，得到点伴随组。点伴随组是由在一定时间范围内共同经过某个监测点的车辆共同组成的。将数据进行整理，按照监测点分组，对所有分组内的车辆数据进行一次点伴随计算，即对同一分组中的数据，相互对比在时间阈值范围内的数据是否具有一次伴随关系，如果满足条件，则将此分组中的车辆数据汇总，产生点伴随组。

这里的"时间阈值"是指在同一监测点下，车辆彼此经过监测点的时间差值。将经过同一监测点的数据按照时间先后顺序排序，整理成一条车辆链表。滑动时间窗口计算示意如图 8-11 所示。

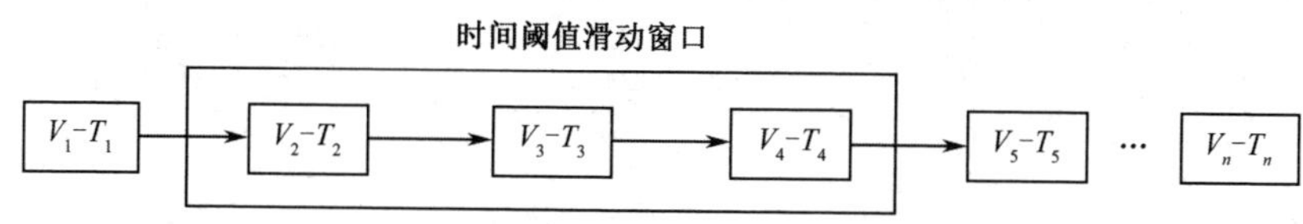

图 8-11　滑动时间窗口计算示意

其中，V_n-T_n代表经过该监测点的车辆 V_n 和经过时刻 T_n。以时间阈值为滑动窗口依次向后滑动，则属于同一个时间窗口中的车辆具有一次伴随关系，可以形成点伴随组。这里滑动窗口的大小（时间阈值）是固定的，而每次滑动窗口中包含的车辆数则是不固定的，因此，得到的点伴随组中的车辆数是不确定的。最终产生的数据格式为 List<s,{v_1,v_2,v_3,…}>。

3）使用算法或训练算法

求出点伴随组后，需要使用频繁项集挖掘方法对其进行频繁模式挖掘以得到伴随车辆组。由于是无监督学习算法，因此无须对模型进行训练。由于数据规模较大，因此将基于传统的 FP-Growth 算法进行并行化改造。FP-Growth 算法的基本思路如下。首先，通过扫描事务集构造 FP-Tree 的头表，对待插入树中的数据进行整理。具体来说，先求出频繁 1 项集，然后删除支持度低于最小支持度（事务项出现的最小次数）阈值的项，把剩下的频繁 1 项集按支持度降序排列，加入头表，并对原始事务集的每条数据剔除非频繁 1 项集中的元素，将该条数据剩下的元素按支持度降序重新排列。其次，不断地迭代读入排序后的数据，插入 FP-Tree。插入时按照排序后的顺序，排序靠前（支持度较高）的节点是祖先节点。如果有共用的祖先，则对应的公用祖先节点计数加 1。插入后，如果有新节点出现，则头表对应的节点会通过节点链表链接上新节点。所有的数据都插入 FP-Tree 后，FP-Tree 构建完成，停止迭代。最后，对 FP-Tree 进行递归挖掘，得到所有的频繁项集。假定最小支持度为 3（车辆至少存在于 3 个点伴随组中），事务数据集如图 8-12 所示。其中，TID 代表事务数据集的唯一标识，在这里表示点伴随组中的车辆经过的监测点；Items 代表事务项，即点伴随组中的车辆数据。

TID	Items
CAM83213121	NN8L58:P3ZA68:N749Q9:GJN760
CAM09313121	PVU610:EX3125
CAM09315111	P7R786:EX3125
CAM82713112	NN8L58:N749Q9:GJN760
CAM09314211	P7R786:PVU610:EX3125
CAM09814111	P7R786:PZ7U81
CAM06514111	FF7545:NZ2H69
CAM06514121	FF7545:NZ2H69
CAM83211112	NN8L58:P3ZA68:N749Q9:GJN760
CAM06512121	FF7545:NZ2H69
CAM09815112	P7R786:PZ7U81
CAM09316112	PVU610:EX3125
CAM09314222	PVU610:EX3125
CAM83214112	P3ZA68:N749Q9:GJN760
CAM09316111	P7R786:PVU610
CAM09812111	P7R786:PZ7U81
CAM83212112	NN8L58:P3ZA68:N749Q9:GJN760
CAM09313112	P7R786:EX3125
CAM09315112	PVU610:EX3125
CAM83215112	NN8L58:P3ZA68:N749Q9:GJN760
CAM83216112	P3ZA68:GJN760

图 8-12　事务数据集

首先，扫描事务数据集计算频繁 1 项集，然后按照频繁度降序排序产生频繁项头表，如图 8-13 最左侧的头表所示。对原始事务数据集的每条数据，剔除非频繁 1 项集中的元素，将该条数据剩下的元素按支持度降序重新排列。例如，对图 8-12 中的第一条数据，最后一个元素 GJN760 的支持度小于 3，把它剔除，剩余“NN8L58:P3ZA68:N749Q9”三个元素，按每个元素的支持度降序排列。

其次，根据上一步形成的表头和排序的数据开始构造 FP-Tree。最开始的 FP-Tree 只有一个根节点。从事务数据集的第一条数据开始读入这条数据的所有元素，按照元素的顺序插入 FP-Tree。排序在第一的元素是根节点的子节点，排序在第二的元素是前一元素的子节点，依次类推。每个节点的内容是“元素:计数”的形式。当将一个元素插入树中时，如果是作为树的新节点插入的，则计数为 1，并且头表通过节点链表链接上该新增节点；如果树中该层次已经存在内容为该元素的节点，则此节点计数加 1。所构造的 FP-Tree 如图 8-13 所示。

最后，递归地挖掘每个条件 FP-Tree，累加后缀频繁项集，直到找到 FP-Tree 为空或者 FP-Tree 只有一条路径为止，此时所有路径上项的组合即频繁项集。具体来说，从头表的最后一项元素开始，找到 FP-Tree 中该元素作为叶子节点的子树，称其为条件 FP-Tree 或条件 FP 子树。将子树中每个节点的计数设置为叶子节点的计数，并删除计数低于最小支持度的节点。以图 8-13 为例，头表的最后一项元素是 PZ7U81，以此元素为叶子节点的子树只有一条路径，即{P7R786:4, PZ7U81:3}，将该子树中每个节点的计数设置为叶子节点的计数，即{P7R786:3, PZ7U81:3}。那么，PZ7U81 的频繁 2 项集为{P7R786:3, PZ7U81:3}。再如，PVU610 元素，其对应的叶子节点有两个，因此，其得到的子树有两个路径，分别为{EX3125:7, P7R786:3, PVU610:1}和{EX3125:7, PVU610:4}，删除计数低于最小支持度 3 的节点后只得到一条路径{EX3125:7, PVU610:4}，因此，得到 PVU610 的频繁 2 项集。如果最后一条路径为三个元素，则可以得到该元素的频繁 2 项集和频繁 3 项集。

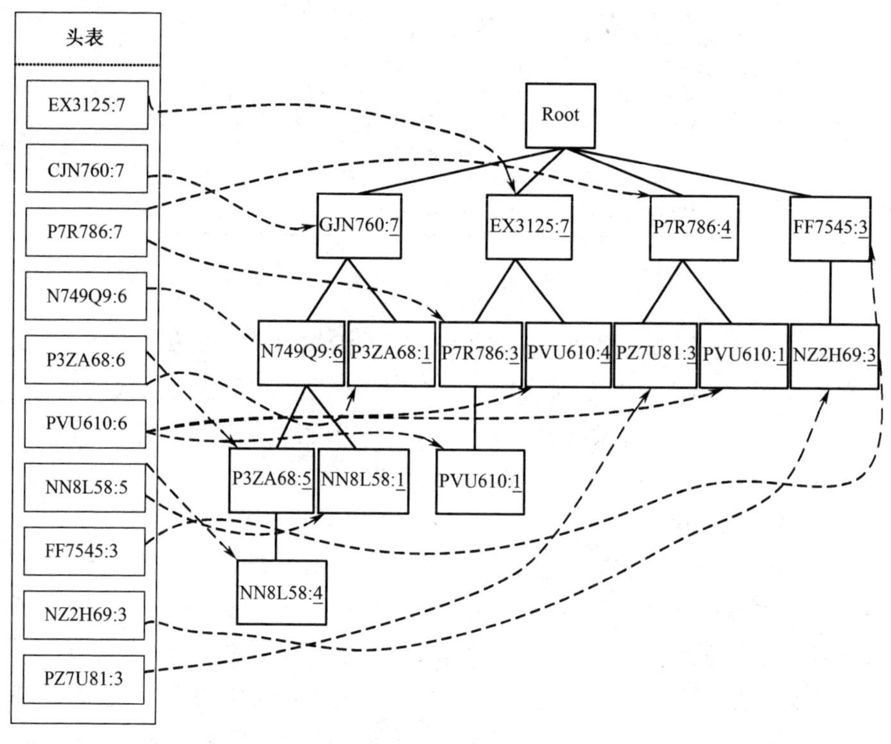

图 8-13　构造的 FP-Tree

由于传统的 FP-Growth 算法是需要在内存中建造 FP-Tree 的，当数据量很大时，单台机器的内存便不足以支撑计算。基于 Spark 框架对传统的 FP-Growth 算法进行改进和优化，利用简单哈希方法使其能够将事务数据集均衡地分配到集群中的各台机器上，使其并行地参与计算，提高运算效率。基于 Spark 的并行 FP-Growth 处理计算框架如图 8-14 所示。

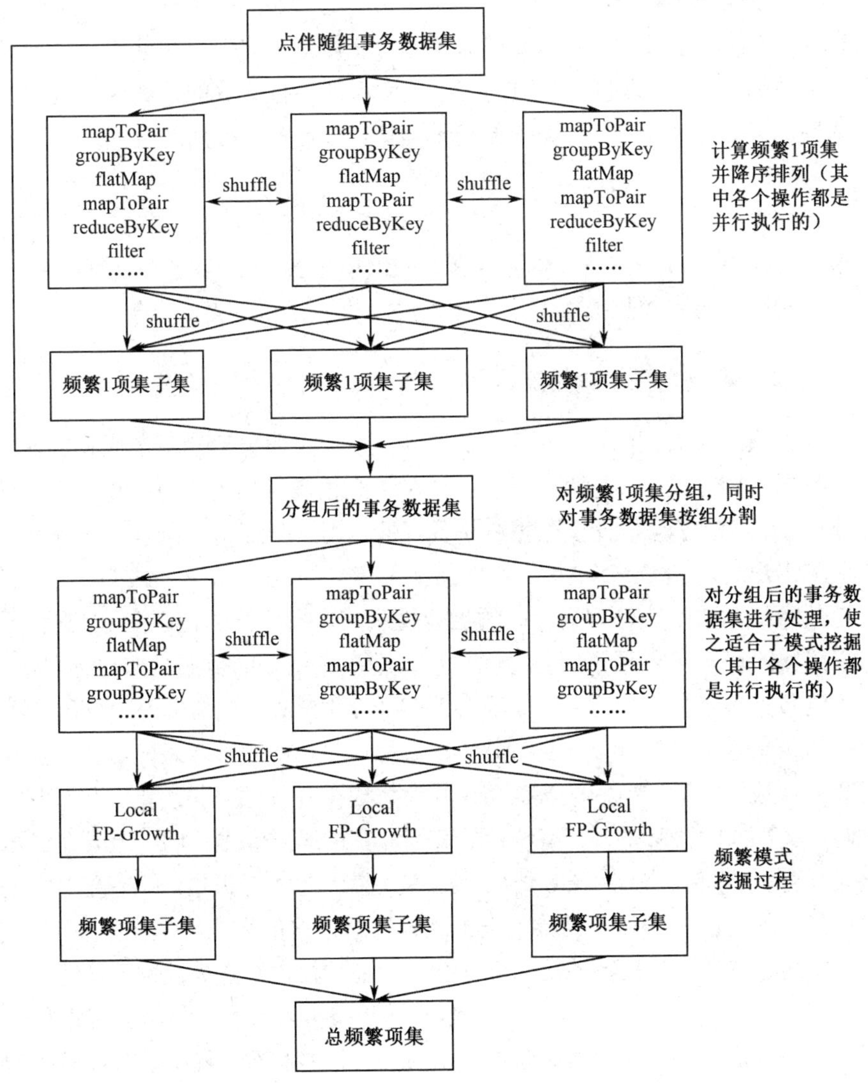

图 8-14　基于 Spark 的并行 FP-Growth 处理计算框架

该算法的计算步骤如下。

（1）基于 Spark 利用多个并行处理操作，如 mapToPair、groupByKey、flatMap

等计算得到频繁 1 项集，此时的频繁 1 项集代表点伴随组事务数据集中每辆车及其在该段时间范围内所经过的监测点数目，然后按照事务项频繁度，即经过的监测点数目，利用 sortByKey 操作将其按降序排列。

（2）求出频繁 1 项集后，在第二次扫描事务数据集时，需要将事务数据集分组，使其均衡地分配到集群中的各个节点去分别计算。此时要对频繁 1 项集建立哈希表，将点伴随组按照哈希策略进行分组，使得包含同一个频繁 1 项集元素的所有事务数据集都分布到同一个节点上，从而保证并行计算的正确性及数据计算的均衡性。如果有 m 个节点、n 个频繁 1 项集，则数据均衡后的空间复杂度就降低到了 $O(n/m)$。

（3）同样基于 Spark 利用多个并行处理操作将分组后的事务数据集分配到各个节点上，然后每个节点在本地分别递归地挖掘各分组的频繁项集子集。

（4）对每个节点挖掘的频繁项集子集进行合并，得到最终结果。

2. 工业物联网大数据分析流程

工业物联网大数据深层分析可分为两类：一类是故障诊测与健康管理，这也是工业数据分析的核心，是智能算法工具在工业领域最早的应用；另一类是用户行为分析，这吸取了互联网大数据分析的经验，用于验证用户需求、发现用户需求、预测用户需求。

以故障诊测与健康管理为核心的工业物联网数据分析流程如图 8-15 所示。在数据采集阶段，可供采集的数据包括设备全生命周期的数据，如传感器信号、状态监测数据、维护历史记录等，具体可参见 8.1.3 节。在信号处理阶段，主要是对原始传感器信号进行信号处理，提高数据质量。不同于互联网数据，物联网数据分析对数据质量的要求较高。互联网大数据在进行预测与决策时，考虑的仅仅是两个属性间的关联是否具有统计显著性，其中噪声和个体间的差异在样本量足够大时可以被忽略，虽然预测结果的准确性会因此大打折扣，但不会造成太严重的后果，典型的例子如商品推荐结果准确性对用户的影响。但在工业环境中，如果仅仅通过统计的显著特性给出分析结果，哪怕仅仅一次失误都可能造成严重的后果。因此，在这一阶段需要对数据质量进行预判和修复。信号处理之后就可以用特征提取的方法来得到衰退性的特征，基于性能特征，就可以对设备的健康状况进行评估和量化，还可以预测特征在未来某一个时间段的值，从而可以预测性能的衰退趋势和设备的有效剩余寿命。最后，这些诊断和预测的结果及部分关键过程以可视化的方式展现出来，供普通业务人员理解、配置和使用。与此类似，基于用户行为的物联网数据分析流程如图 8-16 所示，其类似互联网大数据分析的一般流程，这里不做详细阐述。

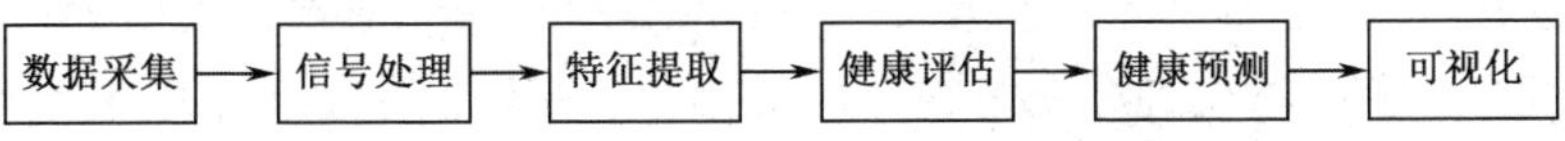

图 8-15　以故障诊测与健康管理为核心的工业物联网数据分析流程

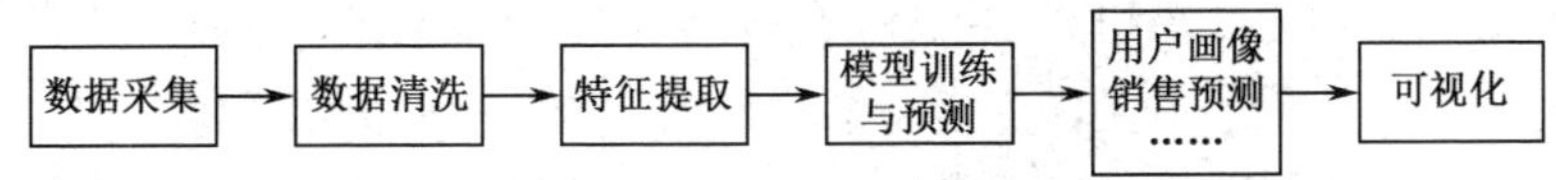

图 8-16　基于用户行为的物联网数据分析流程

1）信号处理

在传感器信号处理阶段，经常需要不同域的变换。时间序列分析方法、频域分析方法经常被用来处理稳态信号（又称平稳信号，信号的频率成分不随时间改变）；而小波变换、联合时频分析（Joint Time-Frequency）等被用来描述非稳态信号（信号的频率成分随时间变化）。

2）特征提取

在数据采集阶段读取的传感器数据，一旦经预处理变换到适合分析设备运行状态相应域上的信号表示后，就可以在该域上进行特征提取。这样，特征提取的方法主要由处理传感器信号的域及应用决定。计算在特定时间窗口的特征值，可能有成百上千个。

3）健康评估

健康评估的基本原理是对设备正常运行时的信号与当前的设备运行信号的重叠部分进行评估。其方法大体如下：如果提取的特征大体符合高斯分布，则可通过分析最近的设备行为和正常设备行为高斯分布的重叠来进行健康评估；当提取的特征不符合高斯分布时，可用逻辑回归分析、隐式马尔可夫链、CMAC 神经网络等方法来进行健康评估。

4）健康预测

首先，查看所有设备的历史故障，计算发生故障前的所有特征；其次，应用机器学习算法来寻找两组数据间的最强关系；最后，将模型应用在新产生的数据上，并预测所有设备未来发生故障的概率。为了预测不同种类故障的概率，可能要重复上面的过程很多次，这样结果能够比较完整，不同类型的故障有不同的发生概率。

自回归滑动平均模型（Auto-Regressive and Moving Average Model，ARMA

模型）是研究时间序列的重要方法，由自回归模型（简称 AR 模型）与滑动平均模型（简称 MA 模型）“混合”构成。ARMA 模型可用来对设备的健康状况进行预测。此外，基于深度神经网络的各种模型可用于对非线性系统的健康预测。

5）可视化

数据分析的结果如果以直观的图形方式形象地呈现出来，往往可以使业务人员迅速理解分析结果的意义，更容易给非专业数据分析人员留下深刻的印象。因此，数据分析的价值往往是通过有效的可视化技术彰显的，生动的可视化方式的价值与信息本身的价值同样重要，可视化的方式决定了用户理解这些信息的意愿和效率，也会直接影响用户的决策质量。

在某些情况下，数据交互可视化的过程本身就是分析的过程，在数据可视化的过程中，通过分析人员与机器的交互，一步步地对数据的分析方法进行完善，最终可视化的过程完成之后，就得出分析结果了。例如，当把数据以合适的方式呈现到坐标轴上时，那些偏离其他大多数数据的离散点就直观地呈现出来了。

李杰教授在《工业大数据：工业 4.0 时代的工业转型与价值创造》一书中针对工业物联网的设备健康评估采用了健康状态折线图、健康地图和健康雷达图三种数据可视化工具。

部件级的健康评估用 CV（Confidence Value）值表示，CV 值为 1，表示设备运行状态正常，是人为定义的健康初始状态；CV 值为 0，表示衰退到不可接受的状态；CV 值为 0～1，表示的是当前状态与健康状态起点之间的差异。使用纵轴为 CV 值的健康状态折线图，可以表示部件或设备的性能衰退情况，如图 8-17 所示。

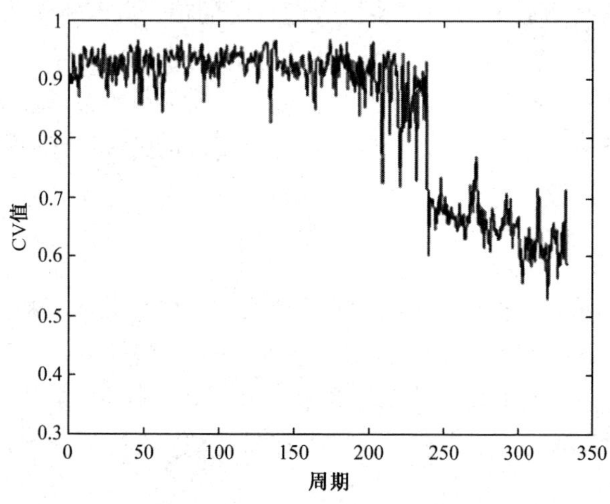

图 8-17　健康状态折线图

对部件或设备的健康模式识别可以用健康地图来可视化呈现，如图 8-18 所示。健康地图是一个由多个节点组成的网格图，上面的每个区域分别对应了一种故障模式。根据健康特征的相似性可以将设备当前的状态投射到健康地图上，该区域的标签就表示对象当前的健康模式。在此可视化方式中，使用健康地图显示被监控部件从一种模式到另一种模式的过渡路径，可以用来辅助判断故障的根源。

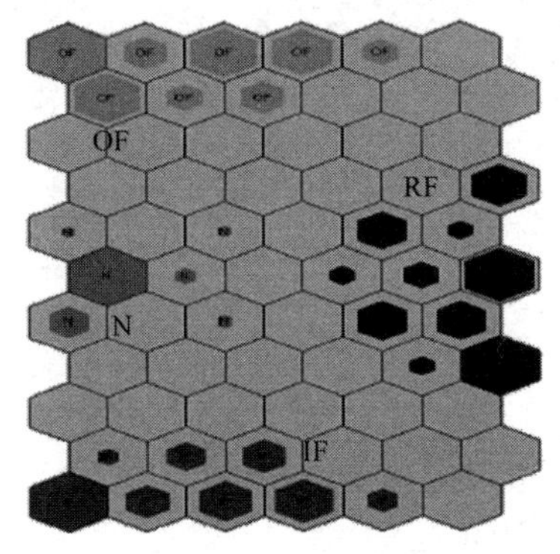

图 8-18　健康地图

对设备或系统的健康风险分布则可以用健康雷达图来可视化呈现，如图 8-19 所示。雷达图是一种常见的数据可视化方式，主要用于表现多变量的数据，如系统中各个组成部分分析。健康雷达图上的一个轴代表同一个系统中的一个组成部分，每个轴都是 0～1 的 CV 值，各个组成部分所在的 CV 值连线就构成了健康雷达图。健康雷达图可以帮助用户迅速定位目前系统中的薄弱环节，并制定相应的维护优先级排序。

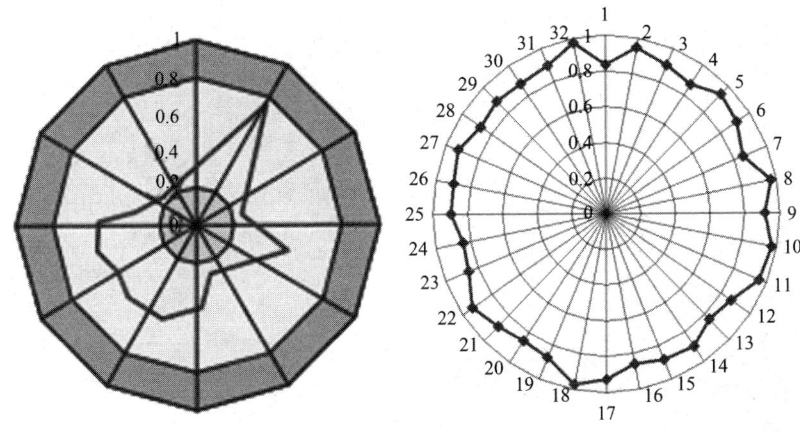

图 8-19　健康雷达图

第 3 篇　产品研发篇

第 9 章

物联网网关 CubeOne

9.1 工业物联网网关

9.1.1 CubeOne 产品概述

目前我国各行业都进入了传感器发展、应用的井喷时期，自动化系统建设正处于向高度自动化跃进的转折时期，系统中引入的智能设备来自不同厂家且数量众多，各设备采用不同的通信协议和驱动接口，同时整体系统中可能包含若干个不同的局域子系统，这些设备或子系统通常互不兼容。

中科启信公司针对目前工业信息化建设的要求和特点，推出了 CubeOne 系列嵌入式工业物联网网关产品。该产品以独特的技术和可靠的性能，实现设备接入、协议转换、现场数据采集、自动化系统信息交换、远程控制和通信管理，解决了目前工业信息化系统中各软件系统、设备通信接口协议不一致，分散的系统无法统一与远程管理系统相连接，大型系统中广泛分散的设备数据无法实时采集、数据整理及传输到后台数据库困难等问题造成的系统通信连接和数据交换成本增加的难题，有效地提高了整个系统建设的进度和运行效率。

CubeOne 产品的外部形态包括机架式、壁挂式及根据应用现场定制的特殊形态。图 9-1 所示为 1U 机架式 CubeOne 外部形态。

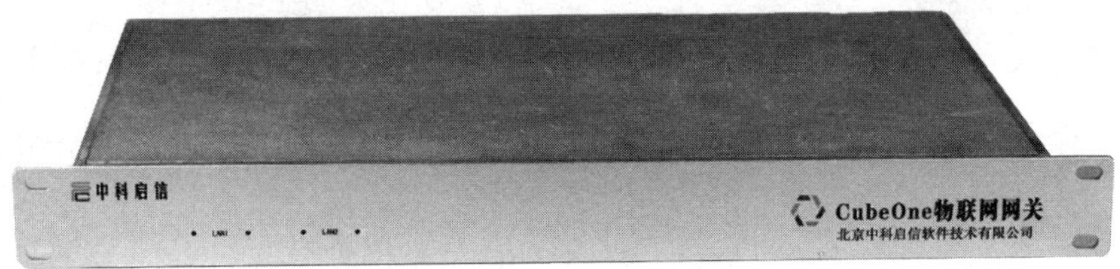

图 9-1　1U 机架式 CubeOne 外部形态

图 9-2 所示为 1U 机架式 CubeOne 后部接口。

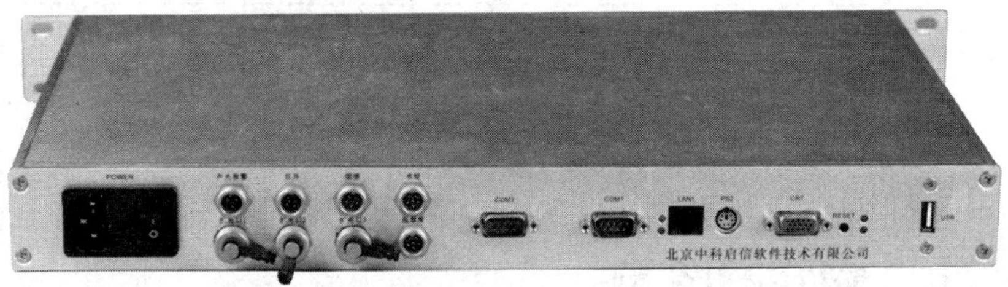

图 9-2　1U 机架式 CubeOne 后部接口

9.1.2　CubeOne 的功能特点

1. 强大的硬件平台

CubeOne 采用新一代宽温无风扇全工业级嵌入式平台，系统防尘抗震，能适应多种恶劣环境。硬件支持工业级固态硬盘、CF 卡等形式的数据存储方式；嵌入式的 WinCE、WinXPE 或 Linux 操作系统保证系统运行快速、稳定、可靠，不受病毒干扰。

CubeOne 网关的数据采集与处理速度快，提供通信通道冗余，时间控制精度高，提供中断处理；系统启动时间短、无风扇、防尘、防水、抗电磁干扰，可在各种恶劣环境下长时间可靠运行。

2. 接口及扩展

CubeOne 除具备基本的 RS-232 串行接口、RJ-45 以太网接口、USB 接口外，还可根据用户需要扩展 CAN 口、5G、WiFi 数据传输、多路模拟量或数字量 I/O 接口，并支持 IEEE 1588 精确时钟协议的工业以太网接口等，非常适合需要高运算能力的工业物联网现场的数据采集与控制系统、通信系统、实时监控系统、远程设备与环境动力监控等应用场合。

3. 通用性强

CubeOne 的软件层采用 Unicode 编码，兼容多种编码方式；CubeOne 的逻辑层支持多种通信协议和总线协议，如 OPC、RS-232/RS-485、ModBus/MB+、CAN、BACNet 等。

4. 功能易扩展

在现有嵌入式系统的基础上，CubeOne 支持进一步软硬件集成，能针对不同的行业需求进行功能的定制与扩展。

5. 使用方便，易维护

CubeOne 采用先进的嵌入式技术，软硬件的集成更加有效，产品使用之前不需要再做任何程序开发；提供远端 Web 管理功能，设置步骤简单，易于使用。

6. 故障自恢复

CubeOne 提供断点缓存续传功能，当网络发生故障时，系统可对数据进行缓存处理，待网络恢复后，在无人干预的情况下，自动将缓存数据进行续传操作。

7. 安全性强

CubeOne 数据采集接入网关可进行网络物理隔离，有效隔离工业现场控制网络与管理网络，杜绝外网对系统的干扰，保证控制系统的安全。同时，CubeOne 数据采集器选用安全性 Linux 系统平台，可提升系统的整体安全性。

8. 支持多种数据库及大数据平台

CubeOne 不但可以对接市场上常用的关系数据库，如 Oracle、MySQL 等，还可以对接工业实时数据库或者大数据平台。

9. 支持多 OS 平台

CubeOne 支持 WinCE、WinXPE、Linux 等操作系统。

9.1.3 CubeOne 的应用领域

CubeOne 系列产品主要面向广域监测监控、工厂生产制造现场，以及物联网工程等应用领域，也可以作为其他应用软件的硬件和平台载体。

1. 广域监测监控

在地震、泥石流、水资源、污染源等广域监测，以及油田、电网、管道、铁路、分布式发电等远程监测监控应用中，CubeOne 能够外接传感器及专业设备，实现本地数据的实时采集、存储管理，以及基于网络的远程数据传输、协议转换、运维监控管理。

2. 工厂生产制造现场

在冶金、火力发电、矿山、炼油化工、机械装备、新能源发电等企业的生产制造现场，CubeOne 通过与生产装置的控制系统互联，以及对现场环境的监测，实现工业现场监测监控与生产调度、生产管理的协调一致，实现企业的综合自动化与管控一体化。

3. 物联网工程

针对智慧城市的建设，以及人们对公共设施、所处环境的感知需求，CubeOne 支持通过无线组网技术实现在线监测、定位追溯、安全防范及应急调度指挥，能够实现与移动互联网的无缝集成。

9.2 无线传感器网络网关

9.2.1 无线传感器网络概述

无线传感器网络（Wireless Sensor Networks，WSN）是一种分布式传感网络，是由大量静止或移动的传感器以自组织和多跳的方式构成的无线网络，以协作地感知、采集、处理和传输网络覆盖地理区域内被感知对象的信息，并最终把这些信息发送给网络的所有者。WSN 中的传感器通过无线方式通信，因此，网络设置灵活，设备位置可以随时更改，通过无线通信方式形成一个多跳自组织网络。

WSN 具有众多类型的传感器，可探测包括温度、湿度、噪声、光强度、大气压、紫外线、压力、水/土壤 pH 值、移动物体的大小、移动物体的速度和移动物体的方向等，潜在的应用领域包括军事、航空、防爆、救灾、医疗、家居、工业、商业等。

WSN 作为物联网的一种典型形态，具有以下特点。

（1）大规模。为了获取精确信息，在监测区域通常部署大量传感器节点，可能达到成千上万个，甚至更多。传感器网络的大规模性包括两方面的含义：一方面是传感器节点可能分布在很大的地理区域内；另一方面可能在面积较小的空间内密集部署大量的传感器节点。

大量的传感器部署具有如下优点：通过分布式处理大量的采集信息，能够提高监测的精确度，降低对单个节点传感器的精度要求；大量冗余节点的存在，使得系统具有很强的容错性能；大量节点能够增加覆盖的监测区域，缩小盲区。

（2）自组织。WSN 应用中，传感器节点通常被放置在没有基础结构的地方，位置不能预先设定，节点之间的相邻关系预先也不知道，如通过飞机播撒大量传感器节点到广阔的森林或者沙漠中，或者随意放置传感器节点到人不可到达或危险的区域。这就要求传感器节点具有自组织的能力，能通过拓扑控制机制和网络协议自动形成转发监测数据的多跳无线网络系统。

此外，在 WSN 使用过程中，部分传感器节点由于能量耗尽或环境因素而失效，也有一些节点为了弥补失效节点、提高监测精度而补充到网络中，这样在传感器网络中的节点个数就动态地减少或增加，从而使网络的拓扑结构随之动态地变化。WSN 要能够适应这种网络拓扑结构的动态变化。

（3）动态性。WSN 的拓扑结构可能为下列因素而改变：①环境因素或电能耗尽造成的传感器节点故障或失效；②环境条件变化造成无线通信链路带宽变化，甚至时断时通；③传感器网络的传感器、感知对象和观察者这三要素都可能具有移动性；④新节点加入。这就要求传感器网络能够适应这种变化，具有动态的系统可重构性。

WSN 的典型结构如图 9-3 所示。

大量传感器节点（End-device）随机部署在监测区域，能够通过自组织方式构成网络。传感器节点监测的数据沿着其他传感器节点传输，经过多跳后路由到汇聚节点（Router），最后通过互联网或卫星到达管理节点（Coordinator）。用户通过管理节点对传感器网络进行配置和管理，发布监测任务及收集监测数据。

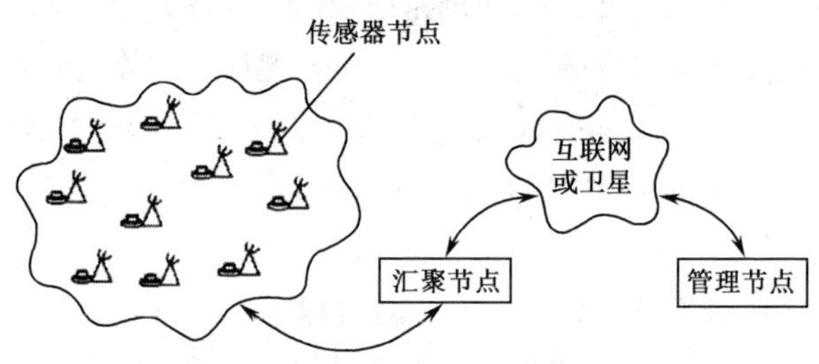

图 9-3　WSN 的典型结构

WSN 通常包括大量传感器节点、若干汇聚节点和管理节点。

（1）传感器节点。传感器节点一般处理能力、存储能力和通信能力相对较弱，功耗低，通过小容量电池供电。从网络功能上看，每个传感器节点除了进行本地数据收集和处理，还要对其他节点转发来的数据进行处理、存储和融合，并与其他节点协作完成一些特定任务。

（2）汇聚节点。汇聚节点的处理能力、存储能力和通信能力相对较强，它是连接传感器网络与互联网等外部网络的网关，实现两种协议间的转换，同时向传感器节点发布来自管理节点的监测任务，并把收集到的数据转发到外部网络上。

（3）管理节点。管理节点用于动态地管理整个 WSN，传感器网络的所有者通过管理节点访问 WSN 的资源。

9.2.2　ZigBee-WiFi 网关

经过十几年的发展，已出现了大量的 WSN 协议，并且相关的国际标准化组织也制定了 WSN 的一些标准，如 IEEE 802.15.4，属于物理层和 MAC 层标准。ZigBee 联盟在 IEEE 802.15.4 之上，重点制定了网络层、安全层、应用层的标准规范，还制定了针对具体行业应用的规范，如智能家居、智能电网、消费类电子等领域，旨在实现统一的标准，使得不同厂家生产的设备相互之间能够通信。

目前，ZigBee 联盟将其无线标准统一命名为 ZigBee 3.0 的单一标准。该标准将为最广泛的智能设备提供互操作性，包括家庭自动化、照明、能源管理、智能家电、安全装置、传感器和医疗保健监控产品。基于 IEEE 802.15.4 标准、工作频率为 2.4GHz（全球通用频率）的 ZigBee 3.0 使用 ZigBee PRO 网络，以便为最小、功耗最低的设备提供可靠通信。

概括来说，选择使用 ZigBee 技术进行物联网建设的主要技术优势如下：专注于低速传输应用，工作频段灵活、功耗低，MAC 层采用完全确认机制，使传输变得可靠、成本低、时延短，网络容量大，有效覆盖范围为 10～75m，安全属性可根据需求来配置。

ZigBee 技术的安全性源于其系统性的设计，包括提供刷新功能，可以阻止转发的攻击；提供数据包完整性检查功能，可以阻止攻击者修改数据；提供认证功能，保证数据的发起源，并阻止攻击者修改一台设备并模仿另一台设备；提供加密功能，可以阻止窃听者侦听数据。

采用 ZigBee 技术组建物联网的最大的劣势在于无法直接连接到互联网，必须通过一个网关进行转换。图 9-4 所示为 ZigBee-WiFi 物联网网关的作用与定位。

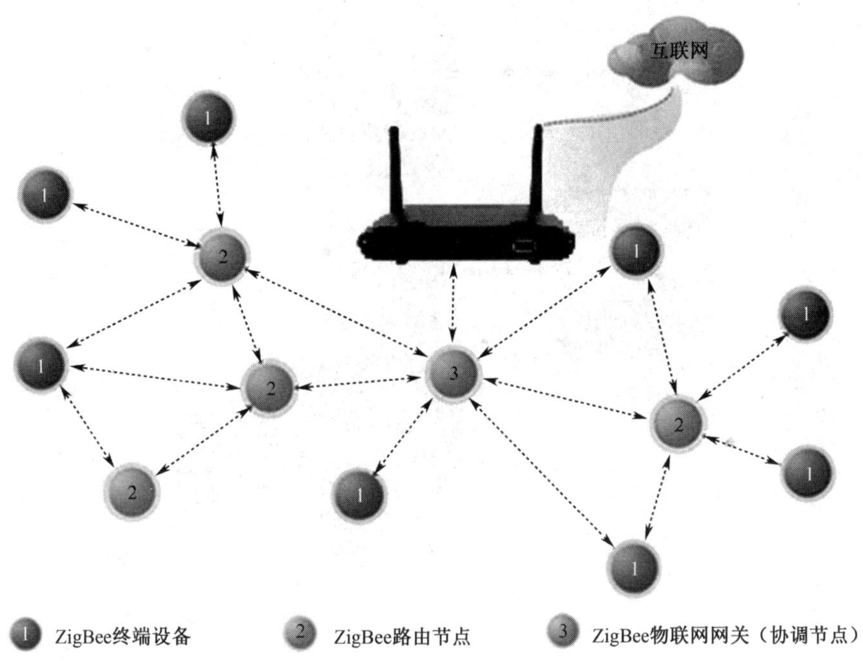

图 9-4　ZigBee-WiFi 物联网网关的作用与定位

9.2.3 ZigBee 网络应用案例

ZigBee 技术作为一种高性价比、低功耗的物联网技术，是搭建物联网应用的最佳选项之一。下面以智能家居解决方案为例来介绍基于 ZigBee 的物联网技术体系与应用效果。

搭建的智能家居物联网包括四个 ZigBee 终端节点与一个 ZigBee-WiFi 网关，并且利用物联网云服务平台实现对应用场景的远程监视与控制。

四个 ZigBee 终端节点的组成与功能实现如下所述。

1. 环境节点

环境节点接入温湿度传感器、PM2.5 传感器及一个继电器，继电器可控制风扇的启停，如图 9-5 所示。

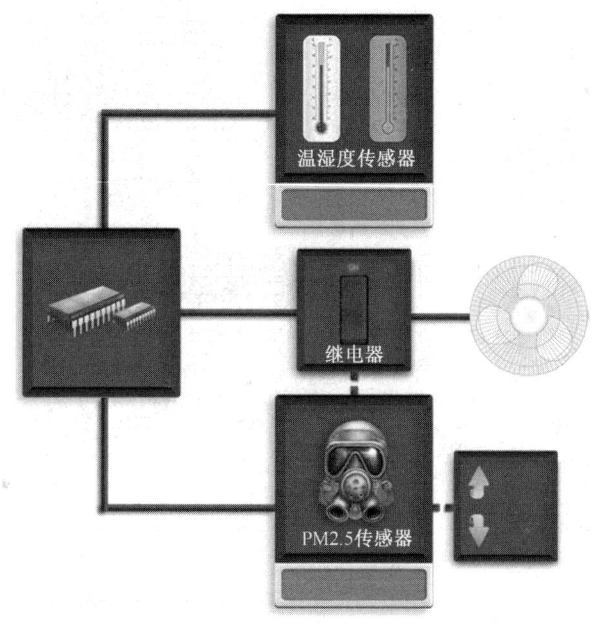

图 9-5　环境节点

2. 安全节点

安全节点接入火焰传感器、易燃气体传感器及一个声光报警器，如图 9-6 所示。

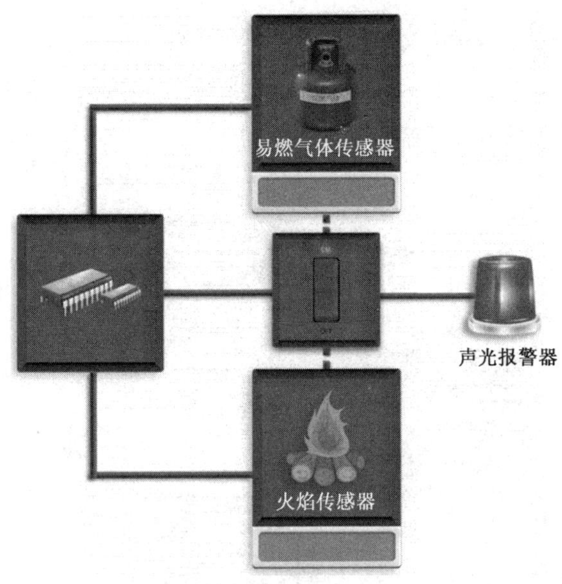

图 9-6　安全节点

3. 安防节点

安防节点接入人体红外传感器、红外对射传感器及一个声光报警器，如图 9-7 所示。

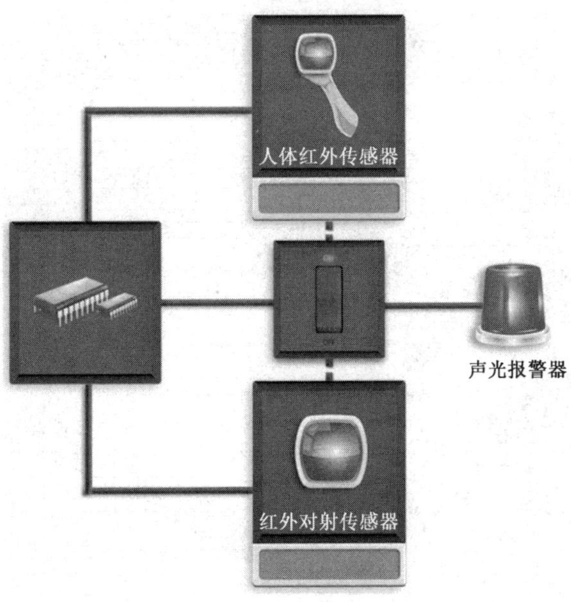

图 9-7　安防节点

4. 照明节点

照明节点接入光敏开关传感器、光照度传感器及一个继电器，继电器可控制LED 灯的开关，如图 9-8 所示。

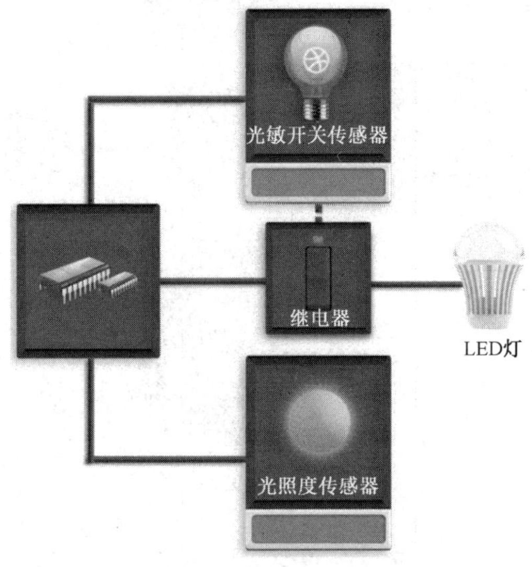

图 9-8　照明节点

基于以上节点，可以形成一个智能家居的完整场景，其运行效果如图 9-9 所示。

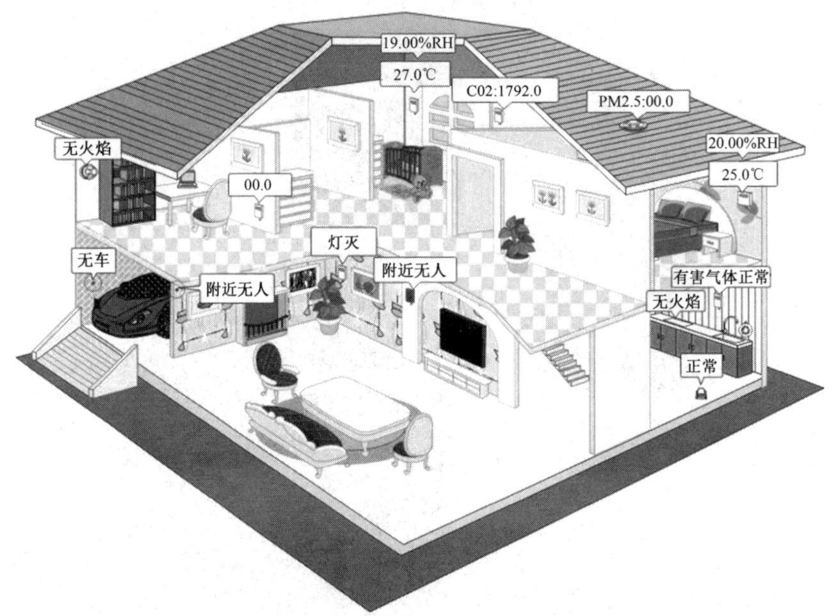

图 9-9　智能家居运行效果

第 10 章

ChinDB 感知数据库系统

10.1 ChinDB 系统概述

ChinDB 感知数据库系统（以下简称 ChinDB 系统）是在传统结构化数据管理的基础上，融合实时数据处理的技术特点，由中科启信公司自主研发的具有创新性的全新数据库系统。ChinDB 系统抛弃了传统的工业实时数据库固定数据结构及有限的数据类型等约束，继承了中科启信公司第一代产品 Agilor 工厂数据库系统，以及第二代产品 AgilorXP 工业实时数据库系统的技术特色。它既可以按照传统结构化数据进行关系管理，也可以在线存储具有实时特性过程点的多年时序数据；它既提供关系数据库的 SQL 语句标准访问，也提供实时感知数据特性的海量历史访问，还提供感知数据与关系数据的融合应用、关联订阅和联合分析等多种功能服务，为物联网及工业企业的综合数据管理提供全方位的支持。这是一款能够满足多行业、多领域的综合数据处理需求的新型数据库产品。

ChinDB 系统支持 Linux、Windows、UNIX 等多种操作系统，稳定可靠，具有免维护、适应性强、组件化、多平台、易裁剪、可扩展和开放性强的优点。系统既具有表示实时感知数据的能力，又可满足关系数据的访问存储需求；基于文件系统建立数据库，能够通过优化配置充分提升数据存储与访问的 I/O 性能；多层次的 API 既可保证底层的实时性开发需要（使用标准 API 或者定制 API），又提供了方便的 ADO、ODBC、JDBC 等上层数据访问接口，使其兼具了实时性和易用性。

随着大数据时代的来临，企业对数据重要性的认识越来越深刻，所要收集和管理的数据不再是原有单一的结构化数据，而是融合了多种多样的数据源类型，可能包括实时数据、非结构化数据、流数据、视频数据、文档数据等。企业对数据的需求远远超过了传统模式范畴，更加强调数据的容量、多样、价值和速度。

ChinDB 系统在对传统结构化数据管理需求的基础上，增加和补充了对数据实时性及多样性的处理能力，解决了传统数据结构单一和独立管理的问题，更好地对多种多样的数据源类型进行了融合，能很好地满足企业的物联网及实时应用中的数据管理需求。

10.2　ChinDB 系统的组成与功能特点

ChinDB 系统的组成如图 10-1 所示。

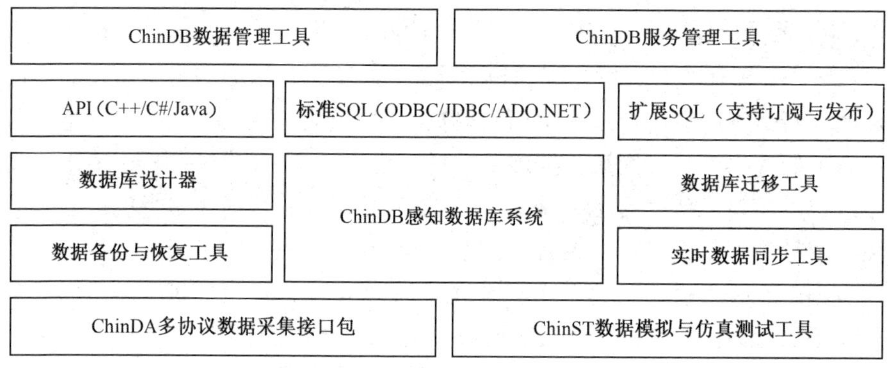

图 10-1　ChinDB 系统的组成

ChinDB 系统在物联网及工业应用中所处的位置为数据管理层，用于存储、管理传感器及自动化数据并为应用系统提供基础数据。ChinDB 系统的主要功能特点如下。

1. 标准级关系特性

ChinDB 系统采用了满足 SQL92 的关系数据引擎，所以，ChinDB 系统具有标准级关系特性，包括结构化数据管理和存储、数据的完整性与并发性、数据事务与原子性、数据的独立性与集中控制管理、数据一致性和可维护性等。

同时，ChinDB 系统具有如下关系数据功能：ACID、关联完整性、事务保证、Unicode 万国码、游标、触发器、函数、存储过程、外部调用等。

2. 全功能实时数据处理特性

ChinDB 系统不仅具有标准级关系特性，也具有全功能的实时数据处理特性，其中包括感知数据的高吞吐量、自主特色的数据压缩、基于时间的高效数据索引、数据发布/订阅机制、高效内存管理及数据处理机制。

同时，ChinDB 系统支持多种多样的数据类型，既包括 Bool、Long、Float 等基本数据类型，还包括定长、变长字符串类型及定长、变长 Blob 类型。

3. 实时关系关联访问

ChinDB 系统针对实时关系关联访问提供了扩展 SQL 语义表示，以完成对关系数据和实时数据的关联访问需求。扩展的 SQL 语义没有破坏原 SQL 语句，而是在标准 SQL 后追加语义进行扩展，从而方便用户从扩展 SQL 中提取标准 SQL，也方便对标准 SQL 进行扩展。

关系数据与断面查询关联：断面查询分为实时断面和历史断面，即对某一时刻多个实时感知数据点的值进行查询，每个数据点的业务含义需要与关系数据关联后才能直接体现。

关系数据与历史查询关联：对某一个或某几个相关联的数据点某一时间段的值进行查询，查询的结果以时间戳为标准与关系数据进行左关联或右关联。

4. 实时关系关联订阅

发布/订阅功能是对数据持续关注而使用的比较高效和最为通用的模式，广泛应用于实时数据监视领域，而对关系数据的发布/订阅目前还没有被作为关系数据库的基本功能包含进来，用户往往通过编写单独的订阅逻辑或通过简单的轮询方式不停地对关系数据库中的数据进行查询。

ChinDB 系统针对该需求，提供了关系数据与实时数据关联的发布/订阅功能，用户可以根据监视需求将需要订阅的关系数据和实时数据以扩展 SQL 方式传递给平台，平台对订阅列表进行维护，基于原有的实时数据订阅功能进行功能扩展，从而实现对实时数据相关联的关系数据的发布/订阅功能。

5. 灵活的数据模型

ChinDB 系统提供的灵活的数据模型支持数据对象的定义，用户可以按照面向对象的方法进行数据库设计，然后由系统提供的视图描述实时数据与关系数据的数据结构定义表。针对电力行业，模型数据库可以按照 CIM 模型进行定义，并且上层应用系统能够通过接口访问模型数据，实现数据的关联查询与分析。

6. 第三方关系库扩展

当 ChinDB 系统内置关系数据引擎不能满足用户应用需求，或者用户原项目有大量的结构化数据需要管理，且移植成本非常高时，用户可以选择通过第三方关系数据库适配器对接第三方关系数据库系统，适配器屏蔽关系数据库个体化差异，提供通用的关系数据库功能，且对数据库接口进行轻量的封装，减少性能损失；同时，提供的关联功能不会受到损失。

7. 丰富的访问接口

ChinDB 系统提供丰富的数据访问和录入接口，包括 API（C++/Java/C#）、标准的 ADO.NET/JDBC 接口和类 SQL 接口等。

8. 便捷的数据移植

ChinDB 系统提供常用关系数据库（Oracle、MSSQL、MySQL 等）到 ChinDB 系统的移植功能，用户可通过灵活地自定义表结构进行数据的映射和移植，ChinDB 系统提供一键式的数据迁移和导出功能。

10.3 ChinDB 系统的数据组织管理

10.3.1 标签点及其属性

标签点是 ChinDB 系统中最小的数据管理单元，它是一种数据集合，是 ChinDB 系统中数据的载体，一般对应一个传感器数据采集点。

每个标签点都有许多固有属性，按照功能这些属性可分为常规属性、采集属性、报警属性和历史属性四大部分，ChinDB 系统标签点的部分属性如表 10-1 所示。

表 10-1 ChinDB 系统标签点的部分属性

域	描 述
常规属性	
ID	标签点的唯一 ID 编号；可用于点的索引；由数据库生成
点名	标签点的全系统唯一的名称
描述	对标签点的解释性描述
单位	对标签点的单位描述，如“摄氏度”
类型	数据有五种常用类型：浮点数类型、长整数类型、开关布尔类型、字符串类型、变长对象
时间戳	标签点当前数值的时间戳
上量程	对应物理点设备的上量程
下量程	对应物理点设备的下量程
采集属性	
源数据站	标签点所属的设备或者 WSN 名称
源节点组	标签点所属的组名称
源节点	标签点所对应的自动化系统工位号或者传感器（数据采集标识）
数据处理灵敏度	数据处理的变化灵敏度，即标签点的数据变化超过该值后，才进行数据处理，否则当作噪声过滤忽略
报警属性	
高高报警	预定义的高高报警限
高报警	预定义的高报警限
低报警	预定义的低报警限
低低报警	预定义的低低报警限
状态报警	预定义的状态报警
历史属性	
是否存储历史数据	标志该点是否进行历史数据存储
是否进行历史数据压缩	标志该点是否进行历史数据存储的压缩
历史数据压缩模式	历史数据进行何种模式的压缩
压缩数据灵敏度	进行历史数据压缩的压缩灵敏度，指导压缩精度

10.3.2 标签点的组织方式

ChinDB 系统的标签点支持两种管理方式：传统组织方式和面向对象组织方式。

1. 传统组织方式

标签点的组织和索引分为三层：源设备站、源节点组、源节点。源设备站，是指源节点所属的设备名称或者区域的传感器网络名称；源节点组，是指源节点所属的组名称；源节点，是指标签点所对应的控制系统中的工位号、数据点或者网络中的传感器。这种三层的组织方式，便于标签点的分层管理。为了保证标签点名字的唯一性，标签点的命名方式一般用缩写或数字来表示，如 TP853926，采用这种标签点组织方式的缺点是，作为最终用户，很难直接通过标签点名称快速、直观地了解标签点所代表的物理意义，因此无法对整个设备的状态进行快速了解。因此，标签点的命名最好兼顾唯一性及物理意义要求。

2. 面向对象组织方式

鉴于传统标签点组织方式的优缺点，ChinDB 系统在传统数据管理的基础上，支持采用面向对象的组织方式，将实时、关系或计算数据相关联，通过层级或链接关系组织数据，通过为数据分配场景，并与用户场景相关联等方法，增强数据的可理解性。

10.3.3 关系数据管理

ChinDB 系统与传统实时数据库的区别之一是，其内嵌了关系数据引擎模块，通过内嵌的关系数据模块，可以实现关系数据与实时数据的合理结合，配合扩展的 SQL 语法，实现关系数据与实时数据的统一管理和访问。

10.3.4 历史数据管理

ChinDB 系统的历史数据存储采用内存缓存、磁盘文件队列及长期归档三级模式。ChinDB 系统能够按照所采集数据的特点，定时将缓存数据写入磁盘中永久保存。存储间隔越小，向硬盘中写数据的频率越高，越耗资源。但是，经过对存储算法的精心设计及系统的自动优化，可以将资源消耗降至最低，确保进行秒级定时存储，并能够快速响应用户的查询需求。

由于实时感知数据的海量特点，在进行存储之前进行压缩，一方面有利于减少存储空间，另一方面有利于提高数据检索效率。数据压缩是指对某标签点上时间序列的数据进行算法压缩，在减少存储空间的同时必须把数据的精度控制在可接受范围内。数据类型不同，压缩算法也有所不同。台阶压缩是对枚举类数据、布尔型数据，或者其他具有明显阶梯趋势的数据适用的压缩算法，精度损失几乎为零。线性压缩是对线性趋势变化的浮点型数据或整型数据适用的压缩算法，这类算法会有精度损失。ChinDB 系统支持用户选择无损的压缩算法。

除了算法选择及精度要求设置，ChinDB 系统还具有以下关键参数。

（1）最大压缩间隔。如果一个标签点上的数据持续符合压缩条件而被压缩，会出现压缩后的数值时间间隔比较长的情况，用户在某种程度上不能接受，通过设置最大压缩间隔，保证即便数据被持续压缩，也可在数据值时间间隔到达指定长度时，把原始数据记录到数据库中。

（2）插值算法类型。设置标签点压缩属性后，对该点的数据进行查询时往往需要按照用户需求进行插值，系统会根据插值类型选择相应的插值算法。对应的压缩算法分为台阶压缩和线性压缩，插值算法也分为台阶插值和线性插值。

10.4　ECA 规则与实时计算

在物联网或者工厂生产过程等实时监控系统中，当出现状态异常等例外情况时，系统不仅应该能够报警，而且应该具有一定的主动处理与自动恢复能力。ChinDB 系统中引入了 ECA（事件—条件—动作）规则与时间约束处理能力，能够为上层的实时监控与其他应用提供规则触发与处理机制。

为了建立具有较完善的主动功能的数据库系统，必须提供一种表达各种复杂事件的能力。ChinDB 系统定义了时间相关与数据状态相关两类基本事件，在此基础上，定义了规则描述语言，其中动作的定义既可以使用数据库内嵌的脚本语言，也可以使用扩展的第三方脚本引擎，这部分脚本由运行服务器解析执行，为实现强大的主动处理能力建立了基础。

ChinDB 系统基于 ECA 规则的实时计算主要实现以下功能。

1. 智能报警

通过从实时感知数据库中订阅相关的数据点并实时监测这些数据的变化，结合应用中的业务逻辑与经验，实现组合报警与智能报警。例如，根据甲烷在管网中不同位置压力的突然变化来判断是否存在泄漏。

2. 主动控制

根据数据库中的数据状态，定期或者基于事件对物理设备进行控制操作，包括对单一对象运行状态的控制或者一系列控制指令的组合。

3. 感知数据的转换与二次计算

支持对所采集的数据进行单位转换、数据进制转换、按系数运算、数据分拆或者合并等功能。

4. 数据整合与发布

支持常用的函数与实时感知数据库、关系数据库操作，能够把实时感知数据库中的数据基于事件自动处理后写入关系数据库或者回写到实时感知数据库中，如最大值、最小值、累积值、平均值等各种运算，从而更加容易实现实时感知数据、关系数据及相关数据的集成。

10.5 ChinDB 的高可用方案

10.5.1 高可用概述及模式分类

高可用性（High Availability）通常用来描述一个系统经过专门的设计，减少停工时间，而保持其服务的高度可用性。计算机系统的可用性是通过系统的可靠性（Reliability）和可维护性（Maintainability）来度量的。计算机系统的可用性用平均无故障时间（MTTF）来度量，即计算机系统平均能够正常运行多长时间才发生一次故障。系统的可用性越高，平均无故障时间越长。可维护性用平均维修时间（MTTR）来度量，即系统发生故障后维修和重新恢复正常运行平均花费的时间。系统的可维护性越好，平均维修时间越短。由此可见，计算机系统的可用性定义为系统正常运行时间所占的百分比。于是，一个系统的可用性定义为：HA = MTTF /(MTTF+MTTR)×100%。

为了提高系统整体的可用性，通常需要建立一个备份服务器系统。主服务器和备份服务器上都运行高可用性监控程序，通过传送“I am alive”这样的信息来监控对方的运行状况。当备份服务器不能在一定的时间内收到这样的信息时，它就接管主服务器的服务 IP 并继续提供服务；当备份服务器又从主服务器收到“I am alive”这样的信息时，它就释放服务 IP 地址，这样主服务器就开始再次接管并继续提供服务。为了在主服务器失效的情况下系统能正常工作，还需要在主服务器、备份服务器之间实现数据的同步与备份，保持二者系统的基本一致。

根据工作模式，高可用可分为三种：主从方式、双机双工方式、集群工作方式。主从方式是一种非对称工作模式，通常主机工作，备机处于监控准备状态。当主机宕机时，备机接管主机的一切工作；待主机恢复正常后，按使用者的设定以自动或手动方式将服务切换到主机上运行，数据的一致性通过共享存储系统解决。

双机双工方式是一种服务器系统互备互援工作模式。两台主机同时运行各自的服务工作且相互监测对方的情况，当任意一台主机宕机时，另一台主机立即接管它的一切工作，保证工作实时切换，系统的关键数据可以存放在共享存储系统中或者通过同步保持一致。

集群工作方式是一种多服务器互备工作模式。一般多于三台主机一起工作，各自运行一个或几个服务，并且各服务定义一台或多台备用主机，当某台主机故障时，运行在其上的服务就可以被其他主机接管。

10.5.2　ChinDB 高可用的部署模式

ChinDB 系统主要基于存储模式选择高可用工作方式，用户可根据实际部署约束条件进行选择，下面分别详细说明两种部署模式。

1. 共享存储部署模式

图 10-2 所示为共享存储部署模式。

共享存储部署模式的高可用部署模式适合部署在配备了共享存储设备（如磁盘阵列）的环境，在这种部署模式下，ChinDB 系统通常部署在由 Windows 操作系统或其他集群软件搭建的集群环境中，ChinDB 系统作为一个被管理的服务程序配置进去即可。

在这种部署模式下，ChinDB 系统处于主从工作模式，受共享存储的限制，ChinDB 系统同一时刻只有一台服务器上的数据库相关服务处于工作状态，数据库相关服务的启动、停止、迁移及共享资源（共享存储、共享 IP 等）均由集群管理。

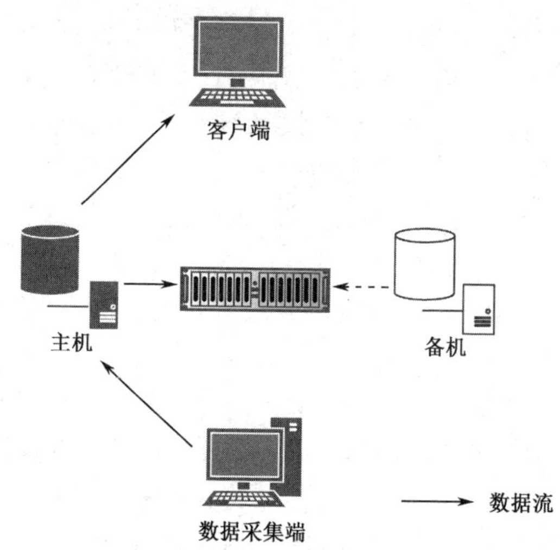

图 10-2　共享存储部署模式

对于数据采集端和客户端，在访问时只需要使用共享资源中的 IP 地址访问即可。由于在这种模式下，历史数据共享一份数据，因此，不会发生历史数据不一致的问题。但是，系统切换之前服务器缓存的短暂数据会丢失。

主机、备机切换期间，数据采集端采集的数据会通过缓存文件存储在采集服务器上，待切换完成后，再以缓存数据的形式发送至服务器，从而保证数据的完整性。

2. 非共享存储部署模式

图 10-3 所示为非共享存储部署模式。

非共享存储模式的高可用部署模式适合部署在不具备共享存储设备（如磁盘阵列）的环境中，在这种部署模式下，可以通过配置 ChinDB 系统的相关参数启用高可用工作模式。

在这种部署模式下，两台服务器上的 ChinDB 系统都处于运行状态，数据库相关服务的启动、停止和迁移均由 ChinDB 系统统一管理。

在非共享存储部署模式下，对于数据采集端和客户端，只需要使用共享资源中的 IP 地址访问即可。数据采集端将采集的实时数据通过 ChinDB 系统的相关服务发送到主机和备机，客户端访问当前工作的主机。

在正常运行过程中，主机、备机互相通过心跳监测等一系列操作监测对方的工作状态。当主机发生宕机时，启动主机、备机切换操作，由备机继续为客户端提供访问服务，对于数据采集端无任何影响。

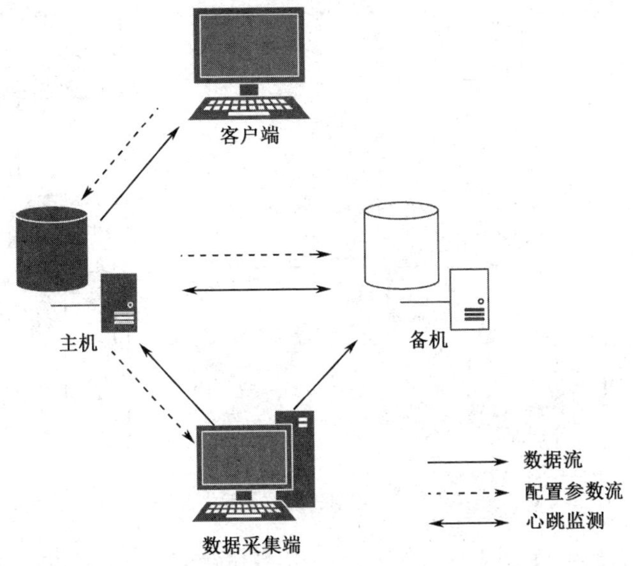

图 10-3　非共享存储部署模式

待故障机器恢复正常工作状态后，服务器之间会自动进行数据同步，从而保证两个 ChinDB 系统的数据一致性和完整性。

10.6　物联网应用平台

10.6.1　物联网应用平台概述

图 10-4 所示为 ChinPMC 物联网应用平台。

ChinPMC 物联网应用平台在传统组态软件的基础上，面向物联网应用，以场景为核心，提供业界领先的物联网应用组态开发平台及多终端一体化运行环境。ChinPMC 以数据展示的直观性、图形格式的矢量化、数据监控的实时性、事件处理的智能性、多系统集成的开放性、系统平台的无关性为重要特征，为工业企业的安全生产、环境监测、节能减排和物联网应用提供开发和运行支撑工具集。

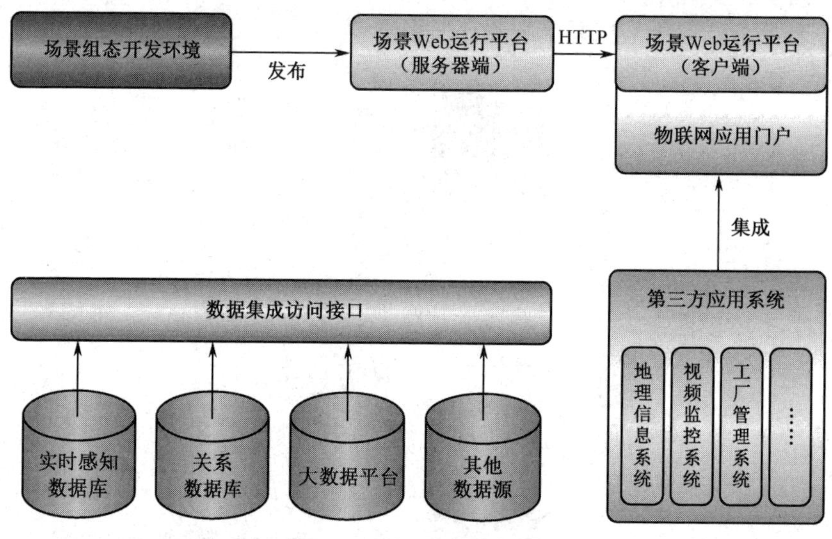

图 10-4　ChinPMC 物联网应用平台

ChinPMC 物联网应用平台分为场景组态开发环境（ChinPMC-IDE）、场景Web 运行平台（ChinnPMC-RT）。同时，其还具有丰富的扩展组件、二次开发包和高级工具。整个平台能够灵活配置和部署，不仅可以运行在高性能服务器平台上，也可以运行在普通计算机（PC）和笔记本电脑上。

10.6.2　物联网应用平台的主要特点

1. 组态强大、图库丰富

ChinPMC 物联网应用平台采用了业界知名的、功能强大的可视化图形组件库技术，不仅提供了一个具有完整绘制图形功能的画布，还提供了丰富的图库，包括基本图形、仪表盘、按钮、报表、容器、管道等，同时允许用户定义自己的图库，方便后续的工程开发。

2. 监控页面矢量化

ChinPMC 物联网应用平台采用以 SVG 矢量图为主的展现形式，并兼容Flash、Silverlight 和 HTML 其他几种矢量化的展现方式，提供了更加丰富且美观的画面。

3. 数据前推机制

ChinPMC 物联网应用平台支持基于 HTTP 协议的数据前推，而传统组态采取定时“拉”数据的方式。“推”模式只在需要的时候进行数据传输，可以避免网络流量浪费，而且“推”模式可以保证所有客户端状态是一致的，避免了在某段时间内出现不同客户端状态的情况。

4. 监控终端多样化

ChinPMC 物联网应用平台支持 IE、Firefox、Safari 等主流浏览器，而传统组态多采用 IE 和 ActiveX 结合的方式来访问；对于目前市场上主流的 iPad、iPhone、iTouch 设备，以及所有装有 Andriod 系统的智能设备都可以通过浏览器直接访问监控页面，无须安装任何插件。

5. 信息系统双向集成

ChinPMC 物联网应用平台可与主流 MIS、ERP、OA 管理系统实现双向应用集成，ChinPMC 既可提供集成接口供信息化管理系统集成，也可以将信息化系统集成到平台中，集成以最小单元 URL 进行。

6. B/S 架构

与传统组态工具 B/S 客户端大多采用 ActiveX 控件的方式不同，ChinPMC 物联网应用平台采用基于 HTTP 协议的数据前推机制，客户端浏览器无须安装任何插件即可浏览监控页面。

7. 跨平台支持

ChinPMC 物联网应用平台可以自由部署在 Windows、Linux、UNIX 等主流操作系统上，而传统组态大部分基于 Windows 平台实现，无法跨平台实现。

10.6.3 应用案例

1. 工业企业应用案例

图 10-5 所示为一个工业企业基于实时感知数据库，并集成关系数据库进行数据管理，实现面向生产监控与生产管理的综合一体化系统的体系结构。

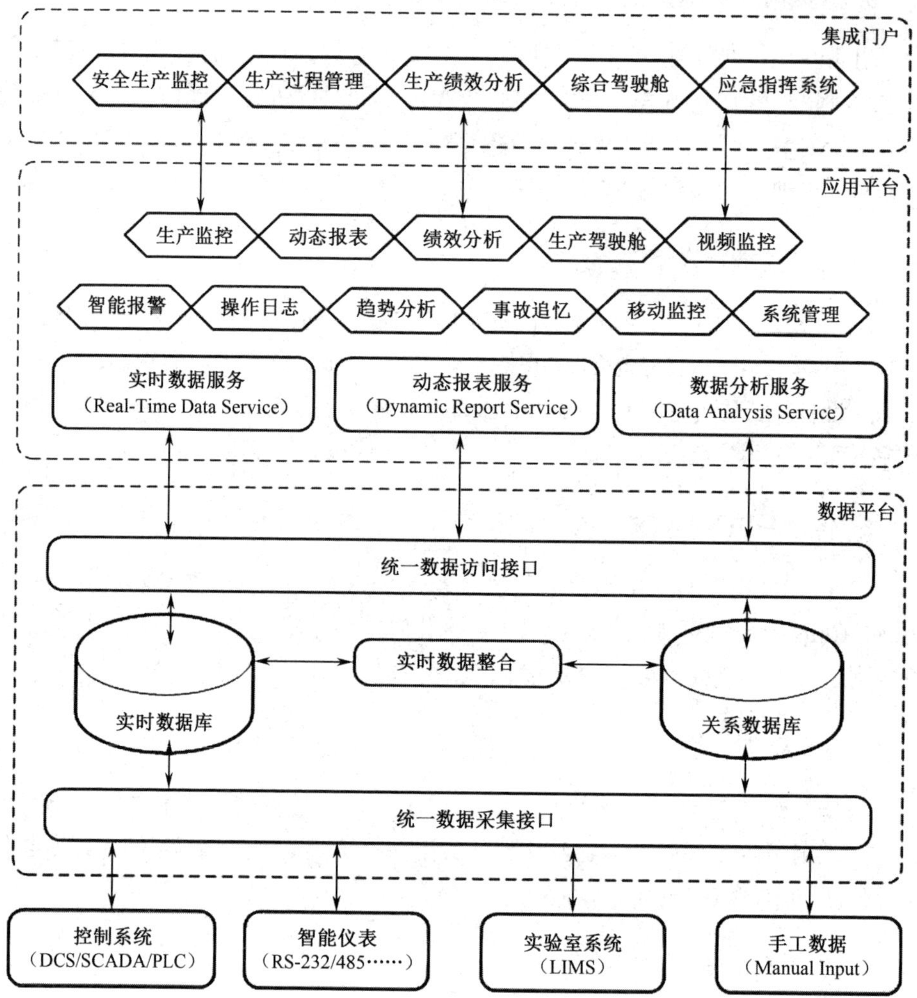

图 10-5　集成实时感知数据库和关系数据库面向生产监控与生产管理的综合一体化系统的体系结构

2. 智慧矿山应用案例

图 10-6 所示为智慧矿山应用案例主界面总览。

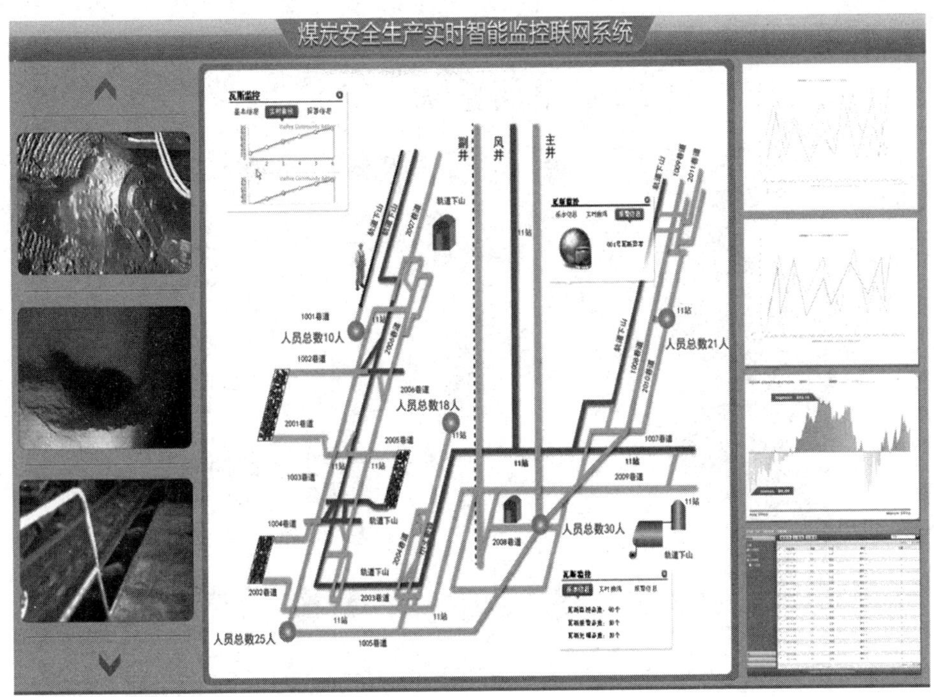

图 10-6　智慧矿山应用案例主界面总览

图 10-7 所示为智慧矿山应用案例局部截图。

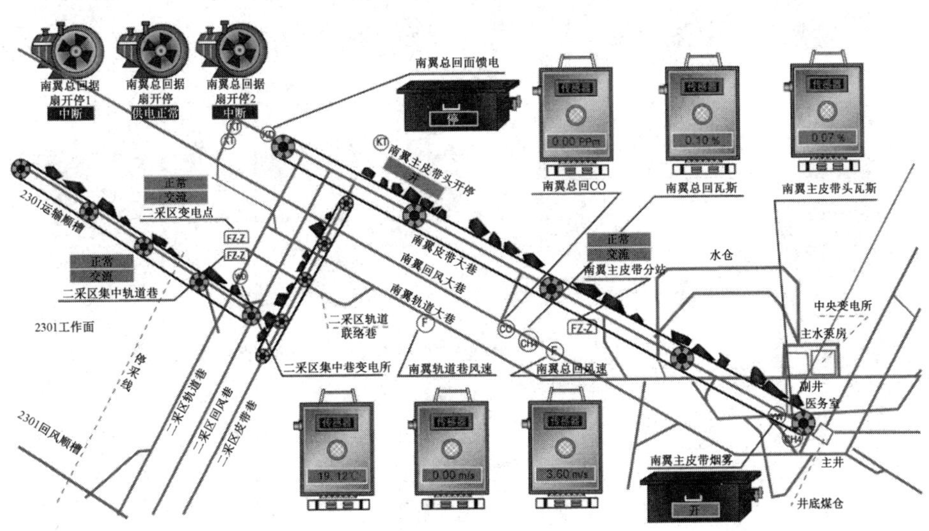

图 10-7　智慧矿山应用案例局部截图

3. 智能化装备应用案例

图10-8所示为某环铁智能化装备监控界面。

图10-8　某环铁智能化装备监控界面

图10-9所示为锅炉房系统运行状态检测局部截图。

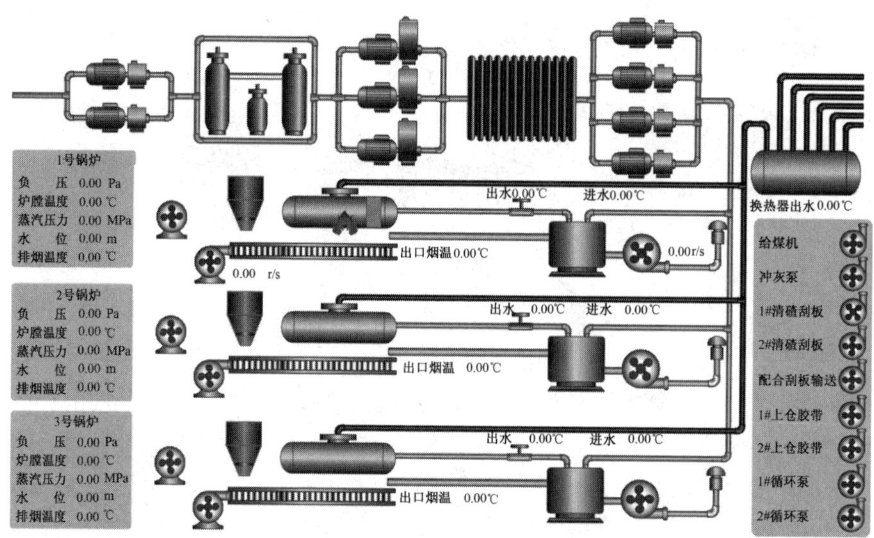

图10-9　锅炉房系统运行状态检测局部截图

4. 广域监测监控应用案例

图 10-10 所示为广域监测监控应用案例——陆态网络基准站实时监控系统局部界面。

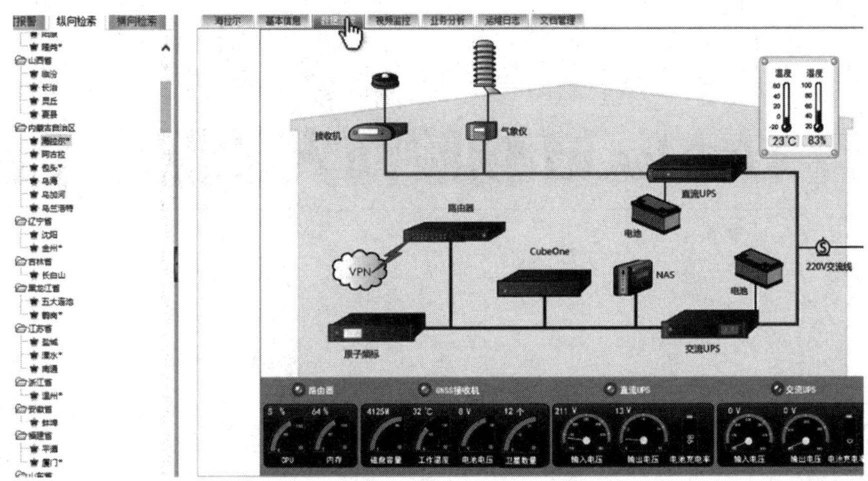

图 10-10　广域监测监控应用案例——陆态网络基准站实时监控系统局部界面

第 11 章

DeCloud 物联网大数据云平台

11.1 DeCloud 组成

11.1.1 软件概述

本章介绍的 DeCloud 物联网大数据云平台（以下简称 DeCloud）由北方工业大学云计算研究中心暨大规模流数据集成与分析北京市重点实验室开发，于 2012 年发布第一版。DeCloud 涵盖了一种大规模实时数据的并行处理系统和大规模实时数据的并行处理方法，目前已经在智能交通、教育物联网等领域得以初步实践。DeCloud 以感知数据的接入、管理、计算、应用和维护（“接、管、算、用、维”）的生命周期为主线进行设计。如图 11-1 所示，DeCloud 主要核心功能的定位如下。

（1）提供基于云平台的分布式计算环境，为大规模数据计算提供支撑和保障，为不断接入的感知数据和不断创新的业务应用提供支撑。

（2）使能各业务单位快速将数据汇入行业数据中心，支持不同类型感知数据的接入、已有系统数据的接入（关系库、实时库等）、不确定的数据分发。

（3）对数据中心的数据资源进行有效管理并提供计算支撑，支持海量数据的实时存储与维护，面向多用户的数据进行组织、索引与管理，并满足多样化的实时在线及离线的数据计算需求。

（4）支持用户快速实施基于感知数据的创新应用与服务交付，支持应用的快速开发与部署执行。

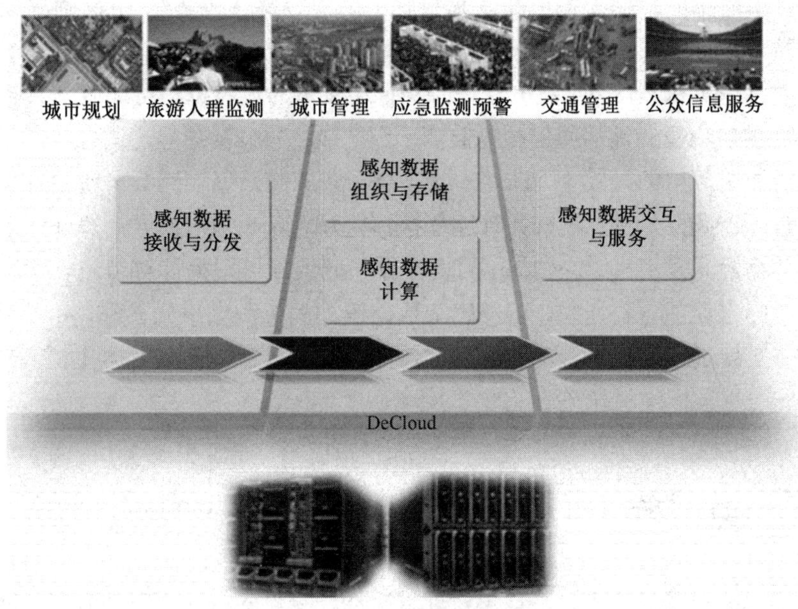

图 11-1 DeCloud 主要核心功能的定位

DeCloud 大规模实时数据的并行处理系统包括通信服务、数据发布/订阅服务、大规模 NoSQL 存储服务及计算服务。其中，通信服务用于接收前端监测设备采集的实时数据，对接收到的实时数据进行校验与解析，分拣不同类型的实时数据并向数据发布/订阅服务进行转发。数据发布/订阅服务负责建立实时数据发布/订阅消息队列，接收并缓存由通信服务转发的实时数据，向订阅实时数据的不同分发目的地进行实时数据的分发。大规模 NoSQL 存储服务负责对采集的数据进行持久化存储。计算服务用于对实时数据及历史数据进行计算，满足业务应用提出的数据计算需求。

在非功能属性上，DeCloud 有如下几大特点。

（1）时效性。对数据实时到达并要求快速处理的场景，DeCloud 可在 1s 内完成上万条数据记录的计算，并能够做到高吞吐、高并发数据的快速采集、处理和存储等。

（2）可扩展性。DeCloud 是一个可扩展的系统。随着用户数量的增加，数据本身及处理需求都需要不断扩展（包括设备数量、数据采集频率、数据质量、保管周期等的扩展）。此时平台仅需增加相关硬件设备并进行相应的配置，无须对平台软件进行改造，以保证扩展的灵活性。

（3）高性能。DeCloud 需要存储 PB 级历史数据，并提供交互式的实时查询，需要既具备先进的存储架构以与未来接轨，又兼容现有成熟的 SAN 存储架构。

在技术指标上，DeCloud 支持以流式感知数据为代表的多源数据接入，接收服务器支持单机每秒 8 万～10 万个并发长连接下的流数据的可靠收发，支持失效重传/补传，以及前后端通信故障监测，数据接收与分发的吞吐量可达百万条/s。在百亿条历史数据的规模下，DeCloud 支持千条感知数据实时插入延迟在 100ms 以内；提供透明的大规模数据并行编程接口，大幅降低感知数据计算任务的开发复杂度并缩短开发周期。DeCloud 的云计算基础设施可根据计算节点状态实现多计算任务的自动部署与迁移，以及感知数据驱动的资源虚拟化管理，并以感知数据为中心实现虚拟机的调度与优化，实现平台快速伸缩，同时兼容主流 VMware 和 OpenStack 异构虚拟化平台。

11.1.2 通信服务

DeCloud 通信服务接收来自大量前端交通传感设备的交通感知数据，兼容基于 TCP 的可靠长连接和基于 UDP 的网络通信方式，支持不同类型交通感知数据的实时解析与多目的地的可靠转发。

通信服务通过网络并行地接收前端监测设备采集的实时数据，对接收的实时数据进行校验与解析，分拣不同类型的实时数据并向数据发布/订阅服务进行转发。前端设备可以包括感应线圈、摄像头、车载 GPS、RFID 标签中的一种或多种。

通信服务可以在具有相同功能的两台以上的服务器上部署，如图 11-2 所示。每个通信服务包括连接管理器和数据收发器。其中，连接管理器用于监听前端监测设备的连接请求，建立长连接，并且将新建立的长连接分派给不同的数据收发器进行处理。

如图 11-3 所示，连接管理器包括连接监听模块、连接建立模块和连接分派模块。连接监听模块负责以非阻塞异步通知的方式监听前端监测设备的长连接请求；连接建立模块负责接收连接请求和建立长连接；连接分派模块负责根据数据收发器的已分派情况选取待分派的数据收发器，将新建立的连接分派给该数据收发器。

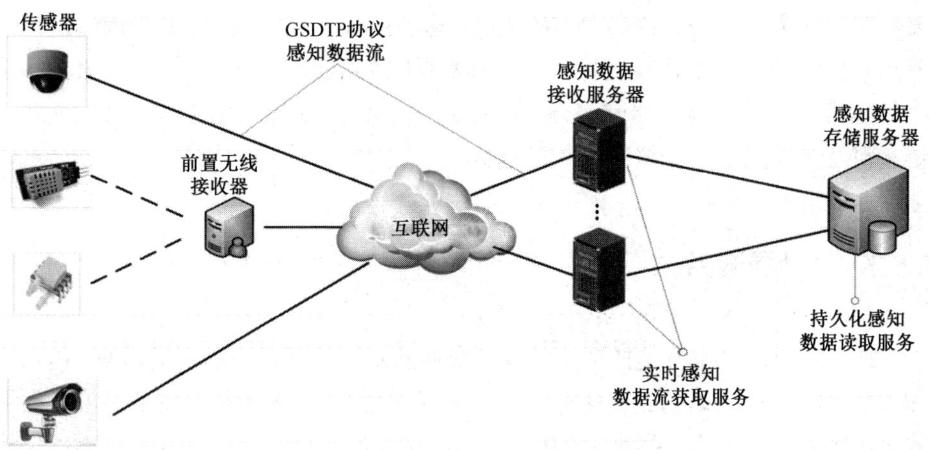

图 11-2　DeCloud 通信服务

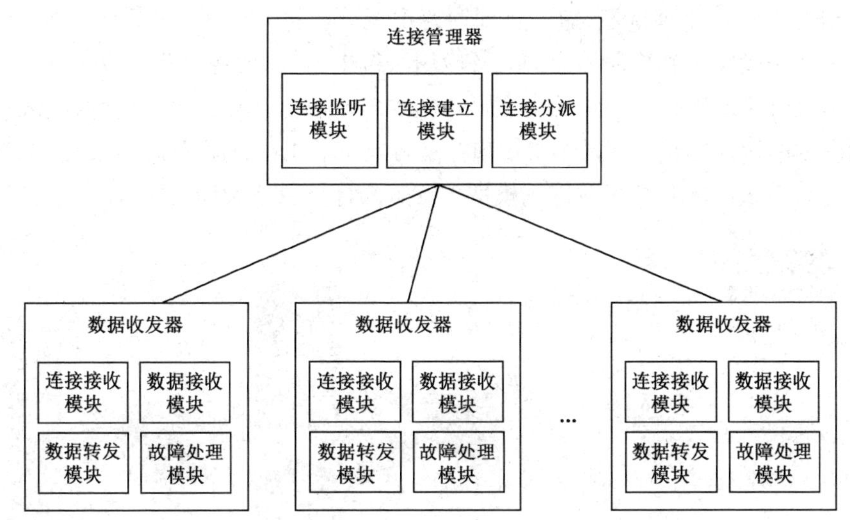

图 11-3　DeCloud 通信服务的构造

数据收发器用于接收前端监测设备发送的实时数据，检验接收的实时数据的正确性，并从不同类型的实时数据中提取需要参与业务计算和持久化存储的数据，重新组装成数据报文，转发给数据发布/订阅服务，同时组装应答数据包，发送给前端监测设备。数据收发器包括连接接收模块、数据接收模块、数据转发模块和故障处理模块。其中，连接接收模块负责接收连接管理器分派的与前端监测设备的长连接；数据接收模块负责接收和校验数据，从不同类型的数据中提取需要参与业务计算和持久化存储的数据，重新组装成数据报文，并向前端监测设备返回应答信息；数据转发模块负责将数据报文发送给数据发布/订阅服务；故障处理模块负责对与前端监测设备和数据发布/订阅服务的连接故障进行处理，记录日志，并进行数据缓冲和重连重传。

11.1.3 计算服务

DeCloud 计算服务支持基于大规模交通感知数据的不间断实时计算，提供面向大规模融合型数据的透明化并行计算编程模型，支持多计算任务的调度执行并提供不间断计算能力，采用虚拟化方式实现对支撑环境的伸缩管理与可靠性保障。

如图 11-4 所示，DeCloud 计算服务用于并行执行大规模实时数据及历史数据的多个业务计算，满足应用的业务需求。例如，在交通领域，多个业务计算可实现相应的交通管理业务逻辑，如实时路况统计计算、套牌车分析计算等，计算结果将被直接发送到相关的交通业务应用系统中。计算服务器集群以并行方式运行基于实时交通数据及海量历史交通数据的多个业务计算程序，从而实现大规模交通数据的快速处理，并可通过横向扩展方式（增加计算服务器）满足新的交通业务计算需求，从而适应数据规模增大带来的计算量增大的情况。

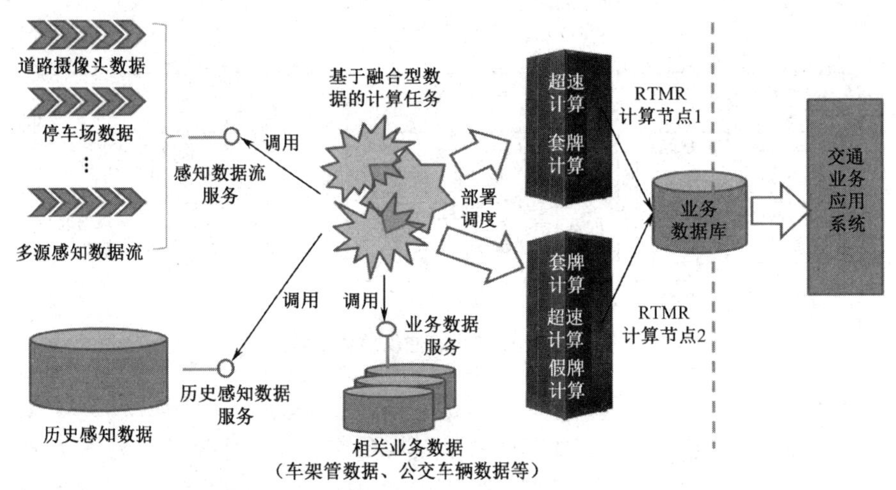

图 11-4　DeCloud 计算服务示意

DeCloud 计算服务的构造包括业务计算管理调度服务器和业务计算服务器，如图 11-5 所示。其中，业务计算管理调度服务器负责管理业务计算服务器，接收及加载不同业务计算程序到业务计算服务器，并记录加载日志、存储业务计算程序文件、监控业务计算程序的执行状态及其所在的并行计算节点的资源消耗情况，捕获业务计算服务器的故障并加载业务计算程序到其他可用计算服务器，还负责管理集群中业务计算服务器的加入与退出。

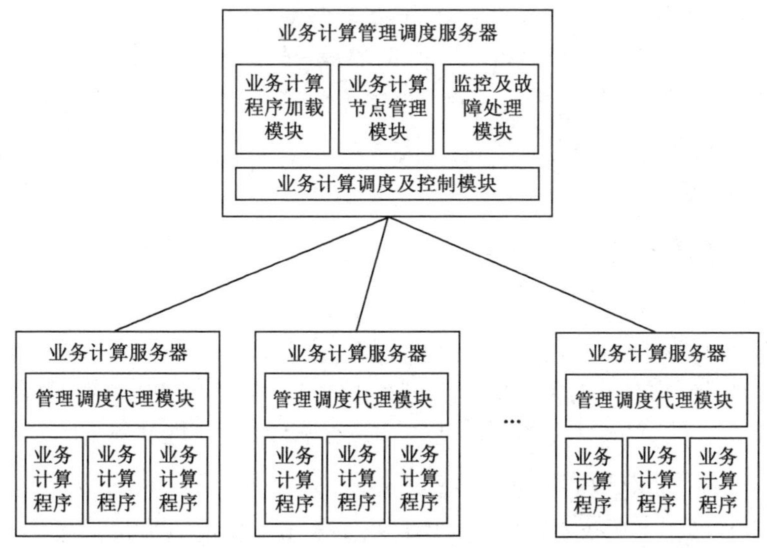

图 11-5　DeCloud 计算服务的构造

业务计算服务器负责接收业务计算管理调度服务器部署及控制业务计算程序运行状态的控制指令，部署及控制业务计算程序运行，接收来自数据发布/订阅服务的实时数据，以及从 NoSQL 数据库中读取历史数据。其采用多线程并行处理方式运行基于大规模数据的业务计算程序，向业务计算管理调度服务器汇报业务计算程序加载模块的运行状态及业务计算服务器的资源占用情况。

11.1.4　大规模 NoSQL 存储服务

DeCloud 的大规模 NoSQL 存储服务可实现海量结构化数据和相关文件（如车辆图片文件等）的管理，并满足计算服务器集群中业务计算程序对历史数据的快速查询及提取的需求。

DeCloud 的大规模 NoSQL 存储服务采用数据库软件分区功能存储海量结构化数据，并提供用于结构化数据查询与提取的应用程序接口。其中，文件服务模块存储实时数据包含的相关文件数据，并提供应用程序接口用于文件查找。例如，文件服务模块可以采用合并存储与多级索引方式来存储实时数据包含的相关文件数据，并提供 REST 服务形式的应用程序接口。

DeCloud 采用了基于 HBase 的 NoSQL 大数据存储和管理技术架构，具有良好的可扩展性，依靠横向扩展来增强存储能力。同时，其在主从体系结构、Key/Value 数据模型及多维稀疏排序 map 的数据结构、数据分区存储及负载均衡、行键索引、读/写时有效利用内存等现有常见大数据存储和管理的架构与优化技术基础上，还研发了多级缓存、多维索引等优化技术，可支持海量结构化数据的毫秒级存储。

11.1.5　数据发布/订阅服务

DeCloud 的数据发布/订阅服务是一种消息队列服务，消息队列提供了一种异步通信协议，这意味着消息的发送者和接收者不需要同时与消息保持联系，发送者发送的消息会存储在队列中，直到接收者收到它。一般把消息的发送者称为生产者，把消息的接收者称为消费者。传统的消息队列最少提供两种消息模型：一种为 P2P；另一种为发布/订阅。DeCloud 采用了发布/订阅消息模型，其数据发布/订阅服务实现了通信服务、计算服务及大规模 NoSQL 存储服务间的数据中转传输，使通信服务不必考虑数据的多目的地分发问题，从而减轻其负担；数据发布/订阅服务同时负责数据的可靠传递，从而解决因网络故障、计算服务或大规模 NoSQL 存储服务故障而不能按时接收数据的问题。

常见的消费队列产品有专有软件，如 IBM WebSphere MQ、MSMQ，以及开源软件，如 ActiveMQ、Kafka。其中，Kafka 是 Apache 下的一个子项目，是一个高性能跨语言分布式发布/订阅消息队列系统，它具有以下特性：快速持久化，可以在 $O(1)$的系统开销下进行消息持久化；高吞吐量，在一台普通的服务器上即可以达到每秒 10 万次记录的吞吐速率；完全的分布式系统，中介、生产者、消费者都原生自动支持分布式，自动实现复杂均衡；通过 Hadoop 的并行加载机制统一在线和离线的消息处理。

DeCloud 的数据发布/订阅服务基于 Apache Kafka 实现，支持消息持久化，支持消息的恢复、丢弃等管控，以实现消息可靠的目标。此外，其通过一个缓冲层来帮助任务最高效率地执行，这样写入队列的处理会尽可能快速。该缓冲层有助于控制和优化数据流经过系统的速度。

11.2　DeCloud 在智能交通领域的应用

图 11-6 所示为 DeCloud 在智能交通领域的应用。

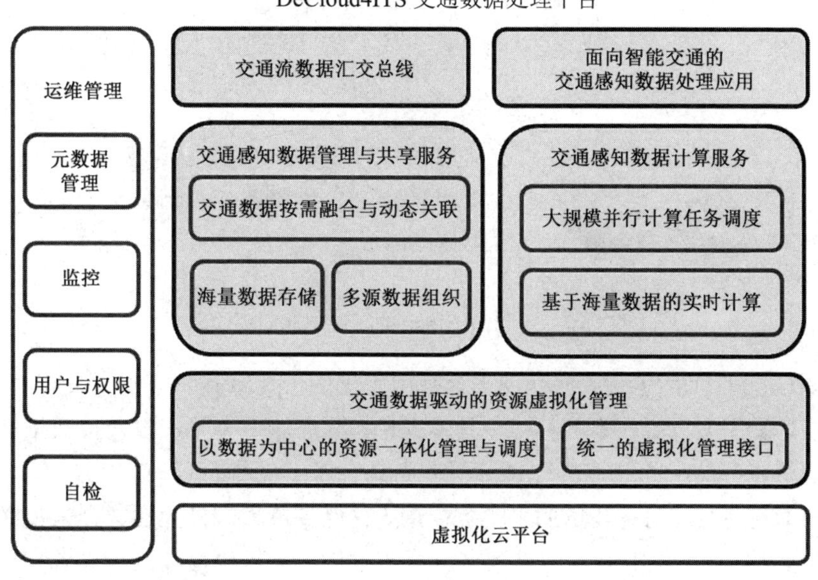

图 11-6　DeCloud 在智能交通领域的应用

如图 11-7 所示，以 DeCloud 为基础开发实现的 DeCloud4ITS 交通数据处理平台通过视频识别摄像头、GPS 车辆定位装置、RFID 车牌等先进的前端车辆动态信息感知技术，在整个城市车辆实时监控数据集中汇集的基础上，采用基于云计算的大规模数据实时处理技术，支持对整个城市级别的道路车辆与停车场车辆的全面监管，包括违章嫌疑车辆自动识别、车辆实时布控预警、特定车辆跟踪分析、实时交通路况及交通流信息服务、出行诱导及停车诱导服务、城市车辆综合分析等全方位的交通业务功能；同时，可为其他相关部门（如市政、环卫、公交等）提供实时车辆数据的共享服务，从而为解决大中型城市在机动车辆激增情况下所产生的交通、治安、环境乃至更多的社会问题提供有效的手段。

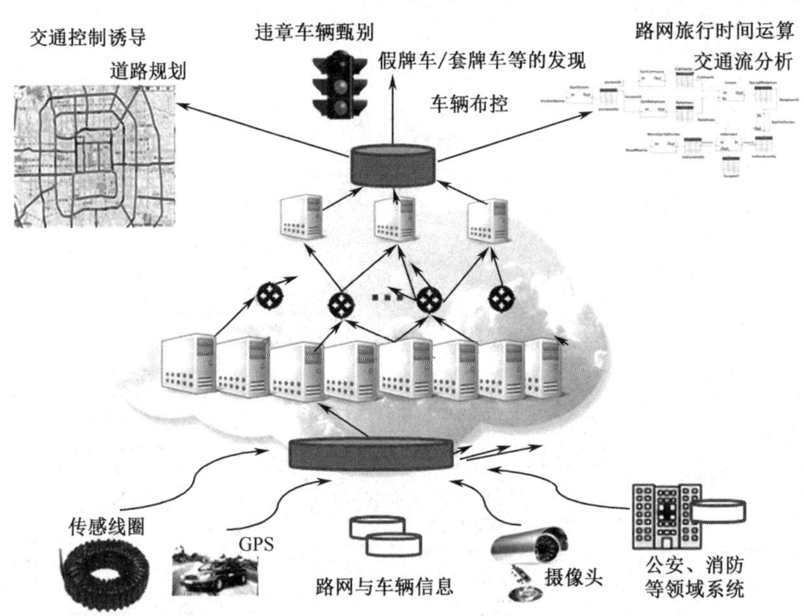

图 11-7　基于 DeCloud 的智能交通应用体系

DeCloud4ITS 交通数据处理平台采用先进的云计算技术搭建，具有大规模、高性能、易扩展、低成本的特点。具体来说，其在海量车辆实时监控数据的实时交汇通信、存储组织和多样化计算等方面具有以下优势。

（1）高并发、高吞吐量的采集数据接入：可支持大规模交通数据采集终端与数据中心基于 TCP 的并发网络连接，可实时接收大规模前端监控设备采集的交通数据，实现对接收的交通数据的校验与解析，以及完成不同类型交通数据的分拣和多目的地的转发。

（2）海量异构交通信息的数据托管：可接收各类实时采集数据（如浮动车数据、动态车辆识别数据等不同监测技术获得的数据）并持久化存储，为不同部门的各类实时采集的海量动态交通信息数据提供集约化运营的隔离式存储与管理环境，同时支持各类交通数据的按需共享，提供可靠数据存储和高效数据查询功能。

（3）灵活、高效的海量交通数据并行计算：支持面向不同动态交通信息处理任务（如限行违规、套牌等车辆的自动甄别与布控预警，交通流计算，车辆出行诱导等）的计算程序开发和并行执行调度，支持基于实时交通数据和历史交通数据的多业务并行计算，为不同部门的不同处理任务提供高性能、易伸缩的计算框架和支撑环境。

（4）多样化的交通信息服务提供：利用公共的基础设施承载多样化的交通信息服务，包括智能交通指挥系统、智能公交和出租车管理系统、交通诱导服务系统等，并为各部门及相关用户开发新的交通信息服务提供支撑，加速交通信息服务的创新过程，提高交通信息服务水平，降低交通信息服务实施的技术门槛。

DeCloud4ITS 交通数据处理平台在线运行的任务主要包括如下几项。

1. 违章嫌疑车辆处理

- 套牌嫌疑车辆自动识别与处理：根据城市道路各路口摄像头捕获的车牌信息的时空矛盾特征，可实时发现套牌。同一个车牌如果在一个时间段内同时出现在城市的两个不同区域，且这个时间段小于某个最小的时间阈值，则此车牌存在一个套牌。DeCloud4ITS 交通数据处理平台基于同一车牌车辆的时空矛盾特征，通过对整个城市范围内实时监测的车辆数据进行计算，判断具有嫌疑的套牌车辆，并经人工确认后将套牌车辆列入违章嫌疑车辆数据库。
- 路段超速自动识别与处理：DeCloud4ITS 交通数据处理平台基于同一车辆在一个完整路段两个端点的通行时间实时计算该车辆在全路段的平均速度，判断其是否超速，并经人工确认后将超速车辆列入违章嫌疑车辆数据库。
- 假牌车辆实时识别与处理：DeCloud4ITS 交通数据处理平台对实时监测的道路通行车辆和停车场车辆数据与车架管车牌数据进行比对，识别并发现假牌车辆，然后进行记录，经人工确认后将假牌车辆列入违章嫌疑车辆数据库。
- 伴随车辆分析：嫌犯团伙在踩点和作案时，通常会使用多辆汽车以提高成功率。嫌疑车辆的行为具体表现为多辆车同时出没于特定区域，利用该特征，DeCloud4ITS 交通数据处理平台从海量车牌识别数据中提取满足特定条件（如车辆行进路线、车辆通行间隔时间、跟车数量及分析的起止时间范围等）的车辆，提高案件侦破效率。
- 其他违章车辆处理：DeCloud4ITS 交通数据处理平台还可结合特种车辆管理需求，实现限行车辆、黄标车、公交车、渣土车等的自动违章识别与处理功能。

2. 车辆实时布控预警

- 车辆黑名单管理与预警：可以将各种违章车辆纳入黑名单，在发现黑名单车辆时，进行实时预警并发送给车辆行驶路线上的交警进行处理。

- 车辆布控请求管理与预警：可以对特定车辆提交布控请求，并根据布控请求对车辆实时监控数据进行过滤，当发现布控车辆时，进行实时预警并按照请求定义将预警信息发送给相关人员。

3. 实时交通路况及交通流信息服务

根据实时获取的道路车辆数据，DeCloud4ITS 交通数据处理平台可以周期性（每分钟）地计算城市所有道路的平均速度、道路占有率、密度、流量、旅行时间等交通流参数，计算路段及路径的行车时间，从而获取道路的实时交通路况信息，并可在一天的数据基础上发现城市早晚高峰的时间段，进而为交通诱导、车辆出行等提供准确的信息服务。

图 11-8 所示为 DeCloud4ITS 交通数据处理平台的交通流实时监控界面。

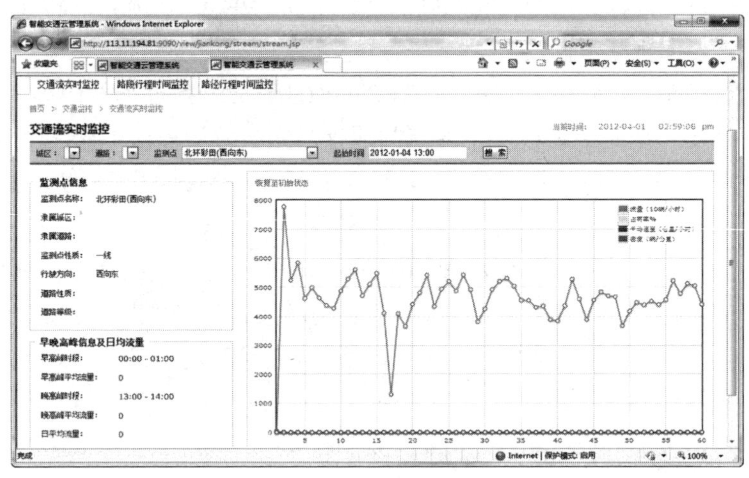

图 11-8 DeCloud4ITS 交通数据处理平台的交通流实时监控界面

4. 城市车辆综合分析

基于历史上全市车辆的出行数据，可以进行各种综合分析，如车辆的出行规律分析、车辆的近似路径分析、特定车辆的伴随车分析等，并按照特定权限规则提供车辆出行数据的共享服务，满足不同的车辆相关业务需求。

DeCloud4ITS 交通数据处理平台已经在部分大型城市开展应用，具有显著的社会价值与经济效益。

- 实现对用传统方式难以查处的套牌车、假牌车等的自动甄别，支持车辆实时布控、预警，有助于打击违法车辆，加强对城市车辆的监管。

- 支持对城市交通流量和行程时间的实时、精确测算，从而支持对城市交通的科学组织，缩短拥堵时间。
- 为出行者提供准确、全面的行车诱导、停车诱导服务，减少出行时间和车辆对环境的污染。
- 支持车辆监控数据的共享与服务，降低智能交通相关应用工程前端采集设备的重复建设成本，大大节约了相关投资。
- 落实对以涉牌为主的违法车辆的查处，有效查处违法车辆增加 30% 以上，保障了合法车辆的权益。

11.3　DeCloud 在教育物联网云服务平台中的应用

基于 DeCloud 的教育物联网云服务平台（以下简称教育物联网平台）定位于面向教育领域提供公共空间，其总体架构如图 11-9 所示。

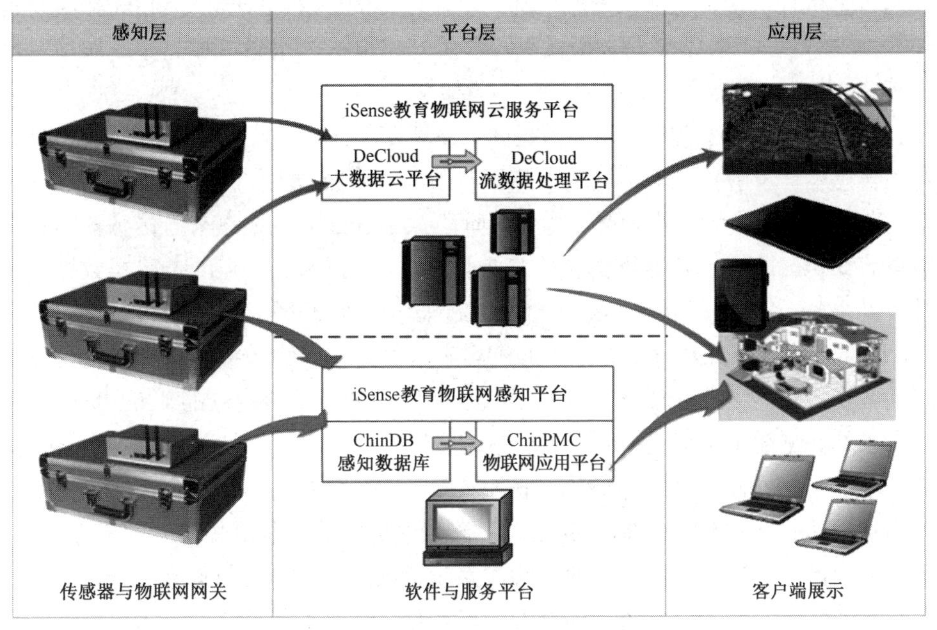

图 11-9　教育物联网平台的总体架构

物联网实验箱目前提供智能照明、智能安防、智能交通、智能环境、智能生态五个主题相关的传感器、物联网网关及配套设备。物联网网关可自动接入如图11-13所示部署在本地的iSense教育物联网感知平台，该平台提供感知数据管理及历史数据存储功能，还提供物联网场景自定义开发环境。用户自定义的场景可发布到平台，支持用户通过PC、平板电脑及智能手机查看场景的实时变化。

与iSense教育物联网感知平台相对应，DeCloud大数据云平台和DeCloud流数据处理平台（称为iSense教育物联网云服务平台）是部署在云端的系统。物联网网关可选择性接入iSense教育物联网云服务平台，支持用户把自定义场景发布到云服务平台，实现基于互联网的场景监控与分享。

每个物联网实验箱配备一个物联网网关，以及不超过16个传感器和配套设备。物联网网关支持WiFi与ZigBee协议，通过WiFi协议与iSense教育物联网感知平台通信，通过ZigBee协议与传感器通信。

传感器是一种检测装置，能感受被测量的信息，并能将感受的信息按一定规律转换成电信号或其他所需形式的信息输出。每个传感器安装在一个ZigBee节点上，实现与网关的通信。传感器与ZigBee节点可通过电池或USB接口供电。可提供的传感器包括但不限于人体红外感应、温湿度、光敏、照度、水浸、烟感、接近、PM2.5、火焰、噪声、二氧化碳、超声波等方面的传感器。继电器是最主要的传感执行机构，是用小电流控制大电流运作的一种自动开关，相关配套设备包括LED灯、声音报警器、摄像头、显示屏、电机、水泵、加热棒、风扇、台灯等。

在教育物联网平台中，传感数据的生命周期包括如下几个环节。①感知阶段：光敏传感器、声敏传感器、气敏传感器、化学传感器、流体传感器等检测周围状态，将电信号转换为数字信号。②采集阶段：ZigBee节点采集来自传感器的状态数据。③传输阶段：物联网网关收集来自所管辖ZigBee节点的传感器数据，并转发到iSense教育物联网感知平台及iSense教育物联网云服务平台。④存储阶段：iSense教育物联网云服务平台通过实时数据库或者大数据平台存储来自传感器的数据历史。⑤显示阶段：iSense教育物联网感知平台内嵌的ChinPMC场景编辑工具（见图11-10）支持用户自定义所设计的场景并发布到Web服务器，供大家了解传感器感知的场景状态。⑥控制阶段：用户通过场景中定义的按钮或者逻辑实现对执行机构的控制。例如，根据光敏传感器与照度传感器的感知数据，设定相应阈值，当低于某阈值时，触发系统自动发出指令，将灯光打开。⑦云服务：本地平台只支持用户通过局域网访问场景，而云服务平台支持用户通过互联网访问场景。

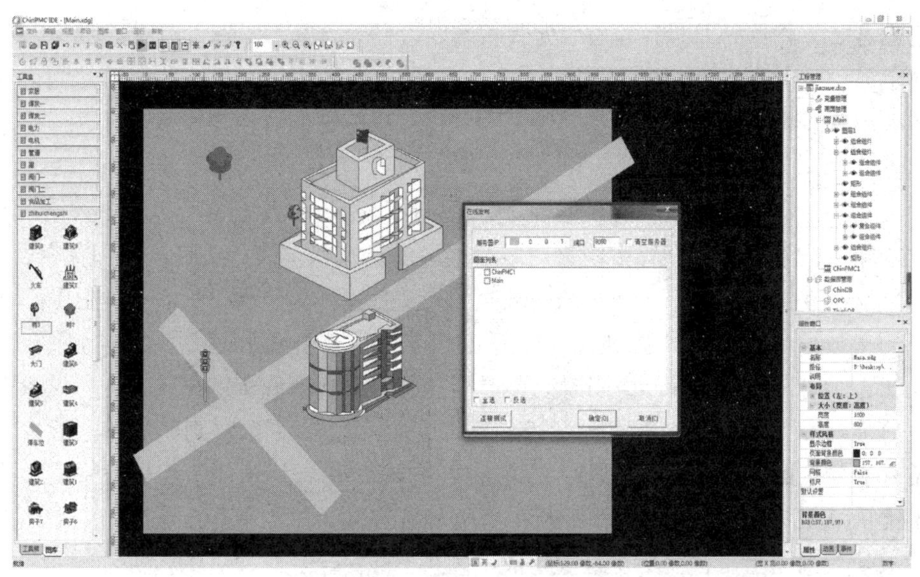

图 11-10　ChinPMC 场景编辑工具

在 iSense 教育物联网云服务平台中，标配的每套学生实验箱都有对应的数据点表与默认的场景，把数据点表导入系统，物联网网关与系统连接后自动把传感器信号转换至数据库中对应的数据点，默认的场景以传感器列表的形式呈现。系统提供场景配置工具，学生可以根据传感器部署之后的情况创作场景。配置好的场景可以发布到本地平台，也可以发布到 DeCloud 大数据云平台。

教育物联网平台是融物联网硬件、软件、网络于一体的教学模式，让学生直观地理解并体验物联网，接轨实际应用，学生可以把相应器件应用于实际。区别于传统的物联网产品，教育物联网平台提供了全生命周期的物联网开发、使用体验，使学生对物联网有更全面的理解和认识，并通过提供开发接口，使教师与高阶学生可以进一步开发高级物联网应用。

11.4　DeCloud 在电厂设备故障预警中的应用

电厂机组在运行过程中，设备通常会发生各种故障。这些故障既有可能是设备本体发生了故障，如阀门卡涩、执行机构拒动、润滑油泄漏等；也有可能是传感器故障，如传感器量程漂移、元件损坏、取样管堵塞等。设备故障通常伴随传感信号（传感设备实时传回的数据）的异常变化。若能快速发现信号的异常变化，就可以为运行人员和检修人员提供及时预警，提醒他们对相关设备进行进一步的实地检查。

当前，电厂设备故障的常用检测方法，通常是基于人工经验和历史数据，通过数学手段建立故障预警模型来对电厂设备的运行状况进行实时监控和预警。这种方法存在以下弊端。一是必须有准确的历史数据作为支撑。然而，实际中的电厂历史数据，在记录设备故障的时间和原因时，往往受限于巡检人员的经验和判断。这种人为估测出来的故障时间和原因往往与事实有较大的出入。因为故障很有可能在发生一段时间后才会引起人们的注意。而且，人眼看到的故障原因也常常是表象，真正的原因需要进行更深层次的分析。这样就造成了历史数据记录的不准确性，在其上建立的数学分析模型天然存在较大的误差。二是数据库中存储的故障数据由于是根据历史经验定义的，并不能完全反映设备的全部故障，尤其是一些隐藏的故障，在故障潜伏期难以发现，而发现的时候可能已经造成了较大的损失。

随着大数据分析技术的快速发展，数据驱动的设备故障诊断方法将能够有效避免上述问题。这类方法的主要特征是完全基于传感设备实时传回的流式数据，通过在线分析数据的变化，观测数据的特征变化，即时发现数据的异常状态，及时对设备运行状态做出判断，为相关业务人员提供预警支持。

DeCloud 计算服务是整个电厂设备故障预警系统的核心组成部分。在这一系统的实现过程中，主要采用了单测点分析和多测点分析两种方法来对实时接入的测点数据进行分析。下面将对这两种方法分别进行阐述。

1. 单测点分析

单测点分析对单个测点传回的数据流进行分析，动态捕获数据流中的异常模式（如孤立点），进而产生预警事件。孤立点检测是数据挖掘的重要研究分支，目标是发现数据集中的“小模式”，即显著不同于其他数据的对象。经过近 20 年的发展，孤立点检测技术得到了广泛的应用。

图 11-11 所示为一个孤立点异常模式的实际样例。如设备编号为 1037 的密封油系统在 2015-02-20 07:46:00—2015-02-23 07:23:21 发生了故障“#1 机发电机氢压下降快”。通过对数据进行直观的描绘分析，可以看出图中椭圆标出的数据突然出现大幅度的下降，表现为显著不同于其他数据对象，即出现了孤立点。

孤立点检测的方法有很多，常见的方法是基于距离来检测。其基本思想是以数据值之间的距离大小来检测孤立点。它可以描述为在数据对象集合中，至少有多个点和给定的数据值之间的距离大于一个事先给定的阈值。通过不断检测接入的数据点和其他数据点之间的距离是否大于给定的阈值来判断一个点是否为孤立点。

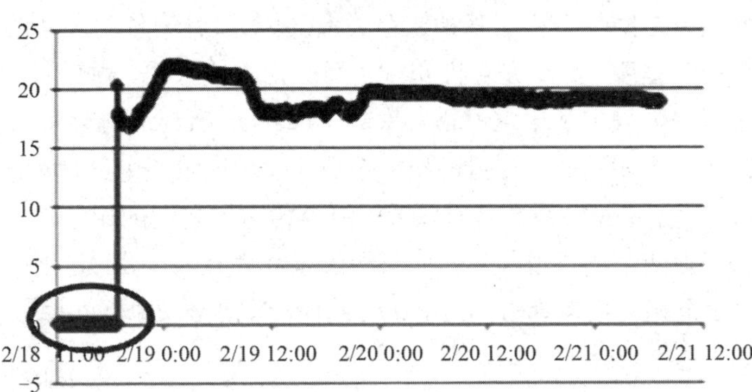

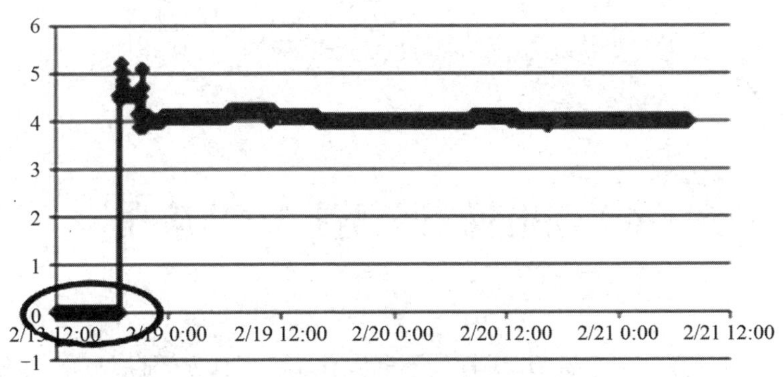

图 11-11　一个孤立点异常模式的实际样例

单测点异常分析模块的使用过程如下。首先，登录系统之后，左边列出了以机组为单位的树形菜单结构。菜单的设计符合当前电厂的常用业务逻辑，即每个菜单下面对应该机组下的系统，每个系统下列出了所包含的设备。当选中“单测点分析”标签页时，展示窗口的下拉菜单中列出了左侧树形结构选中设备所包含的所有测点。选择任意传感器，单击“图标展示”按钮，窗口将展示对该测点的图形化分析结果。当测点值发生异常时，如出现离散点或者其他异常数据，将会在曲线图上明确标注出来。

2. 多测点分析

单测点的异常预警信号往往不能很好地确定设备是否出现了故障，因此，需要对多个测点进行一些关联性分析，挖掘单个测点不能发现的预警事件，从而发现更为完整的潜在异常，提高预警的精确度，降低误报率。

多测点异常模式可以通过不断计算数据曲线间相关性的变化情况来判定。相关性分析研究现象之间是否存在某种依存关系，并对具体有依存关系的现象探讨其相关方向及相关程度，是研究随机变量之间的相关关系的一种统计方法。在相关性的计算过程中，采用了皮尔逊相关系数（Pearson Correlation Coefficient）来度量两条数据曲线的相关性。皮尔逊相关系数是一种度量两个变量间相关程度常见的方法。利用皮尔逊相关系数，可以考察两个传感器之间的相关程度，如果相关系数为 0.00，则两个测点没关系；如果相关系数为 0.00～1.00，则两个测点的数据正相关；如果相关系数为-1.00～0.00，则两个测点的数据负相关。皮尔逊相关系数公式如下：

$$\rho(X,Y)=\frac{\sum X\sum Y-\frac{\sum X\sum Y}{N}}{\sqrt{\left(\sum X^2-\frac{(\sum X)^2}{N}\right)\left(\sum Y^2-\frac{(\sum Y)^2}{N}\right)}}$$

11.5 DeCloud 在电梯安全监控中的应用

随着经济的发展和城镇化进程的不断深化，高层建筑不断增加。电梯作为垂直方向的交通工具，规模迅速扩大。在电梯的使用带给人们出入高层建筑便利的同时，电梯故障所造成的人员伤亡和经济损失问题也越来越严重。因此，如何确保电梯的安全运行已成为电梯使用者、维保单位、厂家和监管部门亟待解决的问题。国家对电梯运行也出台了一系列重要政策，如《国务院办公厅关于加强电梯质量安全工作的意见》《2022 年特种设备安全监察与节能监管工作要点》等。

随着物联网技术的不断发展，电梯的智能化程度也在不断提高，为实现电梯安全运行提供了必备条件。2010 年以来，电梯行业内逐步提出电梯物联网的概念，主要用于电梯的实时监控、急修报警、记录统计等。

Decloud 电梯安全监控云服务系统通过前端传感器与专用的物联网网关实现

电梯的全方位监控，将电梯运行数据汇聚到云端平台，能够实现电梯的安全监控、报警和预警处理，满足电梯相关单位的多方需求。系统目标包括：①远程实时监控并记录电梯运行状态，持续记录并存储电梯运行数据；②实时追踪电梯关键运行参数，进行在线分析并对隐患进行预警；③对电梯故障及时报警，以提高救援效率，减少事故损失。

如图 11-12 所示，Decloud 电梯安全监控云服务系统包括物联网网关及传感器（部署在电梯间）、电梯安全监控云服务平台（部署在数据中心）及监管应用系统（部署在电梯制造厂家、物业管理单位、电梯维保单位及政府）。

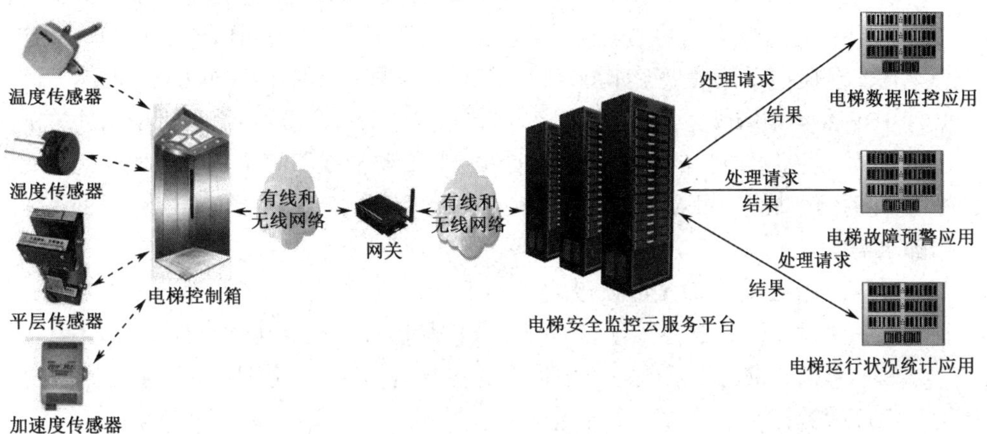

图 11-12　Decloud 电梯安全监控云服务系统的运行原理

其中，传感器是电梯物联网的感知器件，基于电梯的类型及使用情况，部分可选配以下传感器。

（1）钢丝绳张紧力传感器：外装于电梯曳引钢丝绳，用于测量电梯当前负载，判断是否超载，计算电梯平衡系数，检测钢丝绳是否符合检验标准。

（2）振动/加速度传感器：安装在电梯轿厢顶端，用于测量电梯启动、制动、振动及运行时的加速度值，推算轿厢振幅、频率及上升和下降状态，根据相关标准判定电梯乘运质量及安全状态。

（3）机房/底坑温湿度传感器：安装在电梯机房及底坑合适位置，测量温湿度，监测电梯运行环境，对运行环境的异常进行报警。

（4）基层/平层开关：基层开关安装在一楼位置，同时在轿厢相对位置加贴磁条，用于采集楼层基层信息；平层开关安装在轿厢相应位置，用于采集平层信息、楼层信息。

（5）红外传感器：安装在轿厢内部，实时监测当前轿厢内是否有人；同时用于智能辅助分析电梯的运行质量，提高分析预警的准确率。

此外，为进一步提高电梯安全运行水平，以及提高应急处置能力，还可选配门磁开关、维保 RFID 或电子二维码、视频采集摄像头、液晶显示屏、UPS 电源等。

物联网网关安装在电梯机房或者轿厢顶部，通过电梯随行电缆或者无线节点与传感器相连，传感设备等实时采集的感知数据传输到物联网网关，网关通过以太网、WLAN 或移动通信网络把数据传输到后端的 DeCloud 大数据云平台。

DeCloud 大数据云平台提供电梯物联网数据的存储管理与在线分析预警功能，根据客户需求可集中部署、分布部署或者冗余部署，如数据托管或者部署在政府数据中心、电梯厂家数据中心及监管部门数据中心。DeCloud 大数据云平台为电梯安全监控系统提供了 1000 万个数据实时采集点的在线接收与存储能力，支持 15～20 年历史数据的在线存储与查询分析；通过实时跟踪分析电梯的关键运行参数，能够对电梯的安全状态进行预警，将电梯故障时的被动处理变为主动处理；还提供曲线、报表、图表等多种数据展示形式，满足用户的统计分析及数据输出需求。

监管应用系统在 DeCloud 大数据云平台的支撑下，向各类用户提供电梯运行状态的实时监控、报警、预警、统计分析和信息管理等功能，具体如下。

（1）单梯监控：用于监控单部电梯的实时运行状态，包括楼层、挂重、加速度、温度等数据。

（2）多梯监控：用于监控用户关注的或指定区域内所有电梯的部分实时运行数据，包括楼层、挂重和加速度等。

（3）故障报警：当电梯的实时数据超出阈值时，生成报警信息，包括电梯名称、报警类型和持续时间等信息，并支持以短信的形式发送故障的报警信息。

（4）预警分析：用于对电梯可能存在的隐患进行监控和预警，包括单点故障预警和急停故障预警。当发现隐患时，生成预警信息，包括电梯名称、报警类型和持续时间等信息，并支持以短信的形式发送预警的报警信息。

（5）统计分析：用于统计电梯的故障率、隐患率和电梯的楼层停靠频率。

（6）用户管理：用于管理用户的基本信息，包括注册、查询、修改用户信息。用户信息包括用户姓名、用户类型、密码和联系方式等。

（7）电梯档案管理：用于管理电梯的档案信息，包括添加、修改、删除和查询电梯的档案信息。电梯档案信息包括电梯名称、电梯类型、使用单位、生产厂商、位置信息等。

11.6　DeCloud 在高精度位置服务中的应用

高精度位置服务平台基于陆态网提供的 260 个连续观测的固定参考站（以下称基准站）的差分信息，根据用户请求计算距用户最近的一组基准站，并将该站差分信息播发给用户，用户用带有差分功能的接收机计算自己的高精度位置，同时将位置信息返回给平台。在这个过程中，相当于在用户附近生成一个虚拟的参考基站（以下称虚拟参考站）。同时，平台提供用户导航、基准站运行状态等数据的存储和管理服务，以及开展大数据分析。大规模差分数据播发服务是高精度位置服务的核心，图 11-13 所示为其工作原理示意。它接收终端设备发送的初始 GPS 定位位置数据（每个终端平均 1s 发送一次）给数据播发服务，负责将匹配计算后的 RTCM 差分数据转发给终端设备。终端在使用带有差分功能的接收机计算自己的高精度位置后，播发服务转发此高精度位置信息，回传给平台进行存储和后续使用。

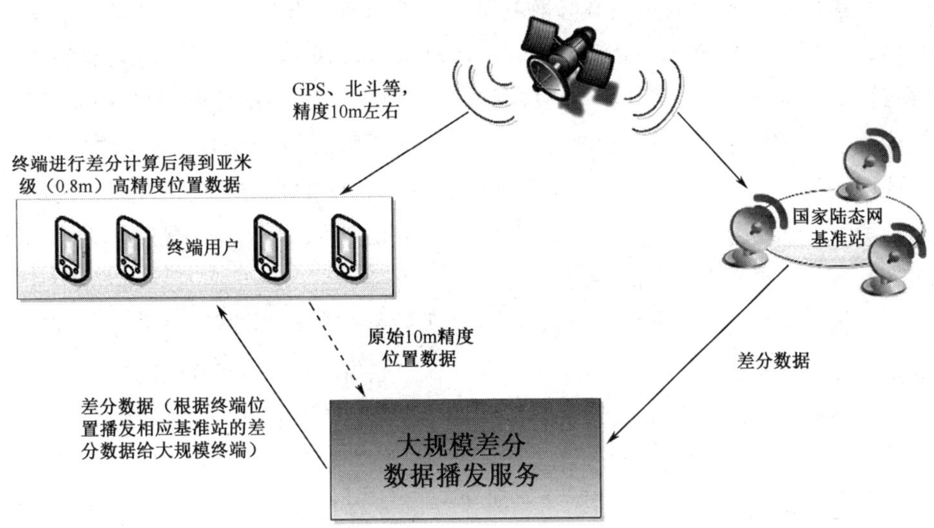

图 11-13　大规模差分数据播发服务工作原理示意

如图 11-14 所示，除了大规模差分数据播发服务，高精度位置服务平台还包括终端用户系统、DeCloud 大数据云平台及基于位置服务的应用等几个部分。

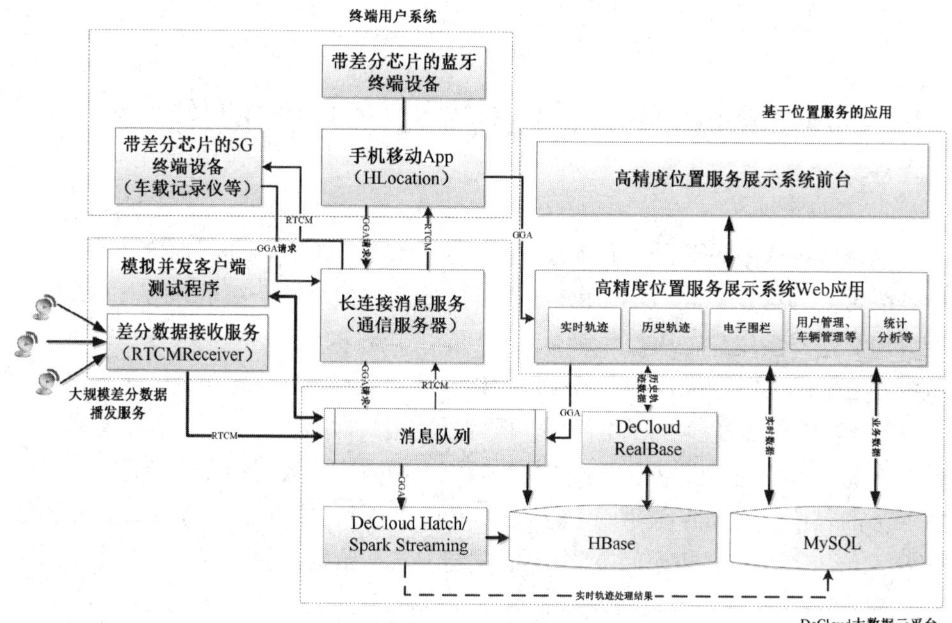

图 11-14　高精度位置服务平台结构示意

终端用户系统主要是车载导航与定位终端系统。在不同的应用中，由于要求的精度不同，对 GNSS（Global Navigation Satellite System，全球导航卫星系统）接收机的指标要求也就不同。一般来说，厘米级和分米级的精度需采取相位差分的模式，要求选用好性能的 GNSS 接收机；对于米级用户（多为车辆用户），可以选用一般性能的导航型 GNSS 接收机。为进行前期系统的模拟及系统性能指标的测试，终端用户系统还包括百万个并发模拟终端，以及与千寻魔盒手机 App 的高精度位置数据的对比程序等。

高精度位置服务平台是基于 DeCloud 大数据云平台构建的。DeCloud 大数据云平台提供了数据路由分发总线、流式计算子系统（DeCloud Hatch），以及海量数据存储与管理服务子系统（DeCloud RealBase），分别用于系统中各组件之间数据的分发、参考站的匹配计算，以及差分数据、位置数据等的存储、管理与查询。

其中，数据路由分发总线负责将基准站的位置数据、解算平台的解算结果发送给 GGA（全球定位系统定位数据）数据流式计算子系统进行匹配计算，并将基准站的 RTCM 差分数据计算结果发送给终端设备。数据路由分发总线还负责将计算结果发送给数据存储和管理服务子系统进行实时存储。GGA 流式计算子系统负责终端位置数据的匹配计算，为每个终端请求产生用于修正的 RTCM 差分数据。GGA 流式计算子系统根据用户位置和基准站的位置信息，匹配得到离终端最近的虚拟参考站，从而得到该虚拟参考站对应终端初始 GGA 位置的差分数据，并将该计算结果转发给数据路由分发总线进行推送。流式计算子系统还负责大规模用户终端实时轨迹数据的计算与分析。

基准站（260 个）的状态数据、虚拟参考站的位置数据及解算平台的差分数据等业务计算与运营需要的数据，也通过数据路由分发总线发送给相应的流式计算子系统、海量数据存储与管理服务子系统。

海量数据存储与管理服务子系统负责终端用户系统位置数据的实时存储，保留期限为 3～5 年，保证数据存储安全性，按需调用；还负责基准站和虚拟参考站位置及状态数据的实时存储，保留期限为 3～5 年，保证数据存储安全性，按需调用。

基于位置服务的应用是高精度位置服务 Web 应用，包括终端用户管理、基准站管理、服务管理、多租户应用管理、流数据源及流处理任务的管理等几个功能，负责用户注册与管理、基准站与虚拟参考站的管理、基于高精度位置服务的应用的创建和管理，以及流数据源及流处理任务的管理等。图 11-15 所示为高精度位置服务平台界面。多租户应用管理提供基于位置服务的行业共性应用模板，支持特种车辆监测、学生位置监护等应用的定制及托管。

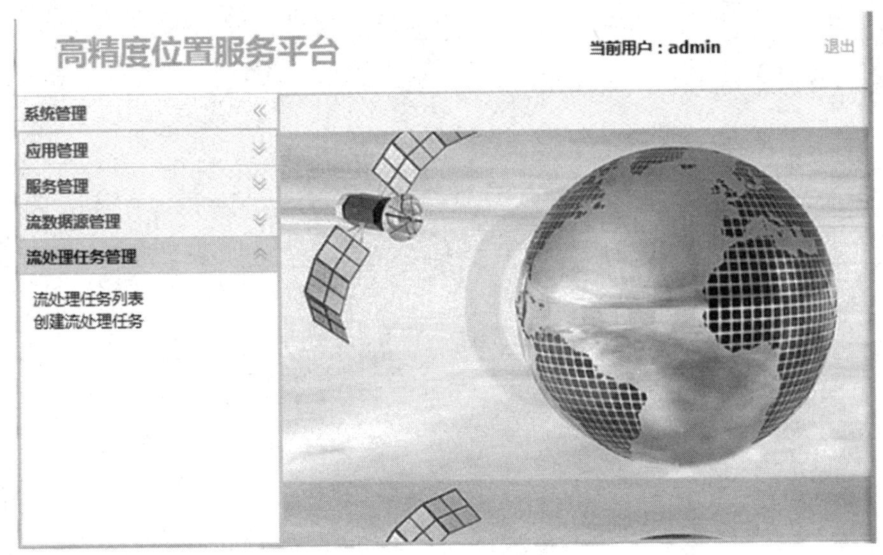

图 11-15　高精度位置服务平台界面

第 4 篇　编程实践篇

第 12 章

基于 Kafka 进行物联网大数据实时采集的编程实践

前面介绍了物联网大数据处理和分析的基础知识，接下来的三章从编程实践的角度介绍物联网大数据处理和分析的实践技能。这三章在介绍简要的工具基础知识之后，主要介绍相关工具的安装、配置和部署方法，并用具体的实验案例说明物联网大数据采集、处理和分析程序的设计与实现过程。本章主要聚焦于基于 Kafka 进行物联网大数据实时采集的编程实践。本章提供了相应的实验 Java 示例代码[1]，读者可在 IDEA 编辑器中打开并按照视频的操作步骤运行，以便加深对本章内容的理解。

12.1 相关准备知识

12.1.1 分布式消息队列 Kafka 回顾

1. 分布式消息队列的特点

本书前面介绍了消息队列和分布式消息队列的基本概念。基于分布式消息队

[1] https://github.com/BRIBOT2022/IoTBigDataBook_Code 的 iot_collect 模块。

列的如下特点，我们将其作为本书物联网大数据采集编程实践的基础组件之一。

1）消息生产者和消费者的空间解耦性

消息生产者只知道消息的发布，不需要知道消息被多少、被哪些消费者接收，以及接收后的后续处理怎样。同样，消费者只知道消息的接收及接收后进一步的处理，不需要知道有哪些消息生产者发布了相关消息。消息生产者和消费者的这种空间解耦性可以减少生产消息的系统和消费消息的系统之间的依赖性，提升系统在设计实现上的灵活性。

2）消息生产者和消费者的时间解耦性

消息的生产者和消费者不需要在同一时间进行交互（如生产者对消息的发送、消费者对消息的接收）。消息的消费者可以在生产者离线时接收消息、对消息进行逻辑处理。消息生产者和消费者的时间解耦性可以消除二者之间在交互时间上的依赖，提升系统灵活性。

3）消息生产者和消费者的同步解耦性

生产者生产消息、消费者接收和处理消息都不在其主要的控制流发生。发布消息的系统不需要等待接收消息的系统进行处理，而是在发送消息后可以立即返回去执行其他任务。消息生产者和消费者的同步解耦性可以减少系统的等待时间，提高系统效率。

4）消息生产和消费的可靠性

消息队列一般会将消息存储到本地磁盘上（直到消息被处理或被处理后一段时间），即使生产者系统、消费者系统或消息队列本身出现短暂故障，消息也可以重新加载。分布式消息队列支持消息副本机制，可以更好地解决个别服务器节点宕机后消息丢失的问题。

2. 消息队列的工作模式

在介绍 Kafka 之前，我们还需要了解消息队列常见的几种工作模式。

1）基于拉取和基于推送的消息消费模式

根据消息的消费者在接收消息时，是主动从消息队列拉取消息还是由消息队列将消息推送给消费者，消息队列的工作模式可以分为基于拉取的消息消费模式及基于推送的消息消费模式。

在基于拉取的消息消费模式中，消息的生产者将消息发送到消息队列，消息的消费者在接收消息时，需要从消息队列中主动拉取消息并进行处理。

在基于推送的消息消费模式中，消息的消费者对消息进行订阅。当消息的生产者将消息推送到消息队列时，消息队列将相应的消息转发给相应的消息消费者，消费者接收消息并进行处理。

Kafka 采用基于拉取的消息消费模式。

2）可重复消费和不可重复消费的工作模式

根据消息是否可以被重复消费，可以将消息队列的工作模式分为可重复消费工作模式及不可重复消费工作模式。

在不可重复消费工作模式中，在消息的消费者消费消息后，消息队列便删除此消息。因此在这种模式下，一条消息只能有一个消费者，消息不可能被重复消费。

在可重复消费工作模式中，可以同时有多个消息的消费者接收该消息。因此在这种模式下，一条消息可以有多个消费者。

Kafka 采用可重复消费的工作模式。

3. 什么是 Kafka

Apache Kafka 是由 Apache 软件基金会开发的一个开源消息系统项目，是一个开源的分布式消息队列，由 Scala 写成。Kafka 最初是由 LinkedIn 公司开发的，并于 2011 年年初开源。该项目的目标是为处理实时数据提供一个统一、高吞吐量、低延迟的平台。

Kafka 在消息保存时根据主题（Topic）（注：鉴于行业习惯，下面统一用英语“Topic”，而不用“主题”）进行归类，发送消息者称为生产者，接收消息者称为消费者。

Kafka 采用分布式架构，依赖 ZooKeeper 注册中心集群管理 Kafka 集群的元数据[1]，以完成管理集群配置、保障系统可用性等一系列分布式系统的基础功能。

4. Kafka 架构

Kafka 架构如图 12-1 所示。

1 Kafka 集群的元数据包括集群中有哪些节点、集群中有哪些 Topic 等这些集群的基本描述信息。元数据在 Kafka 集群中非常重要，Kafka 集群的很多功能都需要从元数据中获取数据或更新数据。

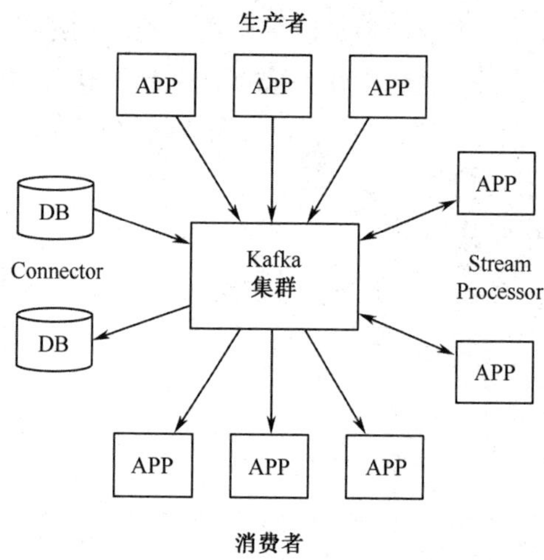

图 12-1 Kafka 架构

下面简单介绍 Kafka 的各组件。

Broker：服务代理节点。Broker 是 Kafka 的服务节点，即 Kafka 的服务器。

Topic：Kafka 中的消息以 Topic 为单位进行划分，生产者将消息发送到特定的 Topic，而消费者负责订阅 Topic 的消息并进行消费。

Producer：生产者，发送消息的一方。生产者负责创建消息，然后将其发送到 Kafka。

Consumer：消费者，接收消息的一方。消费者连接到 Kafka 上并接收消息，然后进行相应的业务逻辑处理。

Partition：分区。Topic 是一个逻辑的概念，它可以细分为多个分区，每个分区只属于单个主题。同一个主题下不同分区包含的消息是不同的，分区在存储层面可以看作一个可追加的日志（Log）文件，消息在被追加到分区日志文件时都会被分配一个特定的偏移量。

Replication：副本，是 Kafka 保证数据高可用的方式，Kafka 同一个分区的数据可以在多个 Broker 上存在多个副本，通常只有主副本对外提供读/写服务，当主副本所在 Broker 崩溃或发生网络异常时，Kafka 会在 Controller 的管理下重新选择新的主副本对外提供读/写服务。

Record：实际写入 Kafka 中并可以被读取的消息记录。每个 Record 包含 Key、Value 和 Timestamp。

12.1.2　Kafka 生产者消息发送的实现

1. 使用 Maven 依赖管理，引入 Kafka 依赖

本节主要介绍 Kafka 中 Java API 的使用，这里为了介绍配置，使用的是原生 Java API 操作。Kafka 可以与 Spring 通过 XML 文件配置，或者更加简单地通过 Spring Boot 引入 starter，通过自动配置（AutoConfiguration）完成集成。

2. Kafka 生产者客户端程序

编写 Kafka 的 Java API 客户端程序，要启动宿主机上的 Kafka 进程。预先创建好 Topic，以便后续将消息发送到此 Topic，之后开始编写程序。

首先，配置相关参数，专门写一个 initConfig()函数来配置参数，配置 Kafka 所部署的 IP 地址及端口号。其次，设置 ACK 参数，这是 Kafka 自带的消息确认机制，默认值为 0，代表生产者不用等待 Kafka 的响应就确认消息成功发送。如果 ACK 设置为 1，意味着 Kafka 会把这条消息写到本地日志文件中，但不会等待集群中的其他机器（在分布式部署的情况下）的成功响应；如果 ACK 设置为 ALL，则意味着 Leader 节点会等待集群中所有的 Follower 节点同步完成，以此来确保消息不会丢失。最后，设置消息中对应的 Key 和 Value 的序列化方式。另外，Kafka 还有许多参数可以根据具体应用场景进行设置，这里不再一一列举。

初始化配置函数完成后，开始编写 main 函数，首先创建 KafkaProducer 实例对象，本实验通过 for 循环来发送 100 条消息给 Kafka，然后完成回调函数，以此来对每条消息成功发送后进行回调操作，最后在控制台打印分区信息及偏移量信息。Kafka 中的每个分区都由一系列有序的、不可变的消息组成，这些消息被连续追加到分区中，分区中的每个消息都有一个连续的序号，用于分区唯一标识一条消息。

以下为 Kafka 生产者客户端程序示例代码，读者可结合 12.4 节的实验详细步骤尝试在集群中编写代码并运行。

```
public class CustomProducer {
 //Kafka 的 Droker 地址设置当前部署的 IP 即可
    public static final String  brokerList = "宿主机 IP:9092";

    //设置 Topic
    public static final String topic = "test";
```

```
        public static Properties    initConfig(){
            Properties props = new Properties();
            //设置 Kafka 地址
            props.put(ProducerConfig.BOOTSTRAP_SERVERS_CONFIG,brokerList);
            //ACK 设置
            props.put(ProducerConfig.ACKS_CONFIG,"all");
            //设置消息中对应的 Key 和 Value，做相应的序列化操作将其转换成字节数组
    props.put(ProducerConfig.KEY_SERIALIZER_CLASS_CONFIG,"org.apache.kafka.commo
n.serialization.StringSerializer");
    props.put(ProducerConfig.VALUE_SERIALIZER_CLASS_CONFIG,"org.apache.kafka.com
mon.serialization.StringSerializer");
     return props;
    }

    public static void main(String[] args) {
            KafkaProducer<String, String> producer = new KafkaProducer<>(initConfig());

            for (int i = 0; i < 100; i++) {
             producer.send(new ProducerRecord<String, String>(topic, "test---" + Integer.toString(i)),
new Callback() {
                    @Override
                    public void onCompletion(RecordMetadata metadata, Exception exception) {
                        if (exception != null) {
                            exception.printStackTrace();
                        }
                        System.out.println("message send to partition " + metadata.partition()
+ ", offset: " + metadata.offset());
                  }//onCompletion
                });//producer.send
            }//for
            producer.close();
        }
    }
```

12.1.3 Kafka 消费者消息接收的实现

编写 Kafka 消费者客户端程序的第一步是为消费者配置相应参数，这次编写

程序不再单独为配置 Kafka 写一个初始化配置方法了，而是采用另一种方法，即直接在 main 函数中配置。首先，仍然是配置运行 Kafka 进程的宿主机 IP 地址及端口号，配置消费者所属的分组 id，同样地，Kafka 对于消费者消费消息也有消息确认机制，将此消息确认机制配置为 true，表示自动确认消息，否则需要手动确认消息。如果开启了自动消息确认机制，需要对批量确认的时间间隔参数进行设置，参数单位为毫秒。其次，需要对所消费的消息进行反序列化，可以直接使用官方自带的反序列化方法。配置完相关参数后，需要订阅一个 Topic，订阅之后，从 Kafka 中循环拉取消息，其中方法 poll()中的参数是拉取消息的时间间隔。

Kafka 消费者客户端程序示例代码如下。

```
public class CustomConsumer {
    public static void main(String[] args) {
        Properties props = new Properties();
        props.put("bootstrap.servers","宿主机 IP:9092");
        //消费者分组
        props.put("group.id","test");
        //是否自动 ACK
        props.put("enable.auto.commit","true");
        //设置自动 ACK 的频率
        props.put("auto.commit.interval.ms", "1000");
        props.put("key.deserializer",
                "org.apache.kafka.common.serialization.StringDeserializer");
        props.put("value.deserializer",
                "org.apache.kafka.common.serialization.StringDeserializer");
        KafkaConsumer<Object, Object> consumer = new KafkaConsumer<>(props);
        //订阅 Topic
        consumer.subscribe(Arrays.asList("test"));
        while(true){
            //设置消费者轮询拉取时间
            ConsumerRecords<Object, Object> records = consumer.poll(100);
            for (ConsumerRecord<Object, Object> record : records) {
                System.out.printf("offset = %d , value = %s\n", record.offset(), record.value());
            }
        }
    }
}
```

12.2 模拟物联网大数据采集和接收的实验设计

12.2.1 物联网大数据的采集

本书提供了真实的关于船舶的轨迹数据。数据以 csv 文件格式存储。我们准备了两个 csv 文件，每个 csv 文件中的一条记录包含表示一条船位置的时间戳、船号（mmsi）、经度、纬度，其中时间戳、经度、纬度都是小数的形式，船号由 9 位整数组成。每个文件中有 12000 多条数据，文件大小在 600KB 左右，同时每个 csv 文件都已经按照时间戳做了升序排序。

表 12-1 是船舶物联网数据集其中一个 csv 文件的部分数据，显示了该物联网数据集的数据格式。

表 12-1　船舶物联网数据集的数据格式

时间戳	船号(mmsi)	经度	纬度
1615213582.0	211822000	55.476642000000005	4.197157
1615214332.0	211822000	55.511452	4.25247
1615214441.0	211822000	55.516538	4.260517
1615214452.0	211822000	55.517003	4.261268
1615214471.0	211822000	55.517975	4.262828

数据以 csv 格式保存在文件中，如图 12-2 所示。

```
1614960061.0,220317000,91.0,181.0
1614960061.0,220317000,91.0,181.0
1614960421.0,220317000,91.0,181.0
1614960421.0,220317000,91.0,181.0
1614960440.0,220317000,54.751281999999996,10.671385
1614960620.0,220317000,54.751307,10.671393
1614960787.0,220317000,54.751307,10.671393
1614960804.0,220317000,54.751288,10.671378
1614960980.0,220317000,54.751281999999996,10.671382000000001
1614961141.0,220317000,54.751281999999996,10.671382000000001
1614961162.0,220317000,54.75127,10.671353
1614961342.0,220317000,54.751268,10.671315
```

图 12-2　物联网数据文件截图

首先搭建一个由三台虚拟机构成的集群来作为本次实验的环境。每台虚拟机的操作系统为 CentOS7，内存为 1GB，最大磁盘大小为 20GB。在这三台虚拟机上搭建具有三个节点的 Kafka 实验集群，将数据接收到 Kafka 集群中。因此在采集数据之前，需要把环境中的 Kafka 集群启动起来。

为模拟一个对物联网数据流处理的真实场景，需要按照每两条数据之间的时间戳间隔，将每行数据追加到一个文件中，同时将这个文件作为数据源，将其中的数据动态地传入 Kafka 中，这样就可以模拟现实过程中船在不同时间点接收到数据。

与此同时，现实过程中通常会出现多条船的情况，这里通过两个 csv 文件模拟了两条船的情形。在现实过程中，数据会在不同时间点发送过来，但发送过来的不一定是同一条船的数据。所以，还需要编写一个程序，将两个 csv 文件合并，合并之后的文件依旧按照时间戳升序排序。把合并后的文件作为最终的数据源，按照时间戳间隔，将每行数据发送到 Kafka 集群中（合并程序编写的细节将在 13.3.4 节介绍，本章后续的实验数据来自合并后的结果文件）。

我们将通过两种方式将数据发送到 Kafka 中：第一种是通过 Java 编写 Kafka 的生产者程序，将合并后的数据按照时间戳顺序发送到 Kafka 中；第二种是通过 Python 的 KafkaProducer 将数据按照时间戳顺序发送到 Kafka 中。

12.2.2　物联网大数据的接收

1. Flink 接收 Kafka 中的消息——Flink 接收程序

Kafka 完成对物联网大数据的接收后，我们使用 Flink 来接收 Kafka 中的数据并打印输出，因此我们要编写 Flink 对应接入 Kafka 数据源的客户端程序。

2. MySQL 接收 Kafka 中的消息——MySQL 接收程序

Kafka 完成对物联网大数据的接收后，除了可以输出到 Flink，还可以输出到 MySQL 关系数据库中，这个接收程序代码示例是由 Python 语言来编写的。

12.3　实验环境搭建

首先我们需要准备如下软件：

1. CentOS7

下载地址：http://mirrors.aliyun.com/centos/7/isos/x86_64/CentOS-7-x86_64-DVD-2009.iso。

2. VMware® Workstation 16 Pro

从官网下载即可。

12.3.1　VMware 注意事项

1. 确认所有关于 VMware 的服务都已经启动

在宿主机 Windows10 或 Windows11 操作系统左下角或下方的“搜索”对话框输入“服务”进行应用搜索，单击搜索结果中的“服务”图标按钮，弹出操作系统的服务列表（见图 12-3）。确认其中有如图 12-3 所示的 VMware 相关服务，并且其“状态”属性为“正在运行”，“启动类型”属性为“自动”。

服务(本地)

选择一个项目来查看它的描述。

名称	描述	状态	启动类型	登录为
User Profile Service	此服...	正在...	自动	本地系统
UserDataSvc_150e1e	提供...	正在...	手动	本地系统
Virtual Disk	提供...		手动	本地系统
Visual Studio Standard Coll...	Visu...		手动	本地系统
VMware Authorization Ser...	用于...	正在...	自动	本地系统
VMware DHCP Service	DHC...	正在...	自动	本地系统
VMware NAT Service	Net...	正在...	自动	本地系统
VMware USB Arbitration S...	Arbit...	正在...	自动	本地系统
Volume Shadow Copy	管理...		手动	本地系统

图 12-3　VMware 服务启动图

2. 确认好 VMware 生成的网关地址

单击软件 VMware Workstation16 Pro 左上角的“编辑”菜单，选择其中的“虚拟网络编辑器”选项，这时进入“虚拟网络编辑器”对话框，对话框的上方为虚拟网络编辑表格，表格中有“名称”“类型”“外部连接”“主机连接”“DHCP”“子网地址”等表头。选择表头“外部连接”对应单元格内容为“NAT 模式”的行。然后，单击对话框右下角的“NAT 设置”按钮，此时弹出了“NAT 设置”对话框。在此对话框中，将“网关 IP”对应的 IP 地址编辑框中的内容设置为与 IPv4 默认网关 IP 地址保持一致，修改完成后记住网关 IP（见图 12-4）。

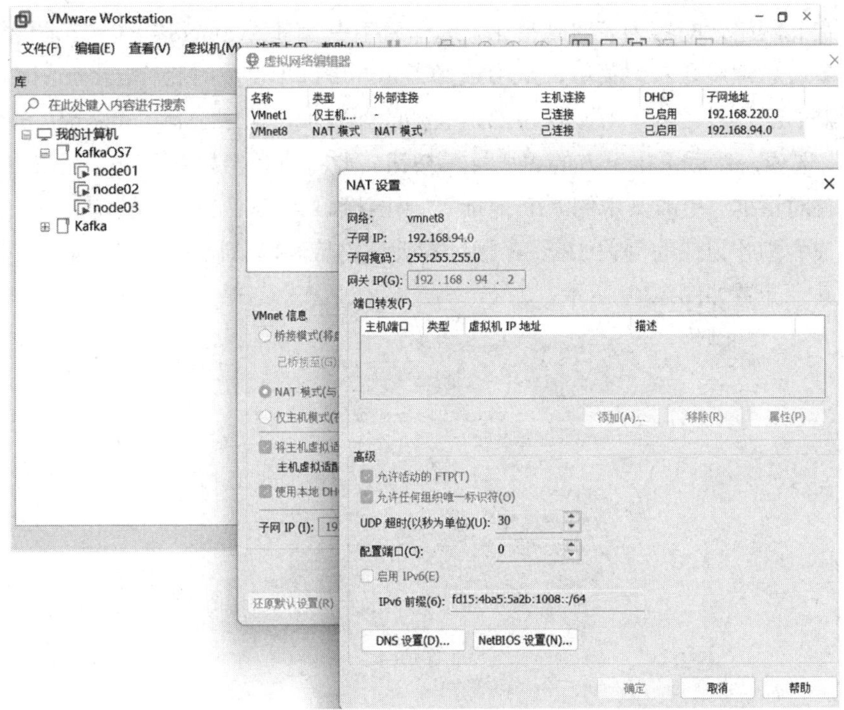

图 12-4　网卡配置图

3. 确认 vmnet8 网卡已经配置好 IP 地址和 DNS

在宿主机 Windows10 或 Windows11 操作系统左下角或下方的“搜索”对话框输入“设置”进行应用搜索，单击搜索结果中的“设置”，弹出操作系统的设置对话框。在此对话框中找到“网络和 Internet”设置菜单并单击该菜单，在展开的“网络和 Internet”设置具体菜单项中，单击其中的“高级网络设置”选项，展开“高级网络设置”菜单项，单击其中的“更多网络适配器选项”选项（见图 12-5）。此时，弹出网络适配器列表的对话框。

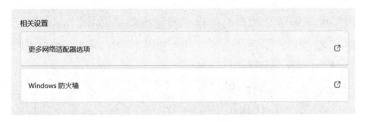

图 12-5　Windows 选择界面

在此网络适配器列表对话框中，选择名字中含有“vmnet8”的网络适配器图标，单击右键展开右键菜单，从中选择“属性”选项，此时将弹出vmnet8网络适配器的配置对话框。对话框中部是展开的配置项，从中选择“Internet 协议版本4”选项，然后单击下方的“属性”按钮。此时将弹出如图12-6所示的IP地址设置对话框。更改其中的“IP地址”“子网掩码”“默认网关”选项。其中，默认网关为刚才记住的网关IP，IP地址的前三格应与默认网关相同，最后一格随意，其余配置如图12-6所示。

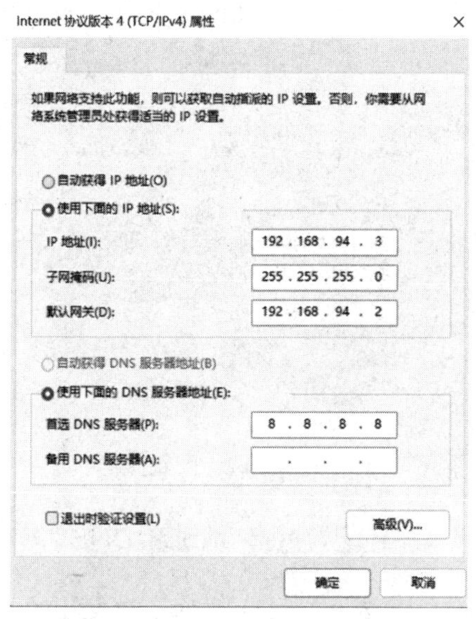

图12-6　IP地址设置对话框

12.3.2　安装虚拟机

（1）打开VMware软件，软件正中央显示的是如图12-7所示的界面，单击“创建新的虚拟机”按钮。此时将弹出“新建虚拟机向导”对话框，选择其中的“典型（推荐）”选项，并单击下方的“下一步”按钮，此时，将弹出如图12-8所示的“安装客户机操作系统”对话框。

（2）在“安装客户机操作系统”对话框中，默认的选项是“安装程序光盘映像文件（iso）（M）”，单击此选项下方的“浏览”按钮，选择下载好的iso文件，然后单击对话框最下方的“下一步”按钮。

图 12-7　虚拟机界面

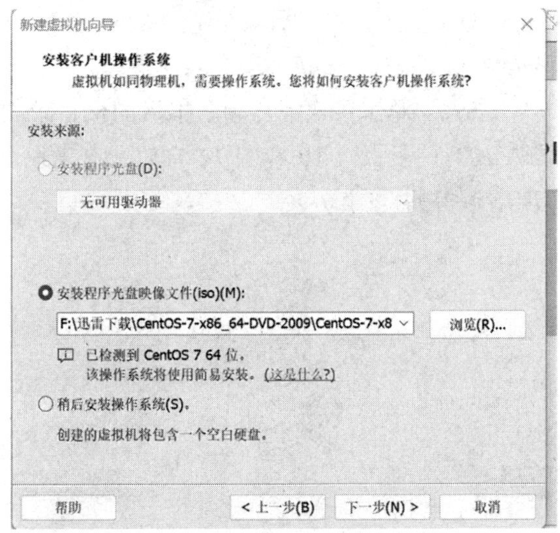

图 12-8　“安装客户机操作系统”对话框

（3）在随后弹出的对话框中设置用户名及密码（见图 12-9），并牢记。

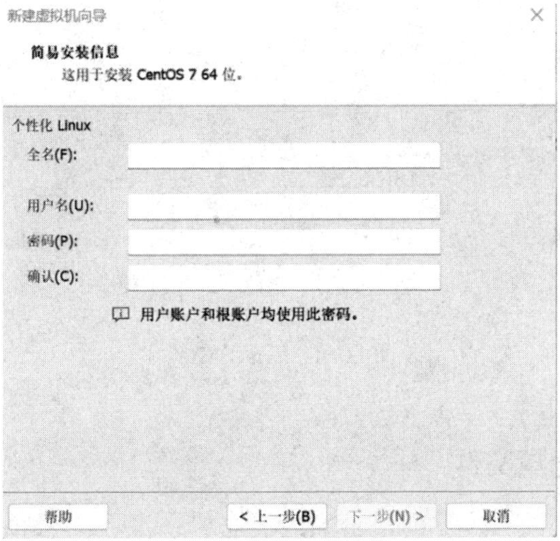

图 12-9　设置用户名及密码

（4）在随后弹出的对话框中一直单击最下方的“下一步”按钮，直到安装完成。

12.3.3 复制虚拟机

（1）关闭刚刚创建的虚拟机，在VMware软件主界面的左侧选中该虚拟机，单击右键，在展开的右键菜单中，选择“重命名”选项，将其命名为node01。

（2）在宿主机Windows操作系统中复制虚拟机的根目录到父目录，并将其重命名为node02、node03（见图12-10和图12-11）。（这里也可以使用VMware自带的克隆功能实现虚拟机的复制。）

图12-10　Windows目录

名称	修改日期	类型
node01	2022/9/1 14:11	文件夹
node02	2022/9/1 14:15	文件夹
node03	2022/9/1 14:15	文件夹

图12-11　目录内结构

12.3.4 修改配置文件

（1）对于每台虚拟机，在终端中输入下述内容，进入配置文件。

```
$ vim /etc/sysconfig/network-scripts/ifcfg-ens33
```

按“I”键，进入编辑模式，用方向键移动光标，修改 BOOTPROTO 属性，调整网络配置参数为静态 IP；添加 IPADDR、GATEWAY、NETMASK、DNS1 属性，分别设置 IP 地址、网关及域名解析器。

其中，IPADDR 的最后一格为任意数字，前三格应与网关 IP 保持一致；GATEWAY 为网关 IP；其余修改项与图 12-12 网卡配置保持一致即可。最后，按“esc”键退出输入模式，再输入“:wq”保存退出。

为了使修改生效，修改完后要重启网卡（命令：service network restart）。

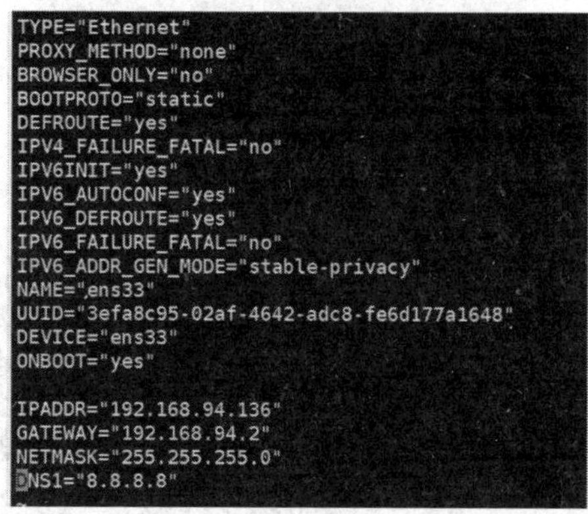

图 12-12　网卡配置

（2）为每台主机修改对应主机名，命令如下。

```
$ vim /etc/sysconfig/network
```

编辑方式与前面一致，输入“HOSTNAME=xx”，xx 分别为 node01、node02、node03。

（3）为每台主机设置 IP 和域名映射，命令如下。

```
$ vim /etc/hosts
```

输入内容如图 12-13 所示，其中 IP 应为刚才所设置的主机 IP，注意 IP 与名称要对应。

```
192.168.94.136 node01 node01.kafka.cn
192.168.94.137 node02 node02.kafka.cn
192.168.94.138 node03 node03.kafka.cn
```

图 12-13　节点配置输入

（4）重启 Linux，命令如下。

```
$ reboot
```

12.3.5 关闭防火墙及生成公钥

为了简化起见，关闭虚拟机防火墙。注意在实际生产环境中，应该根据安全需要开启防火墙，并有针对性地开放相应端口。

（1）三台机器分别执行下述命令来关闭防火墙。

```
$ systemctl stop firewalld.service
```

使用命令“systemctl status firewalld.servicc”，若在下方出现 disavtive（dead），就说明防火墙已经关闭。

最后使用命令“systemctl disable firewalld.service”禁用防火墙。

（2）修改 SELinux 的配置文件（见图 12-14），命令如下。

```
$ vim /etc/selinux/config
```

```
# This file controls the state of SELinux on the system.
# SELINUX= can take one of these three values:
#     enforcing - SELinux security policy is enforced.
#     permissive - SELinux prints warnings instead of enforcing.
#     disabled - No SELinux policy is loaded.
SELINUX=disabled
# SELINUXTYPE= can take one of three values:
#     targeted - Targeted processes are protected,
#     minimum - Modification of targeted policy. Only selected processes are protected.
#     mls - Multi Level Security protection.
SELINUXTYPE=targeted
```

图 12-14　SELinux 配置

各虚拟机分别执行“ssh-keygen -t rsa”命令，执行后按三次回车键；然后三台机器再分别执行命令“ssh-copy-id node01”。

将第一台机器的公钥复制到其他机器上，在第一台机器上执行以下命令。

```
$ scp /root/.ssh/authorized_keys node02:/root/.ssh scp /root/.ssh/authorized_keys node03:/root/.ssh
```

12.3.6 时钟同步

在所有虚拟机中输入“crontab -e”命令，随后在输入界面中输入如下内容。

```
*/1 * * * * /usr/sbin/ntpdate ntp4.aliyun.com;
```

12.3.7 JDK 安装

（1）在所有虚拟机上执行下述命令以删除原有 JDK。

```
$ rpm -qa | grep openjdk |xargs rpm -e --nodeps
```

（2）准备版本号为“jdk-8u141-linux-x64.tar.gz”的 Java 安装包（不一定与当前 JDK 版本号相同，只要是 JDK1.8 的安装包即可）。

（3）创建安装目录，命令如下。

```
$ mkdir -p /export/softwares  #软件包存放目录
$ mkdir -p /export/servers     #安装目录
```

（4）进入软件包存放目录，命令如下。

```
$ cd /export/softwares
```

（5）使用“rz -E”命令选中安装包并上传。

（6）解压安装包，命令如下。

```
$ tar -zxvf jdk-8u141-linux-x64.tar.gz -C ../servers/
```

（7）配置环境变量，命令如下。

```
$ vim /etc/profile
```

输入以下内容。

```
export JAVA_HOME=/export/servers/jdk1.8.0_141
export PATH=:$JAVA_HOME/bin:$PATH
```

最后，通过“source /etc/profile”命令激活环境变量。

12.3.8 ZooKeeper 安装

如表 12-2 所示为集群规划表，表中显示了每台机器中 ZooKeeper 对应的 myid。

表 12-2　集群规划表

节点名称	myid
node01	1
node02	2
node03	3

（1）进入 ZooKeeper 官网，下载 ZooKeeper 安装包。

选择某版本的安装文件（如 apache-zookeeper-3.6.2-bin.tar.gz）下载。

（2）解压。

对于每台主机，进入/export/softwares 目录，命令如下。

```
$ cd /export/softwares
```

解压文件到/export/servers 目录，命令如下。

```
$ tar -zxvf apache-zookeeper-3.6.2-bin.tar.gz -C /export/servers
```

修改解压后的 ZooKeeper 文件夹名称，命令如下。

```
$ cd /export/servers
$ mv apache-zookeeper-3.6.2-bin zookeeper
```

（3）修改配置。

对于每台主机使用如下命令，建立配置文件。

```
$ cd /export/servers/zookeeper/conf/
$ cp zoo_sample.cfg zoo.cfg
$ mkdir -p /export/servers/zookeeper/zkdatas
```

通过“vim zoo.cfg”命令进入配置文件，添加配置项，修改后的 zoo.cfg 配置如图 12-15 所示。

```
# 修改 zoo.cfg 文件中的 dataDir 属性：
dataDir=/export/servers/zookeeper/zkdatas
# 保留多少个快照
autopurge.snapRetainCount=3 # 日志多少小时清理一次
autopurge.purgeInterval=1 # 集群中服务器的地址
# 在 zoo.cfg 中添加以下内容
server.1=node01:2888:3888#此行及后两行后面不能有空格，否则报错
server.2=node02:2888:3888
server.3=node03:2888:3888
```

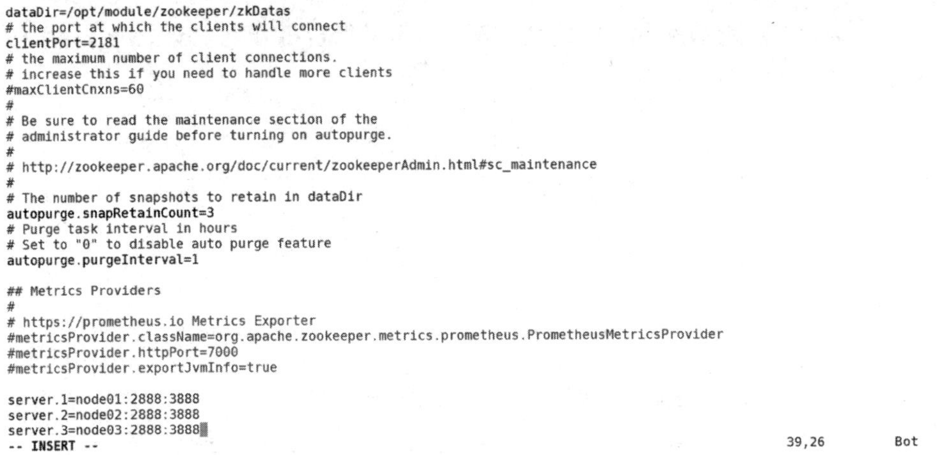

```
dataDir=/opt/module/zookeeper/zkDatas
# the port at which the clients will connect
clientPort=2181
# the maximum number of client connections.
# increase this if you need to handle more clients
#maxClientCnxns=60
#
# Be sure to read the maintenance section of the
# administrator guide before turning on autopurge.
#
# http://zookeeper.apache.org/doc/current/zookeeperAdmin.html#sc_maintenance
#
# The number of snapshots to retain in dataDir
autopurge.snapRetainCount=3
# Purge task interval in hours
# Set to "0" to disable auto purge feature
autopurge.purgeInterval=1

## Metrics Providers
#
# https://prometheus.io Metrics Exporter
#metricsProvider.className=org.apache.zookeeper.metrics.prometheus.PrometheusMetricsProvider
#metricsProvider.httpPort=7000
#metricsProvider.exportJvmInfo=true

server.1=node01:2888:3888
server.2=node02:2888:3888
server.3=node03:2888:3888
-- INSERT --                                                        39,26         Bot
```

图 12-15 zoo.cfg 配置

（4）添加 myid 配置。

对于每台主机，在/export/servers/zookeeper/zkdatas 目录下，新建一个名为

“myid”的文件，命令如下。myid 用于 ZooKeeper 内部的选举机制，其内容对应集群规划对应的 myid 项，如 node01 机器中创建的 myid 文件中应输入 1（除了输入数字，不要多加空格或换行符号），如图 12-16 所示。

```
$ vim myid
```

图 12-16　node01 机器中创建的 myid 文件

12.3.9　Kafka 安装

1. 官网下载安装包

首先进入 Kafka 官网下载 Kafka 安装包（见图 12-17），然后将其上传至 Linux 环境中。

DOWNLOAD

3.2.1 is the latest release. The current stable version is 3.2.1.

You can verify your download by following these procedures and using these KEYS.

3.2.1

- Released Jul 29, 2022
- Release Notes
- Source download: kafka-3.2.1-src.tgz (asc, sha512)
- Binary downloads:
  - Scala 2.12 - kafka_2.12-3.2.1.tgz (asc, sha512)
  - Scala 2.13 - kafka_2.13-3.2.1.tgz (asc, sha512)

图 12-17　Kafka 官网下载安装包截图

（1）解压安装包，命令如下。

```
$ tar -zxvf kafka_2.12-3.2.1.tgz -C /export/servers
```

（2）在/export/servers 目录下修改解压后的文件名称，命令如下。

```
$ mv kafka_2.12-3.2.1/ kafka
```

（3）在/export/servers/kafka 目录下创建 logs 文件夹，命令如下。

```
$ mkdir logs
```

2. 配置参数

（1）修改配置文件，命令如下。

```
$ cd /export/servers/kafka/config
$ vi server.properties
```

修改内容相关代码如下。

```
#Broker 的全局唯一编号，不能重复
broker.id=0    # 三台主机依次为 0, 1, 2
#开启 Topic 的删除功能
delete.topic.enable=true

#Kafka 运行日志存放的路径
log.dirs=/export/servers/kafka/logs

#配置连接 ZooKeeper 集群的地址（假设 node01 为节点名称或 IP）
zookeeper.connect=node01:2181,node02:2181,node03:2181/kafka
```

（2）配置环境变量，命令如下。

```
$ sudo vi /etc/profile
```

输入以下内容。

```
#KAFKA_HOME
export KAFKA_HOME=/export/servers/kafka
export PATH=$PATH:$KAFKA_HOME/bin
```

使环境变量生效，命令如下。

```
$ source /etc/profile
```

（3）创建日志目录，命令如下。

```
$ mkdir -p /export/servers/kafka/logs
```

（4）在 Kakfa 目录下启动 Kafka。

首先启动 ZooKeeper，命令如下。

```
$ /export/servers/zookeeper/bin/zkServer.sh start
```

然后进入 Kafka 安装目录，启动 Kafka 服务，命令如下。

```
$ cd /export/servers/kafka
```

以下命令为后台启动，同时会输出日志到当前目录下的 nohup.txt 文件。

```
$ nohup bin/kafka-server-start.sh config/server.properties 2>&1 &
```

12.3.10　Kafka 安装验证

上面我们已经成功安装了 Kafka，下面将验证 Kafka 是否已经完整安装，以及它是否可用。首先启动 ZooKeeper 及后台启动 Kafka，然后执行如下操作。

（1）建立新的 Topic，命令如下。

```
$ bin/kafka-topics.sh --create --topic quickstart-events --bootstrap-server node01:9092
```

（2）检查 Topic 是否创建完整，命令如下。

```
$ bin/kafka-topics.sh --describe --topic quickstart-events --bootstrap-server node01:9092
```

执行后应显示如下内容。

```
Topic:quickstart-events    PartitionCount:1       ReplicationFactor:1 Configs:
Topic: quickstart-events Partition: 0       Leader: 0      Replicas: 0 Isr: 0
```

（3）写入 Topic，命令如下。

```
$ bin/kafka-console-producer.sh --topic quickstart-events --bootstrap-server node01:9092
>test1
>test2
```

（4）读取 Topic 中的内容，命令如下。

```
$ bin/kafka-console-consumer.sh --topic quickstart-events --from-beginning --bootstrap-server
node01:9092
```

此处应该显示在操作（3）中输入的内容，如图 12-18 所示。

```
[root@node01 kafka]# bin/kafka-console-consumer.sh --topic quickstart-events --from-beginning --bootstrap-server node
01:9092
test1
test2
```

图 12-18　Kafka 消费者客户端输出

（5）关闭 Kafka，命令如下。

```
$ cd /export/servers/kafka
$ bin/kafka-server-stop.sh stop
```

12.4　实验步骤

12.4.1　基于 Java 模拟物联网大数据的采集与接收

本实验在 Windows10 操作系统 IDEA 编辑器（本书示例截图采用的 IDEA

版本为 2023.1.2，读者也可以使用其他版本的 IDEA）中编码，请预先配置好 Java 编译运行环境。此前配置的 Kafka 集群是基于主机名访问的，这里需要在 Windows 环境中配置主机名和 IP 地址的映射，以管理员身份打开路径 C:\Windows\System32\drivers\etc 下的 hosts 文件，添加配置“192.168.94.136 node01”，即在该文件中增加一行从 IP 地址到主机名的映射。

1. 项目准备工作

第一步：在 IDEA 中创建 Maven 项目。

打开 IDEA，选择“File”菜单中的“New Project”选项，在弹出的对话框中选择“Maven”选项创建项目，选择 Java 版本为 JDK1.8（见图 12-19）。

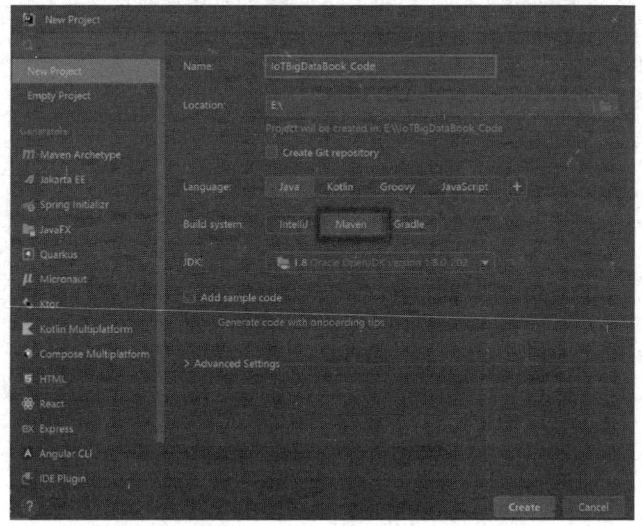

图 12-19　创建 Maven 项目

第二步：项目命名。

在第一步的对话框中，给项目命名。在名为“Name”的文本框中暂且将项目命名为“IoTBigDataBook_Code”，单击“Create”按钮（见图 12-19）。

第三步：创建项目模块及目录。

选择“File”菜单中的“Project Structure”选项，弹出“项目结构”对话框，选择对话框左侧的“Modules”选项，此时对话框右侧将展开项目的模块列表。在模块列表左上方单击“+”按钮，在展开的菜单中，单击“New Module”选项，此时弹出“New Module”对话框，在“Name”文本框中填入模块的名字为“iot_collect”，如图 12-20 所示。

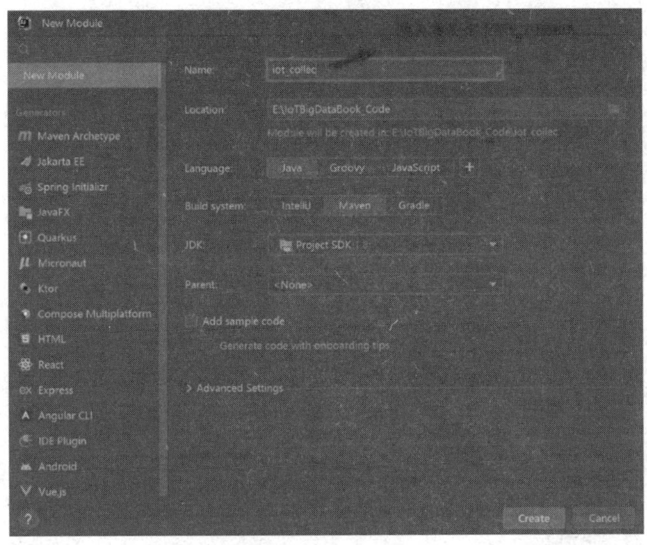

图 12-20　创建模块

模块创建好之后，选择项目结构中的“java”文件夹（IDEA 一般将其文件夹图标自动标记为蓝色），单击右键，在展开的菜单项中单击“New”选项，在展开的下一级菜单项中，单击“New Package”选项，在弹出的对话框中填入“com.iot.collect”，按回车键。当前的目录结构如图 12-21 所示。

第四步：准备物联网大数据。

用同样的方法创建 com.iot.collect.data 目录（或在 Windows 的资源管理器中，在 IoTBigDataBook_Code 所在文件夹下的子目录 src/main/java/com/iot/collect 中创建 data 目录），将 csv 数据文件放到创建的 data 目录下（见图 12-22）。

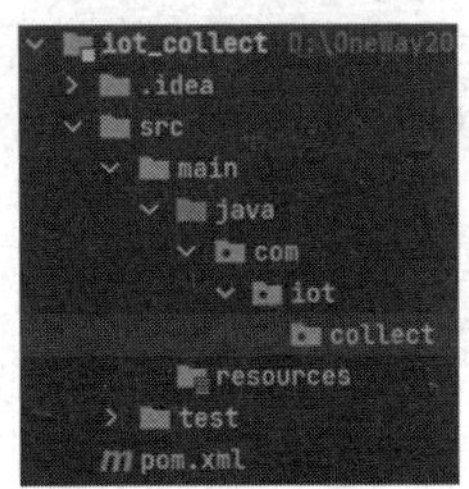

图 12-21　项目目录结构

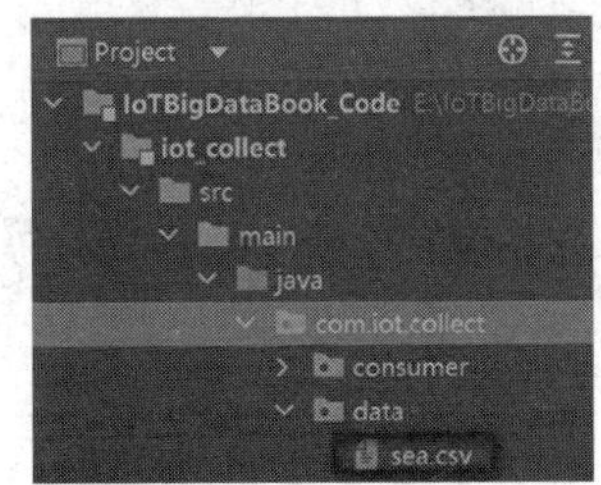

图 12-22　csv 数据文件

2. 编写 Kafka 生产者客户端程序

完成了项目数据准备工作后，开始编写 Kafka 生产者客户端程序。

第一步：创建 producer 包，在 producer 包内创建一个 Kafka 生产者类

ReadCSVProducer，如图 12-23 所示。

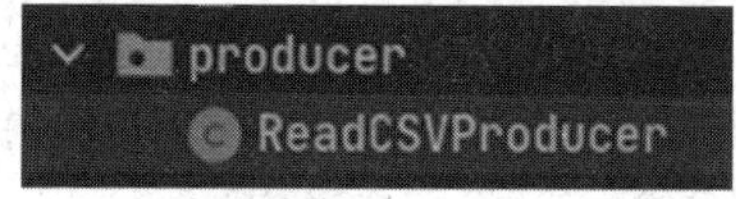

图 12-23　创建 Kafka 生产者类

在 pom.xml 中引入 Kafka 相关依赖，代码如下。

```
<dependency>
    <groupId>org.apache.kafka</groupId>
    <artifactId>kafka-clients</artifactId>
    <version>2.7.0</version>
</dependency>
```

第二步：编写生产者客户端程序。

代码示例如下。

```
package com.iot.collect.producer;
import org.apache.kafka.clients.producer.KafkaProducer;
import org.apache.kafka.clients.producer.ProducerRecord;
import java.io.BufferedReader;
import java.io.FileInputStream;
import java.io.FileNotFoundException;
import java.io.InputStreamReader;
import java.util.Properties;
public class ReadCSVProducer {
    public static void main(String[] args) throws FileNotFoundException {
        Properties props = new Properties();
        props.put("bootstrap.servers", "node01:9092,node02:9092,node03:9092");//Kafka 本
        //机地址及端口号
        props.put("acks", "all");//所有 Follower 都响应了才认为消息提交成功，即//"committed"
        props.put("key.serializer", "org.apache.kafka.common.serialization.StringSerializer");
        props.put("value.serializer",
"org.apache.kafka.common.serialization.StringSerializer");
        //Kafka 生产者
        KafkaProducer<String, String> myProducer = new KafkaProducer<>(props);
        //文件
        FileInputStream csvFile = null;
        InputStreamReader is = null;
        BufferedReader br = null;
```

```
            //改成相对路径
            csvFile = new FileInputStream("src/main/java/com/iot/collect/data/sea.csv");
            while (true){
                try {
                    is = new InputStreamReader(csvFile);
                    br = new BufferedReader(is);
                    String line = br.readLine();
                    Long position = 0L;
                    int i = 0;
                    while (line != null) {
                        position += line.length();
                        System.out.println(line);
                        myProducer.send(new ProducerRecord<String, String>("first", line));
                        line = br.readLine();
                        i++;
                    }
                } catch (Exception e) {
                    e.printStackTrace();
                }
            }
        }
}
```

3. 编写 Flink 接收 Kafka 消费者客户端程序

成功将收集的物联网大数据发送到 Kafka 之后，使用 Flink 对 Kafka 中收集的流数据进行处理，这里只对数据进行打印输出。

首先创建一个 consumer 包，然后在 consumer 包中创建 Kafka 消费者类 ReadCSVConsumer，如图 12-24 所示。

图 12-24　创建 Kafka 消费者类

然后添加 Flink 的相关依赖，代码如下。

```
<dependency>
```

```
        <groupId>org.apache.flink</groupId>
        <artifactId>flink-core</artifactId>
        <version>1.12.0</version>
    </dependency>
    <dependency>
        <groupId>org.apache.flink</groupId>
        <artifactId>flink-clients_2.12</artifactId>
        <version>1.12.0</version>
    </dependency>
    <dependency>
        <groupId>org.apache.flink</groupId>
        <artifactId>flink-streaming-java_2.12</artifactId>
        <version>1.12.0</version>
    </dependency>
    <dependency>
        <groupId>org.apache.flink</groupId>
        <artifactId>flink-connector-kafka_2.12</artifactId>
        <version>1.12.0</version>
    </dependency>
```

编写消费者客户端程序，示例代码如下。

```
package com.iot.collect.consumer;

import org.apache.flink.api.common.functions.MapFunction;
import org.apache.flink.api.common.serialization.SimpleStringSchema;
import org.apache.flink.streaming.api.datastream.DataStream;
import org.apache.flink.streaming.api.environment.StreamExecutionEnvironment;
import org.apache.flink.streaming.connectors.kafka.FlinkKafkaConsumer;

import java.util.Properties;

public class ReadCSVConsumer {

    public static void main(String[] args) throws Exception {

        StreamExecutionEnvironment env = StreamExecutionEnvironment.getExecution
Environment();
        env.setParallelism(1);
```

```
        Properties properties = new Properties();
        properties.setProperty("bootstrap.servers", "node01:9092");
        properties.setProperty("group.id", "csvtoflink");

        DataStream<String> myStream = env
                .addSource(new FlinkKafkaConsumer<>("first", new SimpleStringSchema(),
properties));

        myStream.map(new MapFunction<String, String>() {
            private static final long serialVersionUID = -6867736771747690202L;
            @Override
            public String map(String value) throws Exception {
                return "Stream Value: " + value;
            }
        }).print();

        env.execute();
    }
}
```

12.4.2 基于 Python 模拟物联网大数据的采集与接收

1. 使用 Python 编写 Kafka 发送程序

（1）准备好 Python3.8 的环境，此处使用 PyCharm，在图 12-25 所示横线处选择 Python3.8 的 python.exe 所在文件位置，之后单击“创建”按钮。

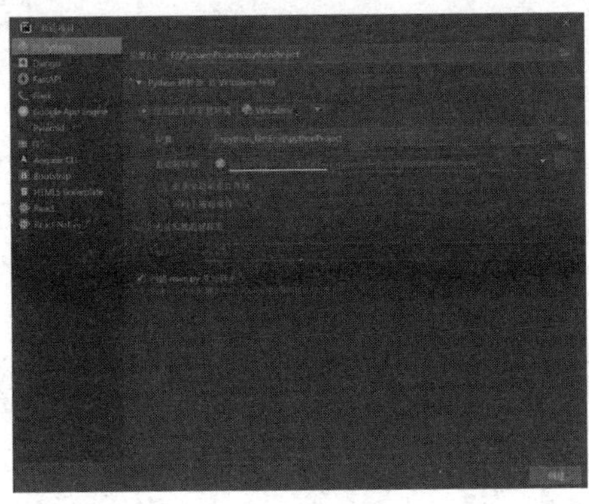

图 12-25　新建 Python 项目

（2）使用pip安装所需要的包，代码如下。

```
pip install kafka-python==2.0.2
[-i https://pypi.tuna.tsinghua.edu.cn/simple]
pip install pandas==0.25.3
[-i https://pypi.tuna.tsinghua.edu.cn/simple]
#括号内为可选项，目的为指定pypi镜像，加快下载速度，输入时请删除括号
```

（3）引入需要的包，编写发送程序的Python代码，示例如下。

```
import pandas as pd
import time
from kafka import KafkaProducer
from kafka.errors import kafka_errors
import traceback
import json

def processCsv(csvPath):
    #读取文件，并按照时间戳排序
    aisData = pd.read_csv(csvPath, )
    aisData = aisData.sort_values(by="timestamp")
    #计算与首个时间戳的插值
    aisData.loc[:, "index"] = aisData["timestamp"] - aisData.iloc[0, 1]
    return (aisData)

def scheduledSending():
    aisData = processCsv("")#此处需指定csv文件所在的位置

    #配置KafkaProducer
    producer = KafkaProducer(
        bootstrap_servers=['192.168.94.137:9092'],#指定Kafka集群所在IP及端口
        key_serializer=lambda k: json.dumps(k).encode(),
        value_serializer=lambda v: json.dumps(v).encode(),

    )
    #获取当前时间
    timeStart = time.perf_counter()

    for row in aisData.iterrows():
        timeNow = time.perf_counter()
        #计算时间间隔
```

```
        while int((timeNow - timeStart) * 1000) < int(row[1]["index"]):

            time.sleep(1)
            timeNow = time.perf_counter()

            if int((timeNow - timeStart) * 1000) >= int(row[1]["index"]):
                break
        #按照数据的时间间隔发送
        future = producer.send(
            'pythonTest',

            value=row[1][0:-1].to_json(),

        )
        try:
            future.get(timeout=10)   #监控是否发送成功
        except kafka_errors:   #发送失败抛出 kafka_errors
            traceback.format_exc()
        print(row[1][0:-1].to_json())
```

（4）调用 scheduledSending()函数执行程序。

2. 在 Python 中使用 KafkaConsumer 接收数据并存入数据库

（1）在 MySQL 中建立一个新的数据库表，字段格式按如下 SQL 语句要求，或者可以直接执行如下 SQL 语句来建立新的数据库表。

```
-- ----------------------------
-- Table structure for aisdata
-- ----------------------------
DROP TABLE IF EXISTS 'aisdata';
CREATE TABLE 'aisdata'  (
  'roadId' int NOT NULL,
  'timestamp' int NULL DEFAULT NULL,
  'longitude' float NULL DEFAULT NULL,
  'latitude' float NULL DEFAULT NULL,
  'directionAngle' float NULL DEFAULT NULL,
  'type' int NULL DEFAULT NULL
) ENGINE = InnoDB CHARACTER SET = utf8 COLLATE = utf8_general_ci ROW_FORMAT
= Dynamic;
```

（2）使用 pip 安装版本为 1.0.2 的 PyMySQL 包。

（3）打开新建的 PyChram 项目，新建一个 KafkaConsumer.py 文件，示例代码如下。

```
from kafka import KafkaConsumer
import json
import pymysql

def consumer_demo():
    #配置 Kafka 连接
    consumer = KafkaConsumer(
        'pythonTest',#指定 Kafka 的 Topic
        bootstrap_servers='x.x.x.x:9092',#此处为 Kafka 集群所在端口
                                                        #输入集群之一的 IP 及端口即可
        group_id='test',#消费组名，可以自定义
        auto_offset_reset='latest' #从最新的消息开始消费
    )
    #获得 Kafka 消息队列中的消息
    for message in consumer:
        #加载为字典类型
        AIS = str(message.value.decode())
    #因为字符串格式问题需要使用 json 加载两次
        AisDict = json.loads(json.loads(AIS))
        #使用函数插入 MySQL 中
        insertIntoMysql(AisDict)

def insertIntoMysql(AisDict):
    #配置数据库连接字符串
    db = pymysql.connect(
        host='localhost',#数据库所在 IP 地址，若不是默认端口号，需指定端口
        user='root',#管理员用户名
        password='123456',#自己设置的密码
        database='kafkatest' #数据库名
    )
    #编写 sql 语句
    sql = "INSERT INTO aisdata \
        VALUES (%s, %s,    %s,    %s,    %s,%s)" % \
          (AisDict["roadId"], AisDict["timestamp"], AisDict["longitude"],
           AisDict["latitude"], AisDict["directionAngle"], AisDict["type"])
```

```
#使用 cursor()方法创建一个游标对象 cursor
cursor = db.cursor()
#执行 sql 语句
cursor.execute(sql)
#提交结果
db.commit()
#关闭数据库连接
db.close()
```

（4）调用 consumer_demo()函数执行程序。

第 13 章

基于 Kafka Connect 进行物联网大数据采集的编程实践

第 12 章介绍了利用原生 Kafka 提供的接口模拟物联网大数据采集和接收的实现，在此实现中，只是实现了最基本的功能，并没有考虑程序的非功能性质保障。本章更进一步，介绍如何利用 Kafka Connect 模拟更可靠的物联网大数据采集和接收的实现。Kafka Connect 是一个可扩展、可靠的在 Kafka 和其他系统之间进行数据流复制的工具，基于 Kafka Connect 实现物联网大数据的采集和接收，可以在一定程度上保障程序的可扩展性、可靠性等非功能性质。本章提供了相应的实验 Java 示例代码[1]，读者可在 IDEA 中打开并按照视频的操作步骤运行，以便加深对本章内容的理解。

13.1 Kafka Connect 介绍

Kafka Connect 可以通过 Connector（连接器）简单、快速地将外部数据源的数据导入和导出 Kafka。可以利用 Kafka Connect 接收整个数据库或收集来自应用程序的消息并发送到 Kafka Topic，以便这些数据可进一步用于低延迟流处理。Kafka Connect 的导出功能可以把 Kafka Topic 的数据发送到 Secondary Storage

[1] https://github.com/BRIBOT2022/IoTBigDataBook_Code 的 iot_connector 模块。

（辅助存储，也叫二级存储）、查询系统或批处理系统做离线分析。

为了在 Kafka 和其他系统之间复制数据，编程人员需要实例化 Connector 类。Connector 类有两种形式：SourceConnector，从其他系统导入数据（如 JDBCSource Connector 将导入一个关系数据库到 Kafka）；SinkConnector，导出数据到其他系统（如 HDFSSinkConnector 将 Kafka Topic 的内容导出到 HDFS 文件）。

在 Connector 类的实现中，并不执行数据的复制，而是通过配置描述要复制（或导入/导出）的数据，并将数据的复制任务分解为一系列的任务（Task），这些任务实际上会被调度到 Kafka Connect 的各个工作节点上执行。这些任务也分为两种：SourceTask 和 SinkTask。

若指定了待复制的数据，被分配的每种任务都需要复制该数据的某个子集。Connector 复制的数据必须表示为分区的形式。12.1.1 节介绍了分区概念，每个 Topic 都可以细分为多个分区。分区是指有序的、带偏移量的记录序列。每个任务都被分配对若干分区进行复制。在某些情况下，从待复制的数据到分区的映射可以轻易做到清晰定义。例如，对一系列的日志文件进行复制，每个文件可以作为一个分区，文件中的每行是一个记录，而偏移量是指记录在文件中的位置。但在某些情况下，将待复制的数据映射到分区需要额外做一些工作。例如，JDBC 的 Connector 可以把数据库中的每张表映射为一个分区，但此时如何映射偏移量就不好确定了。一般来说，可以使用时间戳列来生成查询递增，返回新的数据，而上次查询的时间戳可作为偏移量。

13.2　Kafka Connector 的开发

本节主要介绍如何编写简单的 Kafka Connector 类，以便在 Kafka 和其他系统之间移动数据。

13.2.1　Kafka SourceConnector 实现

1. 使用 Maven 依赖管理，引入 Kafka 依赖

为了编写 Connector 类，需要在 pom.xml 文件下引入 Kafka 中 connect API 的

依赖坐标，代码如下。

```
<dependencies>
    <dependency>
        <groupId>org.apache.kafka</groupId>
        <artifactId>connect-api</artifactId>
        <version>2.7.0</version>
    </dependency>
</dependencies>
```

2. Source 端 Connector 程序开发

开发 Connector 程序只需要继承两个抽象类：Connector 类和 Task 类。编写 Source 端的 Connector 类，只需要继承 SourceConnector 类。当前，Connector 通过 SourceConnector 读取文件的每一行并将其作为记录发出，存入 Kafka 中，同时还设有偏移量，可以记录每次读取文件的位置，提高了文件传输的可靠性。

首先，创建继承自 SourceConnector 的类，并添加几个属性和全局常量，用于存储解析后的配置信息（要读取的文件名、要发送到的主题及批次大小[1]）。示例代码如下。

```
public class FileStreamSourceConnector extends SourceConnector {
    public static final String TOPIC_CONFIG = "topic";
    public static final String FILE_CONFIG = "file";
    public static final String TASK_BATCH_SIZE_CONFIG = "batch.size";
//默认批次大小，最大 2000 行
public static final int DEFAULT_TASK_BATCH_SIZE = 2000;

    private String filename;
    private String topic;
    private int batchSize;
```

SourceConnector 类是一个抽象类，继承该类后，需要重写一些方法，分别是 version()、taskClass()、start()、stop()、taskConfigs()和 config()方法。其中，version()方法可以通过 Kakfa 工具类 AppInfoParser 中的静态方法 getVersion()获取 Kakfa 的版本号。示例代码如下。

```
@Override
public String version() {
    return AppInfoParser.getVersion();
}
```

1 当多个消息发送到相同分区时，生产者会将消息打包到一起，以减少请求交互。batchSize 用于设置批次大小。

taskClass()是一个简单的填充方法，它定义了应该在工作进程中实例化的类，以实际读取数据。示例代码如下。

```
@Override
public Class<? extends Task> taskClass() {
    return FileStreamSourceTask.class;
}
```

接下来重写一些标准的生命周期方法，即 start()和 stop()。在 start()方法中，可以对一些属性进行初始化。如果没有后台监控，则在 stop()方法中不用定义任何内容。示例代码如下。

```
@Override
public void start(Map<String, String> props) {
    AbstractConfig parsedConfig = new AbstractConfig(CONFIG_DEF, props);
    filename = parsedConfig.getString(FILE_CONFIG);
    List<String> topics = parsedConfig.getList(TOPIC_CONFIG);
    if (topics.size() != 1) {
        throw new ConfigException("'topic' in FileStreamSourceConnector
                                    + configuration requires definition
                                    + of a single topic");
    }
    topic = topics.get(0);
    batchSize = parsedConfig.getInt(TASK_BATCH_SIZE_CONFIG);
}

@Override
public void stop() {
}
```

taskConfigs()方法是 Connector 实现的关键。它负责将一个 Connector 的一个或多个任务分发给不同的 SourceTask 实例。在下面这个简化的例子中，我们只处理一个文件，只需要将此文件分配给一个任务来处理。示例代码如下。

```
@Override
public List<Map<String, String>> taskConfigs(int maxTasks) {
    ArrayList<Map<String, String>> configs = new ArrayList<>();
    //生成一个任务配置列表
    Map<String, String> config = new HashMap<>();//创建一个 config 配置
    if (filename != null)
        config.put(FILE_CONFIG, filename);
    config.put(TOPIC_CONFIG, topic);
```

```
        config.put(TASK_BATCH_SIZE_CONFIG, String.valueOf(batchSize));
        configs.add(config);//将 config 配置添加到配置列表中
        return configs;
    }
```

Kafka Connect 允许在提交要执行的 Connector 之前验证 Connector 的配置，并提供关于错误和建议值的反馈。为了利用这一点，Connector 提供 config()的实现，将配置定义公开给 Kafka Connect，因此，需要定义一个全局常量 CONFIG_DEF，以便自动从指定配置文件中取出配置映射。示例代码如下。

```
    private static final ConfigDef CONFIG_DEF = new ConfigDef()
            .define(FILE_CONFIG, Type.STRING, null, Importance.HIGH,
                    "Source filename. If not specified, the standard input will be used")
            .define(TOPIC_CONFIG, Type.LIST, Importance.HIGH, "The topic to publish data to")
            .define(TASK_BATCH_SIZE_CONFIG, Type.INT, DEFAULT_TASK_BATCH_SIZE,
Importance.LOW,
                    "The maximum number of records the Source task can read from file one time");

    @Override
    public ConfigDef config() {
        return CONFIG_DEF;
    }
```

3. Source 端 Task 程序开发

编写完 Connector 类后，还需要实现相应的 Task 类，与 Connector 类类似，需要创建一个继承 SourceTask 的类，然后定义一些与配置相关的属性和全局常量。示例代码如下。

```
    public class FileStreamSourceTask extends SourceTask {
        //日志对象，可进行日志的控制台打印
        private static final Logger log = LoggerFactory.getLogger(FileStreamSourceTask.class);
        public static final String FILENAME_FIELD = "filename";
        public static final String POSITION_FIELD = "position";
        private static final Schema VALUE_SCHEMA = Schema.STRING_SCHEMA;
        //用于存储要读取的文件名
        private String filename;
        //定义输入流和 Reader
        private InputStream stream;
        private BufferedReader reader = null;
        //缓存数据流的字符数组
```

```
    private char[] buffer;
    //offset 用于记录 buffer 的偏移量
    private int offset = 0;
    //消息的 Topic
    private String topic = null;
    //每批消息的最大容量
    private int batchSize = FileStreamSourceConnector.DEFAULT_TASK_BATCH_SIZE;
    //流的偏移量
    private Long streamOffset;
```

然后在 Task 类中创建构造方法，便于 Connector 调用其来创建 Task 类的实例。构造方法中的 initialBufferSize 参数代表缓存数据流的字符数组的初始长度。可以再重载一个公共的构造方法。示例代码如下。

```
//重载的构造方法，默认创建一个长为 1024 的字符数组
public FileStreamSourceTask() {
    this(1024);
}

FileStreamSourceTask(int initialBufferSize) {
    buffer = new char[initialBufferSize];
}
```

与 Connector 类类似，继承的 SourceSink 类是一个抽象类，还需要重写几个方法，分别是 version()、start()、stop()、poll()。其中，version()方法直接调用 SourceConnector 中的 version()方法即可。示例代码如下。

```
@Override
public String version() {
    return new FileStreamSourceConnector().version();
}
```

下面定义生命周期方法，即 start()和 stop()。在 start()方法中获取一些配置的参数等信息，以便对当前对象的属性进行初始化；在 stop()方法中进行资源的释放，如输入流的关闭，同时，stop()方法是同步的。因为 SourceTask 被赋予了一个专门的线程，可以无限期地阻塞这个线程，所以需要用来自 Worker 中的另一个线程的调用来停止。示例代码如下。

```
@Override
public void start(Map<String, String> props) {
    //从配置文件中获取文件名
    filename = props.get(FileStreamSourceConnector.FILE_CONFIG);
    //若未获取文件名
```

```
        if (filename == null || filename.isEmpty()) {
            //获取一个标准输入流
            stream = System.in;
            //标准输入流的跟踪偏移量没有意义，故为空
            streamOffset = null;
            //根据 UTF-8 字符集将 stream 字节输入流转换为字符流
            reader = new BufferedReader(new InputStreamReader(stream, StandardCharsets.UTF_8));
        }
        //从配置中获取 Topic 及任务中每批能够传递数据的大小
        topic = props.get(FileStreamSourceConnector.TOPIC_CONFIG);
        batchSize = Integer.parseInt(props.get(FileStreamSourceConnector.TASK_BATCH_SIZE_
CONFIG));
    }

    @Override
    public void stop() {
        log.trace("Stopping");
        synchronized (this) {
            try {
                //如果输入流不为空，同时输入流不为标准输入流
                if (stream != null && stream != System.in) {
                    //关闭输入流
                    stream.close();
                    log.trace("Closed input stream");
                }
            } catch (IOException e) {
                log.error("Failed to close FileStreamSourceTask stream: ", e);
            }
            //唤醒阻塞的线程，使其处于就绪状态
            this.notify();
        }
    }
```

最后，重写 Task 实现功能的核心方法，即 poll()方法。poll()方法将被重复调用，对于每次调用，它将循环尝试从文件中读取记录。对于读取的每一行，它还会跟踪文件偏移量。poll()方法使用这些信息创建一个输出的 SourceRecord，其中包含四部分信息：源分区（只有一个，正在读取的文件）、源偏移量（文件中的字节偏移量）、输出主题名和输出值。示例代码如下。

```
    @Override
    public List<SourceRecord> poll() throws InterruptedException {
        //如果输入流为空，即第一次轮询，要先获取输入流及 Reader
        //如果非第一次调用，则可以直接通过 Reader 读取数据，不需要重新获取流及 Reader
        if (stream == null) {
            try {
                //根据文件路径获取一个输入流
                stream = Files.newInputStream(Paths.get(filename));

                //从上下文对象 context 中获取之前的偏移量，在任务失败时用于恢复
                Map<String, Object> offset = context.offsetStorageReader()
                                             .offset(Collections.singletonMap(FILENAME_FIELD,
filename));

                if (offset != null) {
                    Object lastRecordedOffset = offset.get(POSITION_FIELD);
                    if (lastRecordedOffset != null && !(lastRecordedOffset instanceof Long))
                        //偏移量类型出错，必须是 Long 类型
                        throw new ConnectException("Offset position is the incorrect type");
                    if (lastRecordedOffset != null) {
                        log.debug("Found previous offset,
                                  + trying to skip to file offset {}", lastRecordedOffset);
                        long skipLeft = (Long) lastRecordedOffset;
                        //跳过 offset 位置之前的内容，从 offset 后面开始读取数据
                        while (skipLeft > 0) {
                            try {
                                long skipped = stream.skip(skipLeft);
                                skipLeft -= skipped;
                            } catch (IOException e) {
                                log.error("Error while trying to seek to
                                          + previous offset in file {}: ", filename, e);
                                throw new ConnectException(e);
                            }
                        }
                        log.debug("Skipped to offset {}", lastRecordedOffset);
                    }
                    //将最后一条记录的 offset 作为流此时的偏移量
                    //如果 lastRecordedOffset 为空，则 streamOffset 为 0
                    streamOffset = (lastRecordedOffset != null) ? (Long) lastRecordedOffset : 0L;
```

```
            } else {
                //如果 offset 集合为空，则 streamOffset 为 0
                streamOffset = 0L;
            }
            //根据 UTF-8 字符集将 stream 字节输入流转换为字符流
            reader = new BufferedReader(new InputStreamReader(stream,
StandardCharsets.UTF_8));
            log.debug("Opened {} for reading", logFilename());
        } catch (NoSuchFileException e) {
            log.warn("Couldn't find file {} for FileStreamSourceTask,
                    + sleeping to wait for it to be created", logFilename());
            synchronized (this) {
                this.wait(1000);
            }
            return null;
        } catch (IOException e) {
            log.error("Error while trying to open file {}: ", filename, e);
            throw new ConnectException(e);
        }
    }

    //如果已经获取 Reader，代表此次调用不是第一次轮询，直接执行以下操作
    try {
        final BufferedReader readerCopy;
        //因为可能是多线程运行，所以需要加同步代码块，同步地获取临界资源 reader
        synchronized (this) {
            readerCopy = reader;
        }
        if (readerCopy == null)
            return null;

        //创建一个 ArrayList，后面用来保存 SourceRecord
        ArrayList<SourceRecord> records = null;

        //nread 用于存储每次读取的字符数
        int nread = 0;
        //当 readerCopy 的缓冲区不为空，或者底层字符流准备就绪时，循环读取数据
        while (readerCopy.ready()) {
        //从 buffer 数组的第[offset]个字符开始，存储“buffer.length-offset”个读取的字符
```

```
nread = readerCopy.read(buffer, offset, buffer.length-offset);
log.trace("Read {} bytes from {}", nread, logFilename());

//如果此次成功读取数据
if (nread > 0) {
    //更新 offset 的位置
    offset += nread;
    //定义一个 line 变量，以便存储每次读取的一行数据
    String line;
    //定义一个变量 foundOneLine，以便记录是否成功读取一行数据
    boolean foundOneLine = false;
    //开始按行读取数据，并将封装后的数据添加到 List 集合中
    do {
        //读取 buffer 内一行的内容
        line = extractLine();
        if (line != null) {
            //将 foundOneLine 置为 true，代表成功读取一行数据
            foundOneLine = true;
            log.trace("Read a line from {}", logFilename());
            if (records == null)
                //如果 records 为空，则实例化一个 ArrayList 对象
                records = new ArrayList<>();
          //将各种数据封装成一个 SourceRecord，添加到 List 集合 records 中
            records.add(new SourceRecord(offsetKey(filename),
                                         offsetValue(streamOffset),
                                         topic, null,
                                         null, null, VALUE_SCHEMA,
                                         line, System.currentTime
                      Millis ()));

            //当 records 大于设置的每批指定的大小时，则直接返回
            //records 集合
            if (records.size() >= batchSize) {
                return records;
            }
        }
    } while (line != null);
```

```
                    //如果没有读取任何一行数据，
//同时 buffer 偏移量刚好等于 buffer 的长度时（当前 buffer 长度不足以容纳一行）
                    if (!foundOneLine && offset == buffer.length) {
//扩充字符数组 buffer 的长度
                        char[] newbuf = new char[buffer.length * 2];
                        //将 buffer 中的数据复制到 newbuf 数组中
                        System.arraycopy(buffer, 0, newbuf, 0, buffer.length);
                        log.info("Increased buffer from {} to {}", buffer.length, newbuf.length);
                        buffer = newbuf;
                    }
                }
            }
            if (nread <= 0)
                synchronized (this) {
                this.wait(1000);
            }
            return records;
        } catch (IOException e) {
        }
        return null;
}
```

poll()方法使用了一些私有的自定义方法，分别是 extractLine()、LogFilename()、offsetKey()和 offsetValue()、。其中，extractLine()方法用于读取文件中的一行数据，与 Java 原生 API 中的 readLine()方法类似，但由于 readLine()方法是线程不安全的，因此自定义了一个按行读取数据的方法；LogFilename()方法用于获取读取文件的文件名；offsetKey()方法和 offsetValue()方法分别用于获取偏移量的 Key 和 Value 值，即读取的文件名和读取文件的具体偏移量。自定义方法的具体代码如下。

```
private String extractLine() {
    //until 代表一行末尾的偏移量索引；newStart 代表当前行的下一行开始的偏移量
    int until = -1, newStart = -1;

    for (int i = 0; i < offset; i++) {
        if (buffer[i] == '\n') { //遇到换行符
            //使用 until 存储当前行的末尾字符
            until = i;
            newStart = i + 1;
```

```
                break;
            } else if (buffer[i] == '\r') { //遇到回车符
                if (i + 1 >= offset)
                    return null;
                until = i;
                newStart = (buffer[i + 1] == '\n') ? i + 2 : i + 1;
                break;
            }
        }

        //until != -1 说明此时 until 成功记录一行数据的末尾字符的索引
        if (until != -1) {
            //读取当前行中的数据，并存储到一个字符串中
            String result = new String(buffer, 0, until);
            //在 buffer 中，将读取的字符从数组中清除，同时将 buffer 后面的字符前移
            System.arraycopy(buffer, newStart, buffer, 0, buffer.length - newStart);
            //调整 buffer 的偏移量 offset 的位置值
            offset = offset - newStart;
            if (streamOffset != null)
                //添加流偏移量的值
                streamOffset += newStart;
            return result;
        } else {
            return null;
        }
    }

    //偏移量的 Key 值，为读取的文件名
    private Map<String, String> offsetKey(String filename) {
        //返回一个单例的 Map，Key 为“filename”字符串，Value 为读取的文件名
        return Collections.singletonMap(FILENAME_FIELD, filename);
    }

    //偏移量的 Value 值，即读取内容的偏移量
    private Map<String, Long> offsetValue(Long pos) {
        //返回一个单例的 Map，Key 为“position”字符串，Value 为读取内容的偏移量
        return Collections.singletonMap(POSITION_FIELD, pos);
    }

    //获取接收源文件的文件名，如果文件名不存在，则返回“stdin”字符串代表标准输入
    private String logFilename() {
```

```
        return filename == null ? "stdin" : filename;
    }
```

13.2.2 Kafka SinkConnector 实现

1. Sink 端 Connector 程序开发

Sink 端的 Connector 程序开发与 Source 端十分类似，也需要继承 Connector 类和 Task 类。SinkConnector 实现了将每行记录写入文件。继承 SinkConnector 的类也需要重写一些方法，重写的方法与 SourceConnector 相同，即 version()、taskClass()、start()、stop()、taskConfigs()、config()。Sink 端 Connector 实现的具体代码如下。

```
public class FileStreamSinkConnector extends SinkConnector {
    public static final String FILE_CONFIG = "file";
    private static final ConfigDef CONFIG_DEF = new ConfigDef()
        .define(FILE_CONFIG, Type.STRING, null, Importance.HIGH,
                "Destination filename. If not specified, the standard output will be used");

    private String filename;

    @Override
    public String version() {
        return AppInfoParser.getVersion();
    }

    @Override
    public void start(Map<String, String> props) {
        AbstractConfig parsedConfig = new AbstractConfig(CONFIG_DEF, props);
        filename = parsedConfig.getString(FILE_CONFIG);
    }

    @Override
    public Class<? extends Task> taskClass() {
        return FileStreamSinkTask.class;
    }

    @Override
```

```
    public List<Map<String, String>> taskConfigs(int maxTasks) {
        ArrayList<Map<String, String>> configs = new ArrayList<>();
        for (int i = 0; i < maxTasks; i++) {
            Map<String, String> config = new HashMap<>();
            if (filename != null)
                config.put(FILE_CONFIG, filename);
            configs.add(config);
        }
        return configs;
    }

    @Override
    public void stop() {
        //由于没有后台监控，因此无须执行任何操作
    }

    @Override
    public ConfigDef config() {
        return CONFIG_DEF;
    }
}
```

2. Sink 端 Task 程序开发

与 Source 端一样，Sink 端也要实现相应的 Task 类，这里需要创建一个继承 SinkTask 的类。SourceTask 和 SinkTask 有非常不同的接口，SourceTask 使用拉取接口，而 SinkTask 使用推送接口。两者都共享相同的生命周期方法，但 SinkTask 使用 put()方法将数据写入文件，同时多了一个 flush()方法。flush()方法在偏移量提交过程中使用，它允许任务从失败中的一个安全点恢复，这样就不会错过任何事件。该方法将任何未完成的数据推入目标系统，然后阻塞，直到写操作得到确认为止。Task 程序实现的具体代码如下。

```
public class FileStreamSinkTask extends SinkTask {
    private static final Logger log = LoggerFactory.getLogger(FileStreamSinkTask.class);
    private String filename;
    private PrintStream outputStream;

    //构造方法
    public FileStreamSinkTask() {
```

```
    }
    public FileStreamSinkTask(PrintStream outputStream) {
        filename = null;
        this.outputStream = outputStream;
    }

    @Override
    public String version() {
        return new FileStreamSinkConnector().version();
    }

    @Override
    public void start(Map<String, String> props) {
        filename = props.get(FileStreamSinkConnector.FILE_CONFIG);
        if (filename == null) {
            outputStream = System.out;
        } else {
            try {
                outputStream = new PrintStream(
                    Files.newOutputStream(
                        Paths.get(filename),
                        StandardOpenOption.CREATE,
                        StandardOpenOption.APPEND
                    ), false, StandardCharsets.UTF_8.name()
                );
            } catch (IOException e) {
                throw new ConnectException("Couldn't find or create file '"
                                           + filename
                                           + "' for FileStreamSinkTask"
                                           , e);
            }
        }
    }

    @Override
    public void put(Collection<SinkRecord> sinkRecords) {
        for (SinkRecord record : sinkRecords) {
            log.trace("Writing line to {}: {}",
                         logFilename(),
```

```
                        record.value());
                outputStream.println(record.value());
            }
        }

        @Override
        public void flush(Map<TopicPartition, OffsetAndMetadata> offsets) {
            log.trace("Flushing output stream for {}", logFilename());
            outputStream.flush();
        }

        @Override
        public void stop() {
            if (outputStream != null && outputStream != System.out)
                outputStream.close();
        }

        private String logFilename() {
            return filename == null ? "stdout" : filename;
        }
    }
```

13.3　实验步骤

13.3.1　Kafka Connector 的打包与部署

Kafka Connect 以 Kafka 插件的形式存在，是一组 jar 文件，其中包含一个或多个 Connector 的实现。Kafka Connect 将每个插件相互隔离，以便一个插件中的库不受任何其他插件中的库的影响。

Kafka Connect 插件需要部署到文件系统上的一个目录，这个目录下需要存放插件所需的所有 jar 文件和第三方依赖项。将 13.2 节介绍的 SinkConnector 和 SourceConnector 开发完毕后，打成 jar 包，并放置到一个指定的目录。例如，将其放到/opt/module/kafka/plugins 目录中。然后，需要更改 config/connect-standalone.properties 配置文件，在里面添加一行：plugin.path=/opt/module/kafka/plugins，以便指定插件的目录。

当启动 Connect 工作程序时，每个工作程序都会发现在插件路径上的目录中找到的所有 Connector 插件。在使用 Connector 时，Connect 工作程序首先从相应的插件加载类，然后加载 Kafka Connect 运行时和 Java 库。

13.3.2 Kafka Connect 的独立模式应用

（1）修改 Kafka 文件夹中的“config/connect-standalone.properties”文件，代码如下。

```
#设置需要连接的 Kafka 节点
bootstrap.servers=localhost:9092

#Key 的转换器，读取到数据后，将数据转出 JSON 存入 Kafka
key.converter=org.apache.kafka.connect.json.JsonConverter

#Value 的转换器，将 Kafka 中存储的 JSON 数据解析，读取 Value 并输出
value.converter=org.apache.kafka.connect.json.JsonConverter

#设置索引保存文件
offset.storage.file.filename=/tmp/connect.offsets

#自动刷新 offset 的时间，单位为毫秒
offset.flush.interval.ms=10000

#设置插件所在路径，将 Connector 的 jar 包放置到此路径下
plugin.path=/opt/module/kafka/plugins
```

（2）修改 Kafka 文件夹中的“config/connect-file-source.properties”文件，代码如下。

```
#设置 Source 的名称
name=local-file-source

#设置 Connector 类名
connector.class=FileStreamSource

#设置最大任务数
tasks.max=1
```

```
#设置输入文件
file=test.txt

#设置接收 Topic
topic=connect-test
```

（3）修改 Kafka 文件夹中的“config/connect-file-sink.properties”文件，代码如下。

```
#设置 Sink 的名称
name=local-file-sink

#设置 Connector 类名
connector.class=FileStreamSink

#设置最大任务数
tasks.max=1

#设置输出文件
file=test.sink.txt

#设置接收 Topic
topics=connect-test
```

（4）启动单机的 Kafka Connect，代码如下。

```
$ bin/connect-standalone.sh config/connect-standalone.properties
config/connect-file-source. properties config/connect-file-sink.properties
```

（5）监控 text.sink.txt 文件是否接收到数据，代码如下。

```
$ tail -f test.sink.txt
```

（6）追加数据到 text.txt 文件中，同时观察 text.sink.txt 文件中的数据是否发生变化，代码如下。

```
$ echo "hello, world" >> test.txt
```

13.3.3　Kafka Connect 的分布式模式应用

当 Kafka 工作在分布式模式时，Connect 可以以集群的形式运行在不同的节点上。不同节点上的 Worker 需要具有相同的 group.id，并且这个 group.id 不能与消费者组的名字冲突。分布式模式下的 Kafka Connect 具有良好的扩展性和容错性。如果一个新的 Worker 上线，或者一个现有的 Worker 宕机，则其他 Worker 会自动分配 Worker 内运行的 Connector 与 Task，以动态平衡集群的压力。

（1）修改 Kafka 文件夹中的“config/connect-distributed.properties”文件，代码如下。

```
#设置 Active 的 Broker
bootstrap.servers=node01:9092,node02:9092,node03,9092

#设置 Kafka Connect 集群的 ID，注意不能与消费者组的 ID 冲突
group.id=connect-cluster

#Key 的转换类型，将读取的一行数据以 JSON 的形式写入 Kafka 的 Topic 中
key.converter=org.apache.kafka.connect.json.JsonConverter

#Value 的转换类型，将读取的一行数据以 JSON 的形式写入 Kafka 的 Topic 中
value.converter=org.apache.kafka.connect.json.JsonConverter

#是否需要显示 JSON 中的其他结构
key.converter.schemas.enable=true
value.converter.schemas.enable=true

#在集群模式下，消费者的 offset 是保存在 Kafka 的 Topic 中的，这里可以设置 Topic 的
名字
#这个 Topic 会自动创建，也可以自己手动创建
offset.storage.topic=connect-offsets

#保存 offset 的 Topic 的副本因子
offset.storage.replication.factor=3

#设置存储配置的 Topic
config.storage.topic=connect-configs
config.storage.replication.factor=3

#设置存储状态的 Topic
status.storage.topic=connect-status
status.storage.replication.factor=3

#offset 刷写间隔
offset.flush.interval.ms=10000
```

```
#设置插件所在路径，将 Connector 的 jar 包放置到此路径下即可
plugin.path=/opt/module/kafka/plugins
```

（2）手动创建 Connector 保存的数据的 Topic，代码如下。

```
$ kafka-topics.sh --bootstrap-server node01:9092,node02:9092,node03:9092 --create --partitions 3 --replication-factor 3 --topic connect-distributed-test
```

（3）启动分布式 Kafka Connect，代码如下。

```
$ bin/connect-distributed.sh config/connect-distributed.properties
```

（4）通过 REST API 添加 Source Connector，代码如下。

```
$ curl -X POST -H 'Content-Type: application/json' -i 'http://node01:8083/connectors' \
--data \
'{
    "name": "test-file-source",
    "config": {
        "connector.class":  "FileStreamSource",
        "task.max": 3,
        "file": "/export/servers/kafka/sea.csv", //数据源文件
        "topic": "connect-distributed-test"
    }
}'
```

（5）启动 Kafka 消费者客户端，监控 Kafka 是否接收到数据，代码如下。

```
$ bin/kafka-console-consumer.sh --bootstrap-server
node01:9092,node02:9092,node02:9092 --from-beginning --topic connect-distributed-test
```

（6）手动向数据源文件（该文件在本书提供的代码中，代码地址见第 252 页脚注，文件名为 sea.csv，即 13.3.4 节中两条船舶的原始轨迹文件合并后的结果文件）追加数据，同时观察 Kafka 消费者客户端中是否出现数据，代码如下。

```
$ echo “1521630162.0,910000000,120.8094,38.61802” >> sea.csv
```

（7）通过 REST API 添加 Sink Connector，代码如下。

```
$ curl -X POST -H 'Content-Type: application/json' -i 'http://node01:8083/connectors' \
--data \
'{
    "name": "test-file-sink",
    "config": {
        "connector.class":  "FileStreamSink",
        "task.max": 3,
        "file": "/export/servers/kafka/sea.sink.csv",
        "topics": "connect-distributed-test"
```

```
        }
    }'
```

（8）监控 sea.sink.csv 文件是否接收到数据，代码如下。

```
$ tail -f sea.sink.csv
```

（9）向 sea.csv 文件追加数据，同时观察 sea.sink.csv 文件中的数据是否发生变化，代码如下。

```
$ echo "1521638934.0,920000000,121.113,38.42632" >> sea.csv
```

13.3.4 使用 Kafka Connect 接收数据并存入文件

前面通过从单个文件中读取数据来模拟来自单条船位置数据的采集，而真实应用场景往往需要接收多条船的数据。因此，下面使用两个 csv 文件来模拟接收两条船数据的情况。

在实际应用场景中，每条数据会随时间的流逝，在不同的时间点发送过来。所以下面按照文件中每两条相邻数据之间的时间戳间隔发送数据，然后通过 Kafka Connect 将数据传输至 Kafka。

首先，我们要知道，如果 Kafka Connect 监控的源文件一开始不是一个空文件，如文件中有 100 条数据，Kafka Connect 会批量地读取文件中的数据，一次性将 100 条数据全部读入 Kafka。但现实中的数据是根据时间一条一条收集进来的，如果直接读取文件中的全部数据，很明显不符合真实应用场景。

Kafka Connect 在传输数据的过程中会记录文件的偏移量，当 Kafka Connect 所监控的文件追加新的数据时，它会立即将新数据读入 Kafka，同时令偏移量指向当前文件中新数据的最后一位，然后等待下一条新数据的到来。

因此，我们可以创建一个空文件，将这个空文件作为 Kafka Connect 监控的源文件，然后根据时间戳间隔，不断地向这个文件追加数据。每追加一条数据，Kafka Connect 就会迅速将数据读入 Kafka，读取文件的时间很短，与时间戳间隔的时间相比可以忽略不计，如此就可以实现现实过程中接收数据的场景。

其次，现实过程中可能有多条船的情况，这里用两个 csv 文件来模拟两条船发送数据的情况，即我们需要实现按照时间戳间隔来发送两条船的数据。因此，还需要编写一个程序，实现根据两个 csv 文件中所有数据的时间戳顺序，按照时间戳间隔发送数据。

其中，我们首先要做的就是读取这两个 csv 文件中的数据。这两个 csv 文件都存放在同一个文件夹下，所以可以写一个函数将文件夹的路径传入，读取指定文件夹下的所有非空的文件，代码如下。

```
getMergeFileReaders(String dirPath):
//获取指定文件夹路径下的所有文件对象
File[] files=File(dirPath).listFiles()
for i in files:
if(!isEmpty(file[i])):
readers.add(Reader(files[i]));
return readers;
```

由于要实现每两条数据之间按时间戳间隔发送，为了提高代码的可读性，可以编写一个延迟输出的函数，即先延迟一段时间，然后将数据写入文件。在该函数中，将要输出的数据和延迟的时间作为参数传入，代码如下。

```
delayOut(String data, long interval):
//睡眠一段时间，这段时间就是时间戳间隔
sleep(interval);
write(data);
//写入数据后，立刻将这条数据写入文件
flush();
```

再次，需要编写一个函数，实现两个文件所有数据按照时间戳顺序，根据时间戳间隔延迟输出，此函数实现思路如下。

先分别从两个文件中读取一行数据，比较二者时间戳的大小，将时间戳小的那一行数据先输出，再定义一个变量记录输出数据的时间戳，然后读取输出数据所在文件的下一行数据，将其与从另一个文件读取的数据中的时间戳进行比对，找到时间戳小的那一行数据。将这行数据的时间戳与上一条输出数据的时间戳做减法，求出时间间隔，然后睡眠。再将时间戳小的这一行数据输出，同时保存其时间戳。下一轮再读取输出数据所在文件的下一行数据，将其时间戳与此时从另一个文件读取的数据的时间戳做比对，以此类推，直到将其中一个文件中的所有行数据都输出。最后按照时间戳间隔，将另一个没有完全输出数据的文件依次输出剩余行数据，直到所有数据全部写入文件。

最后，整个程序就是先读取目标文件夹下的所有文件（这里是两个 csv 文件），然后读取文件中的数据，按照时间戳对文件进行排序，同时根据时间戳发送数据到指定的文件，最后关闭文件。整个程序的代码如下。

```
main():
    //获取目标文件夹下所有文件的 Reader
    brs=getMergeFileReaders(dirPath);
    //获取输出流
```

```
bw=Writer(outPath);
//根据时间戳排序合并，并根据时间戳间隔输出
timestampMergeSortOut(brs, bw);
//关闭所有文件的输入流和输出流
close(brs, bw);
```

编写程序后，需要将编写好的程序上传至 Linux 环境中，然后根据编写当前程序的编程语言，使用对应的方式执行此程序，比如用 Java 编写程序，需要先将程序打成 jar 包，然后通过相关命令运行。

在运行程序之前，注意要先将两个 csv 文件上传至 Linux 环境中的某个文件夹。在运行程序时指定此文件夹路径为输入路径，输出文件可以根据自己的喜好命名，比如可以将输出文件命名为 sea.csv。可以通过 Linux 中的 touch 命令（如 touch sea.csv）将输出文件提前创建出来。

还要注意的是，在运行发送程序前，需要保证 Kafka 集群正常运行，同时需要将 Kafka Connect 先运行起来，再运行发送程序。

发送程序启动后，两个 csv 文件中的数据就会按照时间戳间隔依次发送到目标文件 sea.csv 中，再由 Kafka Connect 将每次发送的数据传输到 Kafka 中，然后 Kafka 经由 Kafka Connect 将数据保存到一个文件中。

我们还可以利用 13.2 节提到的记录每次读取文件位置的偏移量和 flush()方法实现在程序意外中止时的可靠数据传输，保障消息既不会丢失也不会重复。读者还需要注意，我们上述做法假设数据所带的时间戳是正确且顺序正常的。然而，在真实应用场景中，来自传感数据源的原始数据一般都会存在数据错误、数据重复、顺序异常等情况。如何应对这些问题，就留待读者去进一步深入思考了。

第 14 章

基于 Flink 进行物联网大数据实时处理的编程实践

第 12 章和第 13 章介绍了利用原生 Kafka 提供的接口模拟物联网大数据采集与接收的实现，以及利用 Kafka Connect 来实现更加可靠的物联网大数据采集和接收。本章介绍如何利用分布式流数据处理框架和引擎 Apache Flink 对采集与接收的数据进行一些简单的实时处理。本章提供了相应的实验 Java 示例代码[1]，读者可在 IDEA 中打开并按照视频的操作步骤运行，以便加深对本章内容的理解。

14.1 相关准备知识

14.1.1 流数据处理的基本术语

1. 无穷数据或流数据

无穷数据（Unbounded Data）：一种持续生成的、本质上无穷尽的数据集。它经常会被称为“流数据”。流数据处理是指针对无穷数据的实时处理，一般简称“流处理”“流计算”。

[1] https://github.com/BRIBOT2022/IoTBigDataBook_Code 的 iot_process 模块。

无穷数据处理（Unbounded Data Processing）：针对无穷数据的处理，又称流数据处理。

流计算引擎或流式计算引擎：一种被设计用来处理无穷数据的数据处理系统引擎。

2. 正确性

最多一次（At-most-once）：保证数据最多处理一次。这意味着如果数据在被应用程序完全处理之前丢失，则不会进行其他重试或者重新发送。

至少一次（At-least-once）：保证数据至少被处理一次。这通常意味着如果事件在应用程序完全处理之前丢失，则将从源头重放或重新传输事件。然而，由于事件是可以被重新传输的，因此一个事件有时会被处理多次。

精确一次（Exactly-once）：强一致性必须是"只处理一次"（Exactly-once Processing），不丢失也不会重复处理。

3. 时间

流数据处理的一个重要方面是应用程序衡量时间，即区分事件时间（Event Time）和处理时间（Processing Time）。所谓事件时间，是指事件发生时刻的时间；处理时间是指系统观察到事件发生的时间，或者事件被引擎处理的时间。由于网络传输延迟、处理本身产生的延迟、分布式处理内在的延迟等，事件时间和处理时间是不同的，而且其之间的时间差是不确定的。例如，乘坐飞机的旅客在飞机落地后把手机从飞行模式调整到正常模式，然后才得知某些事件的发生并处理。在这个例子中，事件真正发生的时间（事件时间）和观察到事件发生的时间（处理时间）显然是不同的。

时间是 Flink 应用中的一个重要的组成部分。Flink 提供了如下丰富的时间语义支持。

- **事件时间模式**：使用事件时间语义的流处理应用根据事件自带的时间戳进行结果的计算。因此，无论处理的是历史记录的事件还是实时的事件，事件时间模式的处理总能保证结果的准确性和一致性。
- **水位线（Watermark）支持**：Flink 引入了水位线的概念，用以衡量事件时间的进展。水位线也是一种平衡处理延时和完整性的灵活机制。
- **迟到数据处理**：当以带水位线的事件时间模式处理数据流时，在计算完成后仍会有相关数据到达，这样的事件称为迟到事件。Flink 提供了多种处理迟到数据的选项，如将这些数据重定向到旁路输出（Side Output）

或者更新之前完成计算的结果。

- **处理时间模式：**除了事件时间模式，Flink 还支持处理时间模式。处理时间模式根据处理引擎的机器时钟触发计算，一般适用于有严格低延迟需求，并且能够容忍近似结果的流处理应用。

4. 流数据的特征

流数据具有如下特点。①数据是无穷的。②事件时间的高度无序性。流数据来源多样，其事件时间是高度无序的，这意味着如果需要按事件时间来做分析，就需要在某种程度上对事件做时间排序。③时间偏移的变化性。这里的时间偏移是指事件时间和处理时间之间的偏移。由于时间偏移是变化的，在一个固定时间的增量里不能假定可以看到大部分发生在对应时间增量范围内的全部事件。

对于无穷数据，流计算引擎一般都会提供一些把输入数据按时间分片的机制。分布式系统内在的延迟，或者很多数据源的在线/离线特性，造成某些数据可能会被错误地分到按处理时间分片的数据片里，其后果就是准确性很难保障。这是流计算引擎要解决的主要问题之一。

对于无穷数据，失序和偏移的变化带来一个问题，即数据处理的完整性很难保障。由于无法预测事件时间和处理时间之间的偏移，就难以确定是否获得了分片时间内的所有数据。这是流计算引擎要解决的一个重要问题。

5. 状态

任何运行基本业务逻辑的流处理应用都需要在一定时间内存储所接收的事件或中间结果，以供后续某个时间点（如收到下一个事件或者经过一段特定时间）进行访问并处理（见图 14-1）。其中，在一定时间内存储所接收的事件或中间结果就是状态（State）。只有在每个单独的事件上进行转换操作的应用才不需要状态。换言之，每个具有一定复杂度的流处理应用都是有状态的。

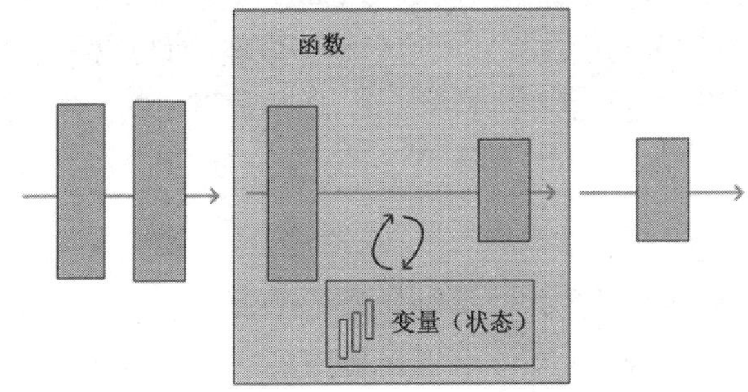

图 14-1　流处理中的“状态”概念示意

应用状态是流数据处理工具 Flink 中一个相当重要的部分，Flink 提供了许多状态管理相关的特性支持。在 Flink 中，状态会被持久化到 Checkpoint（检查点，后面均使用英文）上，以防止数据的丢失并确保发生故障时能够完全恢复。状态后端（State Backend）负责管理应用程序状态，以决定状态通过什么方式在哪里持久化。Flink 支持多种状态后端。

14.1.2 流数据处理工具 Flink 概述

1. Flink 基本概述

Flink 是一个分布式处理的引擎和框架，用于对无边界和有边界的数据流进行计算。Flink 可以在几乎所有常见的集群环境中运行，可以进行内存计算，具有良好的可扩展性。

1）处理无穷数据和有穷数据

很多类型的数据都可以看作一种事件流。例如，信用卡交易、传感器测量、服务器日志、网站或移动应用程序上的用户交互记录，都可以形成一种数据流。数据可以被作为无穷数据流或者有穷数据流来处理。

Flink 既可以进行无穷数据流处理，也可以进行有穷数据流处理。Flink 可以进行精确的时间控制和有状态的计算。有穷数据流则由一些专为固定大小数据集特殊设计的算法和数据结构进行内部处理。

2）应用逻辑与并行/故障处理等底层细节分离

Flink 中的算子是指将一个或多个数据流作为输入，生成一个或多个数据流的转换。Flink 提供了类似 Spark 等大数据框架中的 map()、flatMap()、keyBy()等函数来实现转换。通常一个到多个函数会组成一个算子。基于 Flink 算子，程序员可以定义数据流的逻辑视图来完成流数据的处理，而与应用逻辑无关的分布式环境中并行化计算和故障处理等底层细节，比如故障恢复、数据打包和解包、横向扩展等问题可以交由 Flink 框架本身去处理。

3）部署应用到多种常见的集群环境

Flink 是一个分布式系统，它需要分布式的计算资源来执行应用程序。Flink 集成了所有常见的集群资源管理器，如 Hadoop YARN、Apache Mesos 和 Kubernetes。

部署 Flink 应用程序时，Flink 会根据应用程序的配置自动标识所需的资源，并从资源管理器请求这些资源。在发生故障的情况下，Flink 通过请求新资源来替换发生故障的节点。提交或控制应用程序的所有通信都是通过 RESTful 服务调用进行的，这可以简化 Flink 与各种环境的集成。

4）可靠运行大规模应用

Flink 应用程序可以被并行化成数千个任务，这些任务分布在集群中并发执行。Flink 可以维护应用程序的状态，其异步和增量的 Checkpoint 算法对处理延迟产生较小的影响，同时，Flink 可以保证流数据处理的精确一次的可靠性，即数据记录的处理不冗余、不丢失。

5）有效利用内存性能

Flink 任务的状态始终保留在内存中，如果状态大小超过可用内存，则会保存在能高效访问的磁盘数据结构中。任务通过访问本地状态（通常在内存中）来进行所有的计算，从而产生非常低的处理延迟。Flink 通过定期和异步地对本地状态进行持久化存储来保证故障精确一次的可靠性。

2. Flink 的体系架构

1）Flink 集群剖析

Flink 运行时由两种类型的进程组成：一个 JobManager 和一个或者多个 TaskManager。Flink 集群架构如图 14-2 所示[1]。

接下来具体介绍 JobManager 和 TaskManager。

（1）JobManager。JobManager 负责协调 Flink 集群中的资源：它决定何时调度下一个 Task（或一组 Task）、对完成的 Task 或执行失败做出反应、协调 Checkpoint，并且协调从失败中恢复，等等。这个进程由以下三个组件组成。

- **ResourceManager**：它负责 Flink 集群中资源的提供、回收、分配，还负责管理任务槽（Task Slot，后面均使用英文）。Task Slot 是 Flink 集群中资源调度的单位。Flink 为不同的环境（如基于 YARN 进行集群资源管理的环境、基于 Kubernetes 进行集群资源管理的环境和 Standalone 部署环境）实现了对应的不同的 ResourceManager。
- **Dispatcher**：它提供了一个 REST 接口，用来提交 Flink 应用程序（Flink 应用程序是指可以从其 main 方法产生的一个或多个 Flink 作业的任何

[1] https://nightlies.apache.org/flink/flink-docs-release-1.17/zh/docs/concepts/flink-architecture/。

用户程序）执行，并负责为每个提交的作业启动一个新的 JobMaster。它还运行 Flink WebUI 来提供作业执行信息。

- **JobMaster**：它负责管理单个作业的执行。Flink 集群中可以同时运行多个作业，每个作业都有自己的 JobMaster。

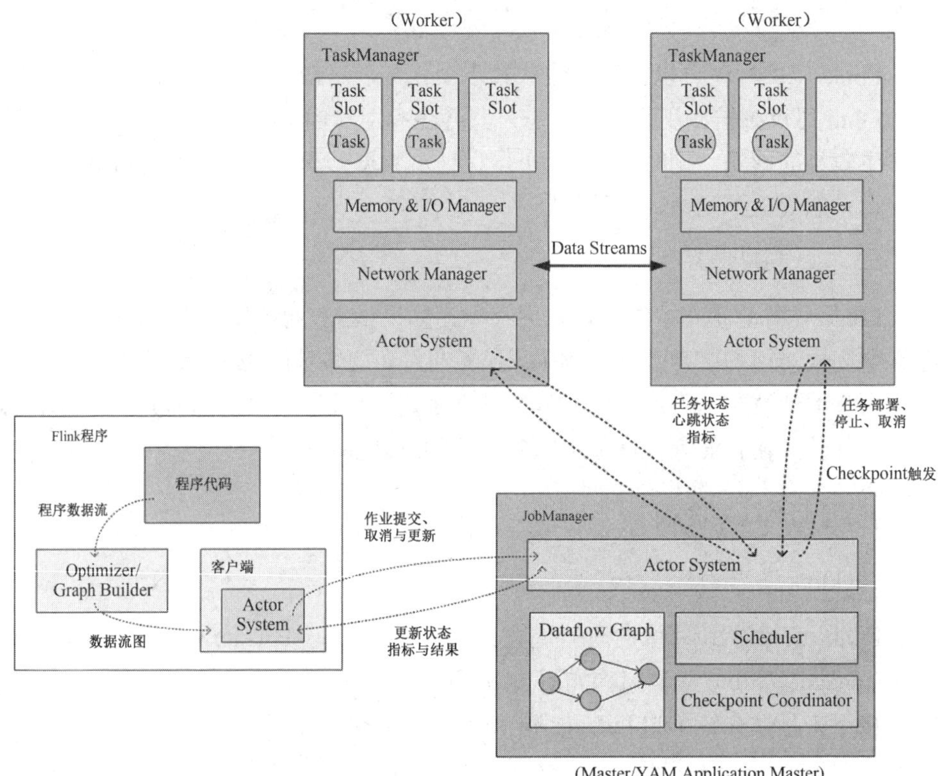

图 14-2　Flink 集群架构

（2）TaskManager。TaskManager（也称为 Worker）负责 Task 的具体执行，以及 Task 执行过程中数据流的缓存和交换。集群中必须始终至少有一个 TaskManager。TaskManager 中 Task Slot 的数量表示并发处理 Task 的数量。

2）Task 和算子链

在 Flink 中，任务是分布式并行执行的。“并行度”（Parallelism）是指一个特定算子的子任务（Subtask，后面均使用英文）的个数。一个程序中，不同的算子可能具有不同的并行度。

Flink 将算子的 Subtask 链接成 Task。例如，图 14-3 中的 source()和 map()链

接为一个 Task。每个 Task 由一个线程执行。将算子链接成 Task 可以减少线程间切换、缓冲的开销，并且减少延迟，同时增加整体的吞吐量。

图 14-3 给出了一个 Task 执行流程样例，该样例上方是一个数据流的一般紧凑视图，下方是该数据流的并行视图。从并行视图可以看出，source()等算子的并行度为 2，而 sink()算子的并行度为 1。因此，source()和 map()算子链对应的 Task 分为两个子任务，由两个线程并行执行，keyBy()、window()和 apply()算子链也由两个线程执行，该数据流共用五个并行线程来完成。

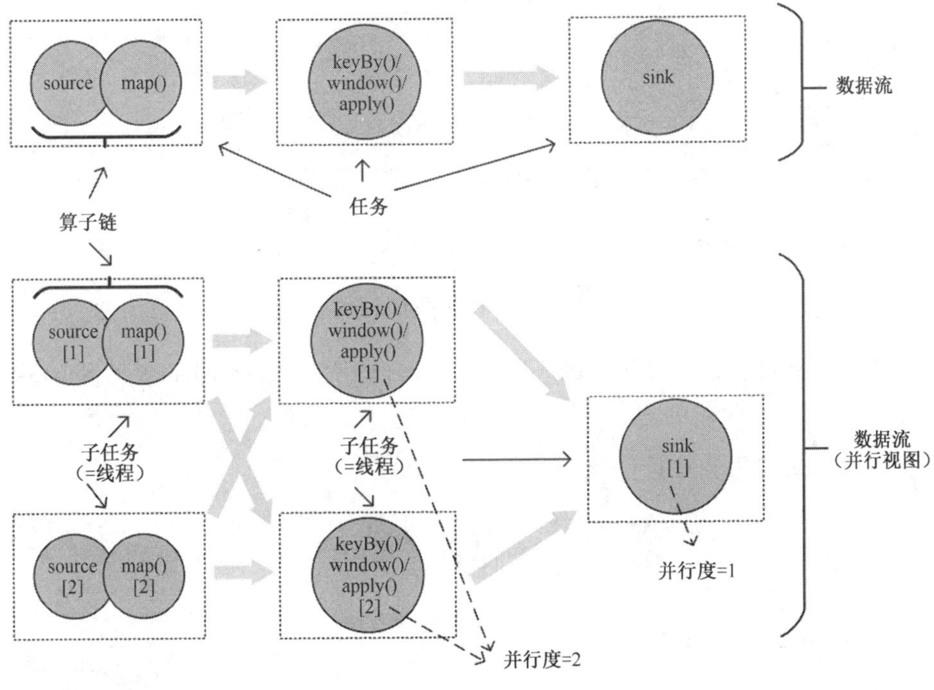

图 14-3　一个 Task 执行流程样例

3）Task Slot 和资源

事实上，每个 TaskManager 都是一个 JVM 进程，可以在单独的线程中执行一个或多个 Subtask。为了控制一个 TaskManager 中接受的 Task 的个数，就有了所谓的 Task Slot，Task Slot 至少存在一个。

每个 Task Slot 代表 TaskManager 中资源的固定子集。例如，具有三个插槽（Slot，后面均使用英文）的 TaskManager，会将其托管内存的 1/3 分别用于每个 Slot。通过 Slot 分配资源，意味着 Subtask 不会与其他作业的 Subtask 竞争托管内存，而是具有一定数量的保留的托管内存。注意，Slot 之间没有 CPU 隔离，当前 Slot 仅分离 Task 的托管内存。

通过调整 Task Slot 的数量，用户可以定义 Subtask 如何互相隔离。如果每个 TaskManager 具有一个 Slot，意味着每个 Task 组独享一个 JVM。具有多个 Slot 意味着更多 Subtask 共享一个 JVM。同一个 JVM 中的 Task 可以共享 TCP 连接（通过多路复用）和心跳信息。它们还可以共享数据集和数据结构，从而减少了每个 Task 的开销（见图 14-4）。

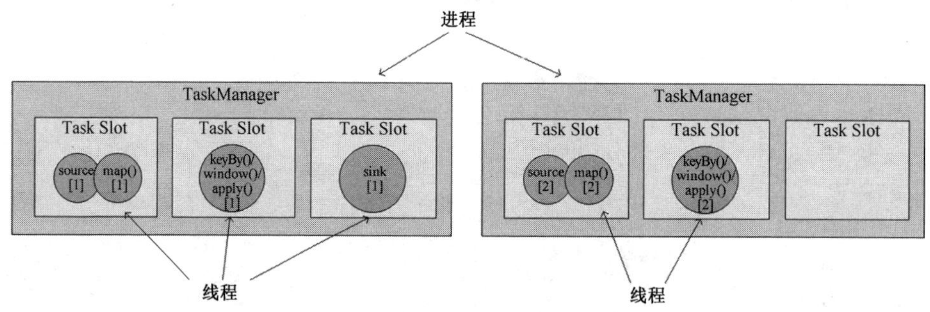

图 14-4　Task Slot 示意

默认情况下，Flink 允许 Subtask 共享 Slot，即便它们是不同 Task 的 Subtask，只要来自同一作业即可。

4）Flink 应用程序执行

Flink 应用程序提交后，产生一个或多个 Flink 作业。这些作业的执行可以在本地 JVM 中进行，或者在具有多台机器的集群中进行。

3. Flink 部署模式

1）本地模式

Flink 的本地模式很简单，只需将 Flink 的安装包下载安装到 Linux 环境中，然后直接启动集群即可。Flink 本地模式部署的步骤如下。

（1）下载 Flink 安装包（见图 14-5）。

Flink 下载地址：https://archive.apache.org/dist/flink/flink-1.13.0/。

（2）将 flink-1.13.0-bin-scala_2.12.tgz 上传至 Linux 环境中的/export/softwares 目录下（见图 14-6），命令如下。

```
$ cd /export/softwares
```

Index of /dist/flink/flink-1.13.0

Name	Last modified	Size	Description
Parent Directory		-	
python/　(直接单击下载即可)	2021-04-29 13:43	-	
flink-1.13.0-bin-scala_2.11.tgz	2021-04-23 17:22	300M	
flink-1.13.0-bin-scala_2.11.tgz.asc	2021-04-23 17:22	833	
flink-1.13.0-bin-scala_2.11.tgz.sha512	2021-04-23 17:22	162	
flink-1.13.0-bin-scala_2.12.tgz	2021-04-23 17:22	291M	
flink-1.13.0-bin-scala_2.12.tgz.asc	2021-04-23 17:22	833	
flink-1.13.0-bin-scala_2.12.tgz.sha512	2021-04-23 17:22	162	
flink-1.13.0-src.tgz	2021-04-23 17:22	29M	
flink-1.13.0-src.tgz.asc	2021-04-23 17:22	833	
flink-1.13.0-src.tgz.sha512	2021-04-23 17:22	151	

图 14-5　下载 Flink 安装包

```
[root@node01 softwares]# ll
total 297960
-rw-r--r-- 1 root root 305107189 Aug 18 18:34 flink-1.13.0-bin-scala_2.12.tgz
```

图 14-6　Flink 安装包上传

（3）解压 Flink 安装包到/export/servers，命令如下。

```
$ tar -zxvf flink-1.13.0-bin-scala_2.12.tgz -C /export/servers
$ cd /export/servers
```

（4）进入 Flink 目录，直接启动 Flink，并通过 jps 命令查看 Flink 进程（见图 14-7），命令如下。

```
$ cd /export/servers/flink-1.13.0
$ bin/start-cluster.sh
$ jps
```

```
[root@node01 flink-1.13.0]# jps
3540 StandaloneSessionClusterEntrypoint
3798 TaskManagerRunner
3852 Jps
```

图 14-7　Flink 进程

（5）打开浏览器，在地址栏输入 node01:8081，进入 Flink 的 Web UI 界面（见图 14-8）。

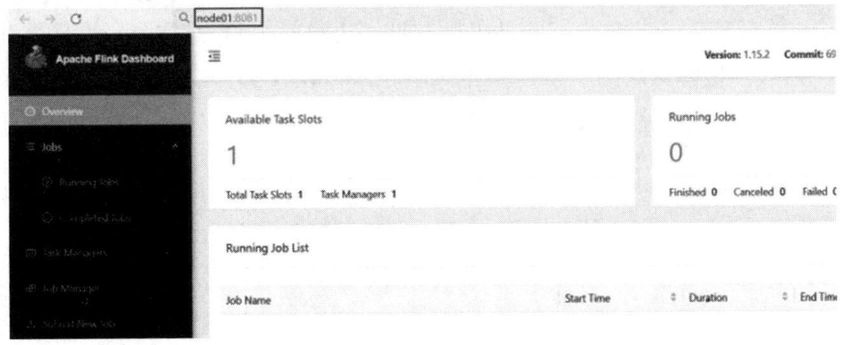

图 14-8　Flink 的 Web UI 界面

（6）通过 netcat 测试安装包中自带的词频统计案例，先开启 9999 端口（命令如下），并输入几个字符作为 netcat 测试数据（见图 14-9）。

```
$ nc -l 9999
```

```
[root@node01 flink-1.13.0]# nc -l 9999
a a b b c c c a e
```

图 14-9　netcat 测试数据

（7）提交作业（注意：hostname 参数默认为 localhost），命令如下。

```
$ bin/flink run examples/streaming/SocketWindowWordCount.jar --port 9999
```

（8）通过 Web UI 的控制台查看作业运行结果（见图 14-10）。

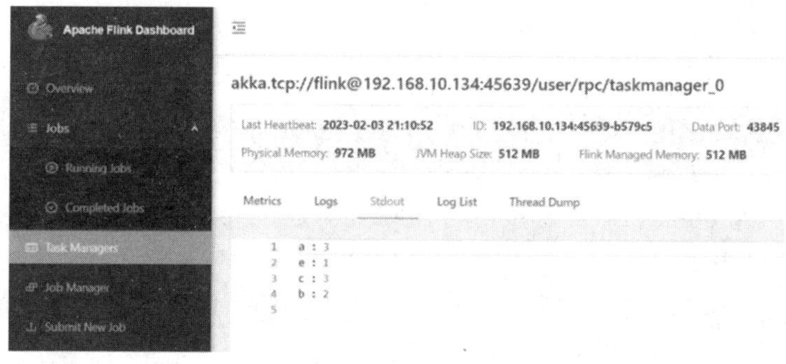

图 14-10　作业运行结果

（9）关闭 Flink，命令如下。

```
$ bin/stop-cluster.sh
```

2）Standalone 集群模式

独立模式是独立运行的，不依赖任何外部的资源管理平台。因此，我们想要部署 Standalone 集群，只需将本节前面解压后的 Flink 目录复制到集群中的所有机器中，然后修改一些与集群相关的配置即可（如当前 Flink 安装包在 node01 中解压，则只需将解压后的目录复制至 node02 和 node03）。

Standalone 集群模式部署的具体步骤见 14.3.1 节。

3）Flink on YARN

还可以将 Flink 部署到 YARN 集群上，由 YARN 进行资源调度。YARN 上的部署过程是：客户端把 Flink 应用提交给 YARN 的 ResourceManager，ResourceManager 会向 YARN 的节点管理器申请容器；在这些容器上，Flink 会部署 JobManager 和 TaskManager 的实例，从而启动集群；Flink 会根据运行在

JobManager 上的作业所需要的 Slot 数量动态分配 TaskManager 资源。

如果想要将 Flink 部署到 YARN 集群上，则首先要在集群中部署好 Hadoop，然后部署 Flink 的 Standalone 集群。除此之外，还需要添加一些环境变量，添加内容的代码如下。

```
#HADOOP_HOME
export HADOOP_HOME=/export/servers/hadoop
export PATH=$PATH:$HADOOP_HOME/bin
export PATH=$PATH:$HADOOP_HOME/sbin
# HADOOP_CONF_DIR
export HADOOP_CONF_DIR=${HADOOP_HOME}/etc/hadoop
# HADOOP_CLASSPATH
export HADOOP_CLASSPATH='hadoop classpath'
```

启动 Flink 集群之前，先将 Hadoop 中的 HDFS 集群和 YARN 集群启动，然后就可以通过命令“bin/yarn-session.sh -nm test -d”开启一个 YARN 会话，启动之后会得到一个 Flink Web UI 地址（见图 14-11），通过这个地址就可以打开 YARN 模式下的 Web UI 页面。

```
JobManager Web Interface: http://node02:44994
2022-12-27 05:30:46,176 INFO  org.apache.flink.yarn.cli.FlinkYarnSessionCli                 [] - The Flink YARN session
 cluster has been started in detached mode. In order to stop Flink gracefully, use the following command:
$ echo "stop" | ./bin/yarn-session.sh -id application_1672147783196_0001
If this should not be possible, then you can also kill Flink via YARN's web interface or via:
$ yarn application -kill application_1672147783196_0001
Note that killing Flink might not clean up all job artifacts and temporary files.
```

图 14-11　Flink Web UI 地址

4. Flink 流处理 API 概述

本章后面的实验涉及 Flink 流处理的 API 使用，这里对 Flink 流处理 API 相关基础知识进行介绍。

一个 Flink 程序其实就是对 DataStream 的各种转换。具体来说，代码基本上由以下几部分构成。

- 获取执行环境（Execution Environment）。
- 读取数据源（Source）。
- 定义基于数据的转换操作（Transformations）。
- 定义计算结果的输出位置（Sink）。
- 触发程序执行（Execute）。

1）获取执行环境并设置并行度

Flink 程序可以在本地 JVM 中执行程序，也可以提交到远程集群上运行。针对不同的环境，代码提交运行的过程会有所不同。这就要求在提交作业执行计算时，首先必须获取当前 Flink 的运行环境，从而建立与 Flink 框架之间的联系。只有获取了环境上下文的信息，才能将具体的任务调度至不同的 TaskManager 中执行。

所有 Flink 程序都是延迟计算的：当程序的 main 方法执行时，数据的加载及转换操作都不会立即执行。相反地，所有操作的创建及执行都首先添加到程序的执行计划中，并在执行环境中调用 execute()方法触发执行后才真正执行。

程序是在本地执行还是在集群中执行取决于执行环境的类型。getExecutionEnvironment()是最常用的一种创建执行环境的方式。它会根据查询运行的方式来决定返回什么样的环境。如果是在本地执行，则会使用本地执行环境；如果是从命令行客户端调用程序以提交到集群，则此方法返回此集群执行环境。此外，createLocalEnvironment()返回本地执行环境，需要在调用时指定默认的并行度；createRemoteEnvironment()返回集群执行环境，在调用时需要指定 JobManager 的 IP 和端口号，并指定要在集群中运行的 jar 包。

使用 getExecutionEnvironment()创建执行环境的示例代码如下。

```
StreamExecutionEnvironment env=StreamExecutionEnvironment.getExecutionEnvironment();
```

在 Flink 程序中，会遇到一些场景去调整并行度。比如，程序的数据源 Kafka 的某个 Topic 数据量比较大，设置了 10 个分区，但 Flink Source 端的算子并行度为 1，只有一个 Subtask 同时消费 10 个分区，明显很慢。此时需要适当调大并行度。再如，某个算子执行了比较复杂的操作，导致该算子执行特别慢，那么可以考虑给该算子增加并行度。

在 Flink 程序中，设置并行度的方式有多种。可以通过 env 变量进行设置，这样设置的并行度是程序中每个算子的并行度，也可以为每个算子单独设置并行度，还可以在 Flink 配置文件，即安装根目录下 conf 中的 flink-conf.yml 中配置，默认并行度为 1。并行度设置的优先级是“算子设置的并行度＞env 设置的并行度＞配置文件默认的并行度”（符号“＞”表示其前项的优先级高于后项的优先级）。

2）触发执行

获取执行环境后就可以构建程序的处理流程：基于环境读取数据源，进而进行各种转换操作，最后输出结果到外部系统。但是，完成以上操作不代表程序已经结束，当 main 方法被调用时，其实只是定义了作业的每个执行操作，然后添加到待执行的“数据流图”中，这时并没有真正处理数据，因为数据可能还没来。Flink 是由事件驱动的，只有等到数据到来，才会触发真正的计算，这也被称为“延迟执行”或“惰性执行”（Lazy Execution，有时也称为“懒执行”）。

因此，我们需要显式地调用执行环境的 execute()方法来触发程序执行。execute()方法将一直等待作业完成，然后返回一个执行结果。注意：在通过环境调用 execute()方法时，还需要抛出 Exception 异常，示例代码如下。

```
public class FlinkTest {
    public static void main(String[] args) throws Exception {
        //获取执行环境
        StreamExecutionEnvironment env=StreamExecutionEnvironment.getExecutionEnvironment();

        //基于环境读取数据源，进而进行各种转换操作，最后输出结果到外部系统

        //执行程序
        env.execute()
    }
}
```

3）从 Kafka 中读取数据到 Flink

Flink 可以从各种来源获取数据，然后构建 DataStream 进行转换处理。一般将数据的输入来源称为数据源，而读取数据的算子就是源算子（Source Operator）。所以，Source 就是整个处理程序的输入端。Flink 代码中通用的添加 Source 的方式是调用执行环境的 addSource()方法。

addSource()方法传入一个对象参数，需要实现一个 SourceFunction 接口。Flink 官方提供了连接工具 flink-connector-kafka，直接实现了一个消费者 FlinkKafkaConsumer，它就是用来读取 Kafka 数据的 SourceFunction。想要以 Kafka 作为数据源获取数据，只需引入 KafkaConnector 的依赖，代码如下。

```
<dependency>
    <groupId>org.apache.flink</groupId>
    <artifactId>flink-connector-kafka_2.12</artifactId>
<version>1.13.0</version>
</dependency>
```

然后，调用 addSource()方法传入 FlinkKafkaConsumer 的对象实例，代码如下。

```
//从 Kafka 中读取数据，其中 properties 中存储了 Kafka 的相关配置参数
DataStreamSource<String> kafkaStream = env.addSource(
new FlinkKafkaConsumer<String>("first", new SimpleStringSchema(), properties)
);
```

4）map 算子

map 算子是最常见的操作算子之一，主要用于将数据流中的数据进行简单映

射，形成新的数据流。简单来说，其就是一个“一对一映射”，消费一个元素就产出一个元素。

只需要基于 DataStream 对象调用 map()方法就可以进行转换处理，需要传入的参数是一个 MapFunction 接口的实现，返回值类型是 DataStream 对象。MapFunction 接口中还需要实现一个 map()方法，这个 map()方法的参数代表传入的数据，返回值代表转换后的数据。可以通过匿名实现类的方式将参数传入，示例代码如下。

```
dataStream.map(new MapFunction<String, String>() {
    @Override
public String map(String value) throws Exception {
//如：转换前：“hello, world”
//     转换后：“Stream Value: hello, world”
        return "Stream Value: " + value;
    }
});
```

5）flatMap 算子

flatMap 算子又称为扁平映射，主要是将数据流中的整体（一般是集合类型）拆分成单个个体使用。其消费一个元素，可以返回 0 到多个元素。flatMap 算子可以认为是“扁平化”和“映射”两步操作的结合，也就是先按照某种规则对数据进行打散拆分，再对拆分后的元素做转换处理。

flatMap 算子需要传入一个 FlatMapFunction 接口的实现类对象，返回值类型取决于所传参数的具体逻辑，可以与原数据流相同，也可以不同。flatMap 算子会应用在每个输入事件上。

FlatMapFunction 接口需要实现一个 flatMap()方法，用户可以重写这个方法，在这个方法中对输入数据进行处理，并决定是返回 0 个还是多个结果数据。因此，flatMap()方法并没有直接定义返回值类型，而是通过一个 Collector 来指定输出，Collector 的泛型用于指定输出数据的类型。输出结果时，只要调用收集器的 collect()方法即可，这个方法可以多次调用，也可以不调用。示例代码如下。

```
dataStream.flatMap(new FlatMapFunction<String, String>() {
    @Override
    public void flatMap(String data, Collector<String> collector) throws Exception {
        //输入数据示例："1521638934,92,121.113,38.42632"，可能输入多行
        //先将每行数据按照逗号切分
        String[] split = data.split(",");
```

```
            //然后将切分后的每个数据进行转换，再将转换后的数据分别输出
            for (int i = 0; i < split.length; i++) {
                collector.collect("element" + (i+1) + ": " + split[i]);
            }
        }
}).print();
```

flatMap 算子转换结果如图 14-12 所示。

```
element1: 1521630162
element2: 91
element3: 120.8094
element4: 38.61802
element1: 1521638934
element2: 92
element3: 121.113
element4: 38.42632
```

图 14-12　flatMap 算子转换结果

6）富函数类（Rich Functions）

在前面使用 map 算子或 flatMap 算子时，需要传入 MapFunction 或 FlatMapFunction 接口的实现类对象作为参数，这时就需要自定义不同的 Function 类。而所有需要用户自定义的 Function 的转换操作都可以使用其富函数类的版本代替 Function 类来作为参数。例如，可以将以下代码：

```
class MyMapFunction implements MapFunction<String, Integer> {
    public Integer map(String value) {
        return Integer.parseInt(value);
    }
}
```

替换成：

```
class MyMapFunction extends RichMapFunction<String, Integer> {
    public Integer map(String value) {
        return Integer.parseInt(value);
    }
}
```

富函数类之所以称为“富函数类”，是因为它比常规的 Functions 类提供了更多、更丰富的功能。与常规 Functions 类的不同主要在于，富函数类可以获取运行环境的上下文，并拥有一些生命周期方法，所以可以实现更复杂的功能。所有 Flink 的 Functions 类都有其富函数版本。

富函数类中提供了四个方法：open()、close()、getRuntimeContext() 和

setRuntimeContext()。这些方法对于参数化 Function、创建和最终确定本地状态、访问广播变量、访问运行时信息及访问迭代器的相关信息有很大作用。

- open()：富函数类的初始化方法，会开启一个算子的生命周期。在一个算子的实际工作方法如 map()方法或 filter()方法被调用之前，open()方法会首先被调用。
- close()：生命周期中最后一个被调用的方法，类似于解构方法，一般用来做一些清理工作。
- getRuntimeContext()：获取运行环境的上下文对象，从中可以获取运行时上下文的一些信息，如程序执行的并行度、任务名称，以及状态。
- setRuntimeContext(RuntimeContext t)：设置运行环境的上下文对象，需要传入一个 RuntimeContext 对象。

7）keyBy 算子

keyBy 算子的主要作用是把相同的数据汇总到相同的分区中。它通过指定 Key，可以将一条流从逻辑上划分成不同的分区。这里所说的分区，其实就是并行处理的子任务，对应着 Task Slot。数据本来分布在不同的 Slot 中，keyBy 算子会把相同的数据拉到相同的 Slot 中。

keyBy 算子会将具有相同 Key 的数据放置在相同的分区中。keyBy 算子根据元素的形状对数据进行分组，相同形状的元素被分到了一起，可被后续算子统一处理。

keyBy 算子根据指定的 Key 将输入的 DataStream 转换为 KeyedStream。KeyedStream 用来表示根据指定的 Key 进行分组的数据流，它是一种特殊的 DataStream。事实上，KeyedStream 继承了 DataStream，DataStream 的各元素随机分布在各个 Task Slot 中，而 KeyedStream 的各个元素是按照 Key 进行分组的，然后分配到各个 Task Slot 中。在 KeyedStream 上进行任何转换操作以后，该 KeyedStream 都将转变回 DataStream。keyBy 算子的示例代码如下。

```
    KeyedStream<String, String> keyedStream = dataStream.keyBy(new KeySelector<String, String>() {
        @Override
        public String getKey(String value) throws Exception {
            //示例行数据："1521638934,92,121.113,38.42632"
            //将行数据中切分出的第二个元素作为 Key 进行分区
            return value.split(",")[1];
        }
    });
```

8）水位线生成策略

在 Flink 中，用来衡量事件时间进展的标记，称为“水位线”（见图 14-13）。具体实现上，水位线可以看作一条特殊的数据记录，它是插入数据流中的一个标记点，主要内容就是一个时间戳，用来指示当前的事件时间。它插入数据流中的位置是在某个数据到来之后，这样就可以从这个数据中提取时间戳，作为当前水位线的时间戳。

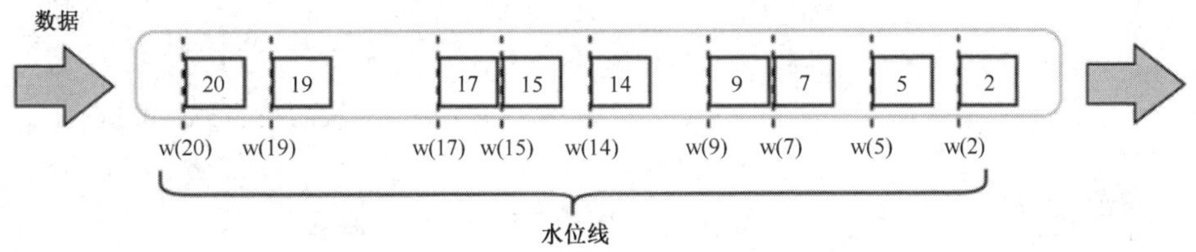

图 14-13　水位线示意

在 Flink 的 DataStream API 中有一个单独用于生成水位线的方法：assignTimestampsAndWatermarks()。它主要用来为数据流中的数据分配时间戳，并生成水位线来指示事件时间。具体使用时，直接使用 DataStream 对象调用，同时需要传入一个 WatermarkStrategy 对象，用于水位线生成策略。

Flink 允许用户通过实现 WatermarkGenerator 接口自定义时间戳分配方式和水位线生成方式。为了简化编程，Flink 预设了一些内置的时间戳分配器。这些内置的时间戳分配器可使用 WatermarkStrategy 的静态辅助方法来创建 WatermarkStrategy 对象，以便周期性地生成水位线。关于自定义水位线策略及内置时间戳分配器的具体细节，读者可以参阅 Flink 文档。这里只着重介绍本章实验用到的内置单调递增时间戳分配器。

单调递增时间戳分配器应用于处理有序流的情况，即给定的数据源中数据的时间戳以升序出现的情况。在这种情况下，当前时间戳就可以充当水位线，因为后续到达数据的时间戳不会比当前的小。当数据源并行时，则只要求并行数据源中的每个单分区数据源任务时间戳递增。例如，设置每个并行数据源实例都只读取一个 Kafka 分区，则时间戳只需在每个 Kafka 分区内递增即可。Flink 自身的水位线合并机制会确保生成正确的水位线。

可以通过调用 WatermarkStrategy 的静态方法 forMonotonousTimestamps()来使用单调递增时间戳分配器。此方法还需要设置一个泛型，代表传入数据的类型。

forMonotonousTimestamps()方法会返回一个 WatermarkStrategy 对象，通

过这个返回的对象，可以调用 withTimestampAssigner()方法提取数据中的时间戳。该方法需要传入一个 SerializableTimestampAssigner 接口的实现类对象，这个接口需要实现一个 extractTimestamp()方法，在这个方法中定义提取时间戳的逻辑。

水位线生成策略的示例代码如下。

```
dataStream.assignTimestampsAndWatermarks(
            WatermarkStrategy.<Event>forMonotonousTimestamps()
                    .withTimestampAssigner(new SerializableTimestampAssigner<AISEvent>() {
                        @Override
                        public long extractTimestamp(Event element, long recordTimestamp)
{
                            return element.timestamp;
                        }
                    })
);
```

9）窗口操作

Flink 是一种流计算引擎，主要处理无穷数据。一般的处理方法是将无穷数据切割成有限的“数据块”进行处理，这就是所谓的“窗口”（Window）。

我们可以按照时间段去截取数据，从而划分窗口，这种窗口叫作“时间窗口”（Time Window）。时间窗口以时间点来定义窗口的开始和结束，所以截取的就是某一时间段的数据，用结束时间减去开始时间，得到这段时间的长度，就是窗口的大小。到达结束时间时，窗口将不再收集数据，触发计算输出结果，并将窗口关闭销毁。

会话窗口是一种基于“会话”（Session）来对数据进行分组的时间窗口（见图 14-14）。它需要设置一个“超时时间”，即两个会话窗口之间的最小距离。如果相邻两个数据到来的时间间隔（Gap）小于指定的大小（Size），说明还在保持会话，那么它们就属于同一个窗口；如果 Gap 大于 Size，那么新来的数据就应该属于新的会话窗口，这时会开一个新的会话窗口，将新来的数据收集到新窗口中，而前一个窗口则会关闭。

会话窗口的长度不固定，开始时间和结束时间也是不确定的，各个分区之间的窗口没有任何关联。如图 14-14 所示，会话窗口之间一定是不重叠的，而且会留有至少为 Size 的间隔（会话间隔，Session Gap）。

在开窗之前，一般先对数据流进行 keyBy 操作。经过 keyBy 操作后，数据流会被按照 Key 分为多条逻辑流，返回一个 KeyedStream 对象。基于 KeyedStream

进行窗口操作时，窗口计算会在多个并行子任务上同时执行。相同 Key 的数据会被发送到同一个并行子任务，而窗口操作会基于每个 Key 进行单独处理。

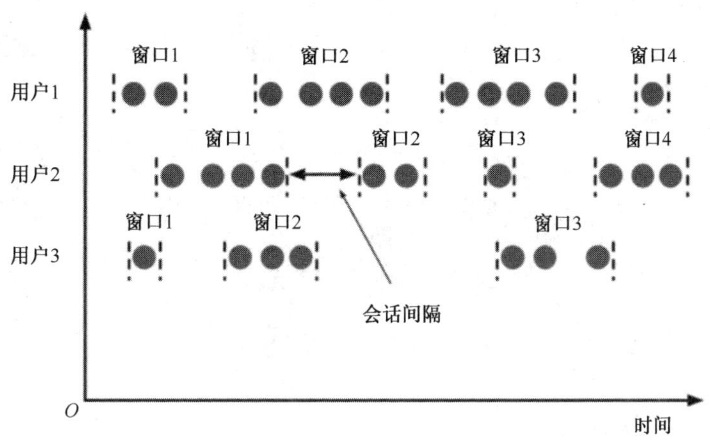

图 14-14　会话窗口示意

keyBy 操作后，需要调用 KeyedStream 对象的 window()方法来设置窗口的策略，此方法中需要传入一个 WindowAssigner 对象。设置会话窗口的示例代码如下。

```
dataStream.keyBy(new KeySelector<Event, String>() {
    @Override
    public String getKey(Event value) throws Exception {
        return value.id;
    }
}).window(EventTimeSessionWindows.withGap(Time.minutes(2)));
```

以上代码设置了一个超时时间为 2min 的会话窗口，通过调用 EventTimeSessionWindows 的静态方法 withGap()来设置超时时间，超时时间则通过 Time 类中不同的静态方法来设置不同单位的时间。

在开窗之后，还需要对每个窗口中的数据进行处理，通过 window()方法开窗后会返回一个 WindowedStream 对象，可以通过它调用 process()方法来对窗口中的数据进行处理。该方法需要传入一个 ProcessWindowFunction 参数。ProcessWindowFunction 是一个抽象类，因此需要实现它的子类，其中必须要实现抽象方法 process()，可以在这个方法中定义具体的窗口处理逻辑。

ProcessWindowFunction 中的 process()方法有四个参数：第一个参数代表按键分区的 Key；第二个参数代表一个 Context 对象，可以从中获取窗口信息，以及当前的时间和状态信息；第三个参数代表一个 Iterable 对象，它是封装了当前窗口中所有数据的集合；第四个参数代表一个 Collector 对象，用于输出数据。自定义 ProcessWindowFunction 子类的示例代码如下。

```
    public class MyProcessWindowFunction extends ProcessWindowFunction<Event, String,
String, TimeWindow> {
        @Override
        public void process(String s,
                    ProcessWindowFunction<Event,String,String,TimeWindow>.Context context,
                    Iterable<Event> elements,
                    Collector<String> out) throws Exception {
            //窗口处理逻辑
        }
    }
```

10）状态的使用

Flink 处理机制的核心就是“有状态的流式计算”。无论是简单聚合、窗口聚合，还是处理函数的应用，都涉及“状态”的概念。

在实际应用中，一般都需要将数据按照某个 Key 进行分区，然后进行计算处理。所以，最为常见的状态类型就是 Keyed State。Keyed State 是任务按照 Key 来访问和维护的状态。

在进行 keyBy 操作后，具有相同 Key 的所有数据都会被分配到同一个并行子任务中。所以，如果当前任务定义了状态，Flink 就会在当前并行子任务实例中为每个 Key 维护一个状态的实例。于是当前任务就会为分配来的所有数据，按照 Key 维护和处理对应的状态。

Keyed State 提供了以下不同类型状态的访问接口。

- ValueState<T>：保存一个可以更新和检索的值。
- ListState<T>：保存一个元素的列表。
- ReducingState<T>：保存一个单值，表示添加到状态的所有值的聚合。
- AggregatingState<IN, OUT>：保留一个单值，表示添加到状态的所有值的聚合，与 ReducingState 不同的是，其聚合类型可能与添加到状态的元素的类型不同。
- MapState<UK, UV>：维护了一个映射列表。

这些状态都作用于当前输入数据的 Key 下，也就是说，这些状态仅可在 KeyedStream 上使用。下面将着重介绍 ValueState 接口。

ValueState 本身是一个接口，它保存一个可以更新和检索的值，可以通过

update(T value)方法更新状态中的值，通过 value()方法获取状态中保存的值。需要注意的是，每个值都对应当前输入数据的 Key，因此算子接收的每个 Key 都可能对应一个值。ValueState 中还有一个泛型 T，表示代码状态中保存的值的类型。

所有类型的状态还有一个 clear()方法，可以清除当前 Key 下的状态数据，也就是当前输入元素的 Key。我们还需要知道的是，这些状态对象仅用于与状态交互。状态本身不一定存储在内存中，还可能在磁盘或其他位置。另外，我们需要知道，从状态中获取的值取决于输入元素所代表的 Key。因此，在不同 Key 上调用同一个接口，可能得到不同的值。

为了获取一个状态的名称，需要创建一个 StateDescriptor。它保存了状态名称及状态所持有的值的类型，并且可能包含用户指定的函数。根据不同的状态类型，可以创建不同的 StateDescriptor。状态需要通过 RuntimeContext 访问，因此只能在富函数类中使用，一般会在富函数类的 open()方法中初始化状态。状态的示例代码如下。

```
public class CountSum extends RichFlatMapFunction<Long, Long> {
    //定义状态属性
    private transient ValueState<Long> sumState;

    @Override
    public void open(Configuration config) {
        //定义状态描述器
        ValueStateDescriptor<Long> sumDescriptor = new ValueStateDescriptor<>(
                        "sum-state", //状态的名称
                        Long.class, //状态类型的信息
                        0L //状态的初始值
        );
        //从运行时上下文中获取状态
        sumState = getRuntimeContext().getState(sumDescriptor);
    }

    //计算从开始到当前位置的数字的总和
    @Override
    public void flatMap(Long value, Collector<Long> out) throws Exception {
        //获取状态中的值
        Long currentSum = sumState.value();
        //更新数值
        currentSum += value;
        //更新状态中的值
```

```
            sumState.update(currentSum);
            //输出当前的平均值
            out.collect(currentSum);
        }
    }
```

14.1.3 复合事件流处理工具 Flink CEP 概述

1. Flink CEP 的基本概念

复合事件处理（Complex Event Processing，CEP）处理的是共同出现的不同事件，以便根据事件采取行动。共同出现的事件可以跨不同事件类型，或者跨很长一段时间。

CEP 用于分析低延迟、频繁产生的不同来源的事件流。CEP 可以帮助在复杂的、不相关的事件流中找出有意义的模式和复杂的关系，以接近实时或准实时地得到通知或触发一些行为。CEP 支持在流上进行模式匹配，根据模式，条件分为连续的条件和不连续的条件；模式的条件允许有时间限制，当条件范围内没有满足条件时，会导致模式匹配超时。

当前多种 CEP 解决方案，如 Spark、Samza、Beam 等，大多没有提供专门的库支持，Flink 则提供了专门的 CEP 库。

通过 Flink CEP 进行复合事件处理，首先需要基于模式 API 指定数据流中待检测的模式，然后调用进行模式检测的 API 进行模式检测。

简单来说，Flink CEP 的主要处理流程分为三步，对应到 Pattern API 中就是：

（1）定义或指定一个模式（Pattern）；

（2）将 Pattern 应用到 DataStream 上，检测满足规则的复合事件，得到一个 PatternStream；

（3）对 PatternStream 进行转换处理，将检测到的复合事件提取出来，包装成事件信息输出。

下面对 Flink CEP 中的模式指定、模式检测进行简要介绍。

2. 模式指定

Flink CEP 提供了丰富的模式 API，以便定义用户想从输入流中抽取的复合事件模式。在 Flink CEP 中，把简单的模式称作“模式”，把在数据流中最终寻找的复合事件模式称作“模式序列”。每个复杂的模式序列包括多个简单的模式。模式序列也可以看作简单模式构成的图。这些模式基于用户指定的条件从一个转换到另一个，比如 event.getName().equals("end")，输入事件通过一系列有效的模式转换，能够访问复杂模式图中的所有模式。

每个模式都有唯一的名字，后续用这个唯一的名字来指代匹配的事件。

简单的“模式”有“单例模式”和“循环模式”两种。单例模式只接受一个事件，循环模式可以接受多个事件。默认情况下，模式都是单例的，可以通过使用量词把它们转换成循环模式。

每个单例模式都以一个“连接词”开始定义，比如 begin、next 等，这是 Pattern 对象的一个方法（begin 是 Pattern 类的静态方法），返回的还是一个 Pattern。这些“连接词”方法有一个 String 类型的参数，这就是当前个体模式唯一的名字。在之后检测到匹配事件时，就会以这个名字来指代匹配事件。如下所示的例子中，start、middle、end 就是模式的名字。

```
Pattern<T, F> pattern = Pattern.<T>begin("start")
    .next("middle").subtype(F.class)
    .followedBy("end").where(new MyCondition());
```

每个模式可以有一个或者多个条件来决定它接受哪些事件。条件用来指定具体的匹配规则。例如，指定事件的 Value 字段应该大于 5，或者大于前面接受的事件的平均值。指定判断事件属性的条件可以通过 pattern.where()、pattern.or()或者 pattern.until()方法来实现。

下面先介绍如何使用“条件”指定单例模式，再介绍如何使用“量词”指定循环模式，最后介绍使用组合模式指定模式序列。

1）使用“条件”指定单例模式

条件分两种：一种是“简单条件”（SimpleCondition）；另一种是“迭代条件”（IterativeCondition）。

简单条件表示是否接受一个事件只取决于事件自身的属性。例如：下面的条件指定接受的事件名称开头是“foo”，其中 start 是该模式的名称，代码如下。

```
start.where(SimpleCondition.of(value -> value.getName().startsWith("foo")));
```

在简单条件中，可以通过 pattern.subtype(subClass)方法限制接受的事件类型是初始事件的子类型，代码如下。

```
start.subtype(SubEvent.class)
    .where(SimpleCondition.of(value -> ... /*一些判断条件*/));
```

可以把 subtype 条件和其他任何多个条件结合起来使用。每个单一条件的结果逻辑 AND 可以通过依次调用 where()来组合条件。逻辑 OR 可以通过 or 方法来组合条件，代码示例如下。

```
pattern
    .where(SimpleCondition.of(value -> ... /*一些判断条件*/))
    .or(SimpleCondition.of(value -> ... /*一些判断条件*/));
```

迭代条件可以指定一个基于前面已经被接受的事件的属性或它们的一个子集的统计数据来决定是否接受时间序列的条件。具体的条件判断逻辑规则通过传入 IterativeCondition 内的.filter()方法来定义。

2）使用“量词”指定循环模式

在 Flink CEP 中，可以通过如下方法指定循环模式。

- pattern.oneOrMore()：指定期望一个给定事件出现一次或多次的模式。
- pattern.times(#ofTimes)：指定期望一个给定事件出现特定次数的模式，如出现四次 a。
- pattern.times(#fromTimes, #toTimes)：指定期望一个给定事件出现次数在一个最小值和最大值中间的模式，比如出现 2～4 次 a。

使用 pattern.greedy()方法让循环模式变成贪心的。例如，start.oneOrMore().greedy()表示期望事件出现一次到多次，并且期望事件尽可能地重复多次。使用 pattern.optional()方法可以让所有的模式变成可选的，不管是否为循环模式。循环模式 oneOrMore()和 oneOrMore().optional()可以指定停止条件。例如，接受事件的值从大于 5，直到值的和小于 50。

3）使用组合模式指定模式序列

模式序列由一个初始模式作为开头，代码如下。

```
Pattern<Event, ?> start = Pattern.<Event>begin("start");
```

接下来，增加更多的模式到模式序列中，并指定它们之间所需的连续条件。Flink CEP 支持事件之间如下形式的连续策略。

- 严格连续：期望所有匹配的事件严格地一个接一个出现，中间没有任何不匹配的事件。Flink CEP 用 next()方法来指定严格连续。如果不想后面直接连着一个特定事件，则使用 notNext()方法指定。
- 松散连续：忽略匹配事件之间的不匹配事件。用 followedBy()方法指定。反之，如果不期望一个特定事件发生在两个事件之间的任何地方，则使用 notFollowedBy()方法指定。注意，如果模式序列没有定义时间约束，则不能以 notFollowedBy()结尾。

- 不确定的松散连续：更进一步的松散连续。松散连续意味着在跟着的事件中，只有第一个可匹配的事件会被匹配上，而在不确定的松散连续情况下，有着同样起始的多个匹配会被输出，用 followedByAny()方法指定。例如，模式“a b”，给定事件序列“a”“c”“b1”“b2”，在松散连续条件下，输出{a b1}，其匹配过程跳过不匹配的“c”事件直到匹配上“b”；而在不确定松散连续条件下，则输出{a b1}和{a b2}。

可以为模式定义一个有效时间约束，也称为时间窗口。它表示第一个元素和最后一个元素之间的时间间隔不能超过窗口时间。例如，可以通过 pattern.within()方法指定一个模式应该在 10s 内发生。这种时间模式支持处理时间和事件时间：next.within(Time.seconds(10))。

对于一个给定的模式，同一个事件可能会分配到多个成功的匹配上。为了控制一个事件被分配到多少个匹配上，可以指定跳过策略 AfterMatchSkipStrategy。具体的介绍参见 Flink CEP 文档[1]，此处不再赘述。

3. 模式检测

为了进行模式检测，需要创建一个 PatternStream。给定一个输入流 input、一个模式 pattern 和一个可选的用来对使用事件时间时有同样时间戳或同时到达的事件进行排序的比较器 comparator，可以通过调用如下方法来创建 PatternStream，代码如下。

```
DataStream<Event> input = ...;
Pattern<Event, ?> pattern = ...;
EventComparator<Event> comparator = ...; // 可选的


PatternStream<Event> patternStream = CEP.pattern(input, pattern, comparator);
```

在获得一个 PatternStream 之后，可以应用各种转换来发现事件序列。Flink 1.8 之后推荐使用新引入的 PatternProcessFunction。在 Flink 1.8 之前，使用 select/flatSelect 格式的 API。PatternProcessFunction 有一个 processMatch 方法，在每找到一个匹配的事件序列时都会被调用。它按照 Map<String, List<IN>>的格式接收一个匹配，映射的 Key 是模式序列中每个模式的名称，Value 是被接受的事件列表（IN 是输入事件的类型）。

在 CEP 中，事件的处理顺序很重要。在使用事件时间时，如何保证事件按照正确的顺序被处理、如何处理迟到事件是特别需要注意的。

---

1 https://nightlies.apache.org/flink/flink-docs-release-1.17/zh/docs/libs/cep/。

在使用事件时间时，为了保证事件按照正确的顺序被处理，一个事件到来后会先被放到一个缓冲区中，在缓冲区中事件都按照时间戳从小到大排序，当到达水位线后，缓冲区中所有小于水位线的事件都被处理。这意味着水位线之间的数据都按照时间戳被顺序处理。

为了保证跨水位线的事件按照事件时间处理，Flink CEP 库假定水位线一定是正确的，并且把时间戳小于最新水位线的事件看作迟到的。迟到的事件不会被处理。

14.2 物联网大数据处理实验设计

14.2.1 实验目的

现有预先准备好的真实的关于 LNG 船舶以 csv 文件格式存储的物联网大数据 source.csv（前面两条船舶行驶轨迹的原始数据文件合并后的文件，见 12.2 节）。文件中有 24000 多条数据，文件大小在 1.15MB 左右，文件中的数据按照时间戳升序排序。船舶物联网数据集的数据格式如表 12-1 所示。

首先将 source.csv 中的数据发送到 Kafka 集群，集群环境如 12.3 节中所述；然后将 Kafka 作为数据源，使 Flink 不断地读取 Kafka 中的数据，Flink 会以字符串的形式接收每条数据。

由于在 source.csv 中存在一些重复的数据，因此，还需要对 Flink 接收的数据进行去重操作，将其中重复的数据删去。

实验要求在程序中定义一个实体类 AISEvent，它的对象代表了船舶在某一时间点发生的事件，即一个船舶在某一时刻处于某个位置，我们将其定义为一个事件。AISEvent 类中的变量和重要方法如表 14-1 所示。

表 14-1　AISEvent 类中的变量和重要方法

变量	重要方法
long previousTS; **long** timestamp; **String** mmsi; **double** latitude;	**double** computeDistance(AISEvent other); **double** computeSpeed(AISEvent previous); **double** computeBearing(AISEvent previous);

续表

变量	重要方法
double longitude; **Velocity** velocity; **boolean** isNoisy; **boolean** isPause; **boolean** isTurn; **boolean** isSpeedChange; **boolean** isGapStart; **boolean** isGapEnd	**double** computeDistance(AISEvent other); **double** computeSpeed(AISEvent previous); **double** computeBearing(AISEvent previous)

实验要求编写 Flink 程序，将 Kafka 中的数据读入、去重后，把每条数据的字符串封装成 AISEvent 类的对象。AISEvent 类中的 timestamp、mmsi、latitude、longitude 四个属性，分别对应输入数据中的时间戳、船号、纬度、经度四个字段。previousTS 表示当前事件上一个时刻的时间戳。velocity 代表当前时刻船的速度矢量，这里使用一个自定义类 Velocity 来存储，Velocity 类里有两个成员变量 speed 和 angle，分别代表船舶当前的速率和角度。其余的 6 个属性都是布尔类型的属性，用于判断船舶当前的状态，即当前船舶所在事件的类型。

船舶在海上航行时，可能会出于某些原因，在一段时间内（例如，在过去 10min 内）没有发出消息，这时就会出现通信间隙（Gap）。在这段时间内，船舶的路径是未知的。船舶失去联系时所在的事件被称为 gapStart，代表通信间隙的开始，船舶恢复联系时所在的事件被称为 gapEnd，代表通信间隙的结束。AISEvent 类中的 isGapStart 和 isGapEnd 属性用于判断当前事件是否为 gapStart 或 gapEnd。

在海上用于衡量船舶速率的单位是 knot，意为海里/时。1 海里等于 1.852 千米，因此 1knot 等于 1.852km/h。AISEvent 类中的 isPause 属性用于判断当前的事件是否为暂停事件，如果当前船舶的速率小于 1knot，则将当前事件判断为暂停事件；isSpeedChange 属性用于判断当前事件是否为变速事件，如果当前事件的速率与上一个事件速率的差值大于 0.25knot，则此船舶被认为速度变化，我们将当前事件判断为变速事件。

AISEvent 类中的 isTurn 属性用来判断当前事件是否为转向事件。如果船舶的连续位置之间的航向差超过 15 度，表明船舶正在改变其航线方向，因此我们认为这是一个转向点，将当前事件判断为转向事件。

由于公海大浪或信号的延迟，接收到的数据可能出现错误，我们称其为噪声数据，isNoisy 属性用于判断当前的事件是否为噪声。如果连续位置之间船舶航向差异大于 60 度，则当前事件被视为噪声事件，因为这在实际情况下不可能发生。如果船舶的速率超过 30knot，我们也将当前事件视为噪声事件，因为这种速率在实际情况下也不可能出现。

AISEvent 类中的 computeDistance()方法用于计算同一条船在两个不同的时间点所在位置的距离；computeSpeed()方法用于计算一条船当前时刻与上一个时刻相比的速率；computeBearing()方法根据当前船舶的数据和其上一个时刻的数据，计算当前时刻船舶的转向角。

实验编写的 Flink 程序，结合上述方法的实现，能够通过流数据的处理对 AISEvent 类中的属性一一赋值。

此外，实验还要求能够基于 Flink CEP 识别船舶长期暂停事件，即如果船舶在一段时间内都处于连续的暂停状态，则认为该船舶处于“长期暂停”状态，需要输出长期暂停事件。

14.2.2 实验设计思路

首先，为了实现 computeDistance()方法，可以使用 Haversine 公式计算两个经、纬度点之间的距离，公式如下：

$$d = 2R\arcsin\sqrt{\sin^2\left(\frac{\text{lat2}-\text{lat1}}{2}\right)+\cos(\text{lat2})\cos(\text{lat1})\sin^2\left(\frac{\text{lon2}-\text{lon1}}{2}\right)} \tag{14-1}$$

式（14-1）中，R 代表地球半径；lat1 和 lat2 代表两个位置的纬度；lon1 和 lon2 代表两个位置的经度。在使用此公式计算前，注意要将角度制的经度和纬度转换为弧度制进行计算。

为了计算速率，我们先计算当前与上一个时刻所在位置的距离，然后计算当前和上一个时刻时间戳的差值，最后用距离除以时间差得到粗略的速率。

我们将输入数据映射成 AISEvent 对象后，会在数据流中设定水位线策略，同时提取数据中的事件时间（时间戳）；然后对数据进行开窗，这里将使用会话窗口。会话窗口所指定的会话间隔与前面提到的通信间隙 Gap 相对应。设定一个非活动时间，一旦数据之间的时间间隔超过了这个值，则认为出现通信间隙，然后将出现通信间隙前的所有数据保存到一个会话窗口内，同时开启下一个窗口，保存通信间隙后的数据，即通过 Gap 将数据流划分为多个会话，然后分别对每个会话中的数据进行处理，对其中的事件进行判断。其中，将每个会话窗口的第一个事件定义为 gapEnd，将每个会话窗口的最后一个事件定义为 gapStart。

判断完所有数据的事件类型后，将数据流中所有的噪声事件过滤掉，最终输出其余的数据。

基于上述的 AISEvent 类计算，识别船舶长期暂停事件。可以通过使用 Apache Flink Datastream API 及相应的 CEP 库来实现。

首先需要定义一个 Pattern 来识别长期暂停事件。其中，第一个传入元素是非暂停事件，为其标记一个标签“Start”。之后一个或多个连续传入的暂停事件被认为是长期暂停事件的候选者，将其标记一个标签“Middle”。如果接下来的最终事件同时被认为是停止和 Gap 启动（GapStart）的候选事件，那么为其分配/标记标签“End”。

例如，假设有 AISEvents 序列 00011112，其中 000 不是 LongTermStop 的候选（非暂停事件），而后续的 1111 是候选的 LongTermStop（暂停事件），2 是候选 LongTermStop 和 GapStart。而我们定义的 Pattern 声称这些暂停事件（1111）被非暂停事件（0000 和 2 作为间隔 Start）包围。所以，00011112 是 LongTermStop 的 Pattern：{"Start":0，"Middle": [1111]，"End":2}。

14.3　实验环境搭建

14.3.1　部署 Flink 集群

（1）首先准备三台虚拟机（虚拟机安装部署详见 12.3 节）。

（2）在 Linux 环境下安装 Flink（安装 Flink 本地模式的具体步骤详见 14.1.2 节，这里先将 Flink 安装在 node01 机器上）。

（3）在 node01 上，进入 Flink 目录，修改 conf/flink-conf.yaml 文件，命令如下。

```
$ cd /export/servers/flink-1.13.0/
$ vim conf/flink-conf.yaml
```

修改参数如下。

```
jobmanager.rpc.address: node01
```

（4）修改 conf/masters 配置文件，将 node01 设为 master，命令如下。

```
$ vim conf/masters
```

master 配置如图 14-15 所示。

```
node01:8081
~
~
```

图 14-15 master 配置

（5）修改 conf/workers 配置文件，将 node02 和 node03 配置为 Worker 节点，命令如下。

```
$ vim conf/workers
```

Worker 配置如图 14-16 所示。

```
node02
node03
~
~
```

图 14-16 Worker 配置

（6）确认所有机器间都已经配置好 SSH 免密登录服务（配置 SSH 免密登录步骤见 12.3.5 节），然后将配置好的 Flink 安装包分发到集群中的另两台机器上，命令如下。

```
$ cd /export/servers
$ scp -r ./flink-1.13.0 root@node02:/export/servers
$ scp -r ./flink-1.13.0 root@node03:/export/servers
```

（7）在 node01 上启动 Flink 的 Standalone 集群（见图 14-17），命令如下。

```
$ bin/start-cluster.sh
```

```
[root@node01 flink-1.13.0]# bin/start-cluster.sh
Starting cluster.
Starting standalonesession daemon on host node01.
Starting taskexecutor daemon on host node02.
Starting taskexecutor daemon on host node03.
```

图 14-17 Flink 的 Standalone 集群启动

（8）使用 jps 命令分别在三台机器上查看 Flink 集群的进程（见图 14-18）。

```
=============== node01 ===============
5488 Jps
5415 StandaloneSessionClusterEntrypoint
=============== node02 ===============
3685 TaskManagerRunner
3749 Jps
=============== node03 ===============
3688 TaskManagerRunner
3752 Jps
```

图 14-18 Flink 集群的进程

（9）进入 Flink 的 Web UI 界面查看是否启动成功（见图 14-19）。

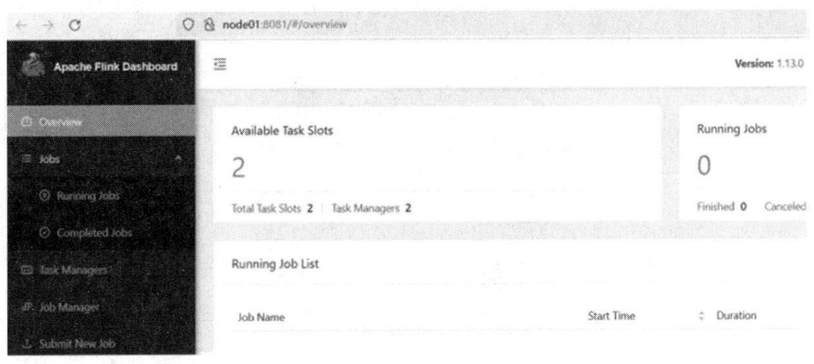

图 14-19　Flink 的 Web UI 界面

14.3.2　创建项目

第一步：新建模块及目录。

在 12.4.1 节创建的 IoTBigDataBook_Code 项目中新建模块“iot_process”，步骤如下。

在 IDEA 中打开之前创建的 IoTBigDataBook_Code 项目，选择“File”菜单中的“Project Structure”选项，弹出“项目结构”对话框，选择对话框左侧的“Modules”选项，此时对话框右侧将展开项目的模块列表。在模块列表左上方单击“+”按钮，在展开的菜单中，单击“New Module”选项，此时弹出“新增模块”对话框，在“Name”文本框中填入模块的名字“iot_process”，即可新建 iot_process 模块。

模块创建好之后，选择项目结构中该模块中的“java”文件夹（IDEA 一般将其文件夹图标自动标记为蓝色），单击右键，在展开的菜单中单击“New”选项，在展开的下一级菜单项中，单击“New Package”选项，在弹出的对话框中填入“com.iot.process”，按回车键。当前的目录结构如图 14-20 所示。

图 14-20　当前的目录结构

第二步：准备物联网大数据。

在项目目录下创建一个 data 文件夹，用于存放数据文件，做法参考 12.4.1 节（此处我们将 data 文件夹建在了模块的根目录下，这点略不同于 12.4.1 节）。项目目录结构如图 14-21 所示。

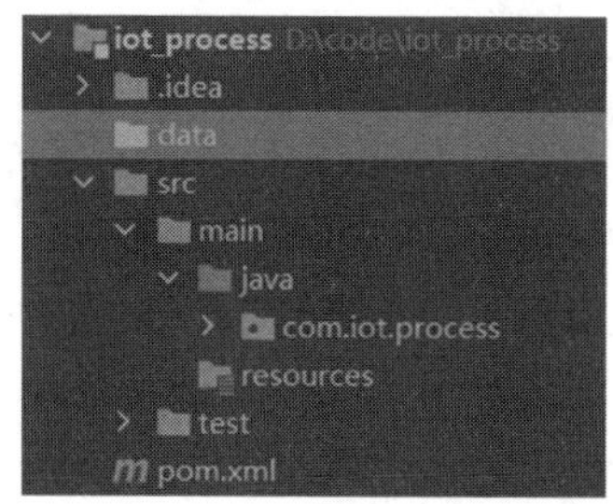

图 14-21　项目目录结构

为了在项目中使用 Flink 客户端程序相关依赖包及使用 Flink 官方提供的连接工具 flink-connector-kafka 等，需要在 pom 文件中添加项目所需的依赖，代码如下。

```
<dependencies>
<!-- flink 与 kafka 的连接器依赖 -->
    <dependency>
        <groupId>org.apache.flink</groupId>
        <artifactId>flink-connector-kafka_2.12</artifactId>
        <version>1.13.0</version>
</dependency>
<!-- flink streaming 依赖 -->
    <dependency>
        <groupId>org.apache.flink</groupId>
        <artifactId>flink-streaming-java_2.12</artifactId>
        <version>1.13.0</version>
        <scope>compile</scope>
</dependency>
<!-- flink 客户端依赖 -->
    <dependency>
        <groupId>org.apache.flink</groupId>
        <artifactId>flink-clients_2.12</artifactId>
        <version>1.13.0</version>
</dependency>
<!-- kafka 客户端依赖 -->
<dependency>
    <groupId>org.apache.kafka</groupId>
    <artifactId>kafka-clients</artifactId>
```

```
        <version>3.0.0</version>
    </dependency>
    </dependencies>

    <!-- 用于打带有 maven 依赖的 jar 包 -->
    <build>
        <plugins>
            <plugin>
                <groupId>org.apache.maven.plugins</groupId>
                <artifactId>maven-assembly-plugin</artifactId>
                <version>3.0.0</version>
                <configuration>
                    <descriptorRefs>
                        <descriptorRef>jar-with-dependencies</descriptorRef>
                    </descriptorRefs>
                </configuration>
                <executions>
                    <execution>
                        <id>make-assembly</id>
                        <phase>package</phase>
                        <goals>
                            <goal>single</goal>
                        </goals>
                    </execution>
                </executions>
            </plugin>
        </plugins>
    </build>
```

14.4 实验步骤

14.4.1 自定义事件类

在准备好的项目中，创建一个 pojo 包，用于存放自定义的 Java 类，在其中定义事件类 AISEvent（见图 14-22），AISEvent 类的结构见 14.2.1 节。

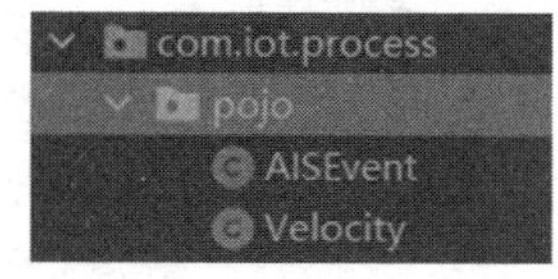

图 14-22　创建事件类 AISEvent

在 AISEvent 类中，所有变量和方法的权限都要定义成 public。这样 Flink 会把这样的类作为一种特殊的 POJO 数据类型来对待，方便数据的解析和序列化。

在 AISEvent 类中有一个属性 velocity，它代表船舶当前时刻的一个速度矢量，其类型需要我们自定义。因此，还需要在 pojo 包中定义一个 Velocity 类，其中有两个成员变量，即 speed 和 angle，分别代表船舶当前的速率和角度。自定义 Velocity 类的代码如下。

```
public class Velocity {
    public double speed;//速率
    public double angle;//角度

    @Override
    public String toString() {
        return "(" + "speed: " + speed + ", angle: " + angle + ")";
    }
}
```

14.4.2　自定义输入映射算子

自定义输入映射算子，负责将输入的船舶物联网大数据记录（前面介绍的船舶时间戳、船号、纬度、经度记录）映射为 AISEvent。

创建一个 operator 包，用于存放自定义的算子，然后在其中定义一个 InputParseOperator 类（见图 14-23），实现 MapFunction 接口，将输入的字符串转换成 AISEvent 对象，因此接口的泛型设为<String,AISEvent>。

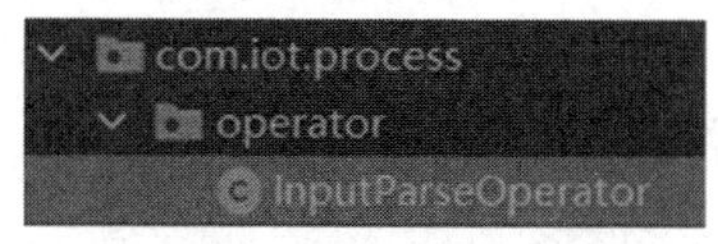

图 14-23　创建输入映射算子

为实现 MapFunction 接口，需要重写 map()方法。在 map()方法中，先将每条输入的字符串按照逗号进行分割，然后将分割的每个部分转换成 AISEvent 对象中对应的数据类型，最后封装进 AISEvent 对象。因为输入数据中的时间戳是浮点类型，因此需要先将其转换为长整型（long 型）。同时，这里的时间戳是 10 位数字，省略了最后的 3 个 0，所以需要将时间戳转为 13 位数字，只需将转换后的长整型变量乘 1000 即可，代码示例如下。

```
public class InputParseOperator implements MapFunction<String, AISEvent> {
@Override
public AISEvent map(String value) throws Exception {
//按照逗号分隔字符串
        String[] fields = value.split(",");
        AISEvent aisEvent = new AISEvent();
        //将时间戳由 double 类型转为 long 型
        long timestamp = (long) Double.parseDouble(fields[0]);
        //将时间戳转为 13 位数字
        aisEvent.timestamp = timestamp * 1000;
        aisEvent.mmsi = fields[1];//船号
        aisEvent.latitude = Double.parseDouble(fields[2]);//纬度
        aisEvent.longitude = Double.parseDouble(fields[3]);//经度
        return aisEvent;
    }
}
```

14.4.3 自定义去重过滤算子

因为输入数据中可能存在许多重复的行，所以需要定义一个过滤算子，将重复的行过滤掉。在 operator 包中定义一个 DistinctOperator 类（见图 14-24）。为了进行重复数据的判断，需要在运行时获取历史数据以进行判断，也就是说需要访问运行时上下文的状态。可以通过让 DistinctOperator 类继承过滤函数类的富函数版本 RichFilterFunction 类来实现对状态的获取。为了简化程序，将过滤操作放在输入映射操作之前进行，因此泛型设为<String>。

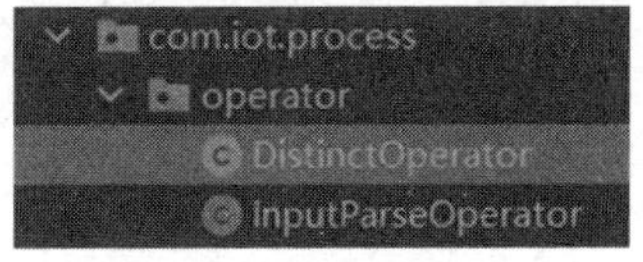

图 14-24　创建去重算子

因为继承了抽象类 RichFilterFunction，需要重写 filter()方法，从中定义去重的逻辑。我们从所有数据的第二行开始判断，先获取上一行数据的状态，从中获取上一行的数据。如果当前行和上一行相同，则将当前行过滤，同时不更新当前状态，判断下一行是否仍与状态中的数据相同，直到当前行数据与状态中的数据不同时，再更新状态为当前行的数据。示例程序如下。

```
public class DistinctOperator extends RichFilterFunction<String> {
    //定义状态，用于获取上一行的数据
    private ValueState<String> preLineState;

    @Override
    public void open(Configuration parameters) throws Exception {
        //从运行时上下文中获取状态
        preLineState = getRuntimeContext().getState(
                new ValueStateDescriptor<String>("pre-line", String.class)
        );
    }

    @Override
    public boolean filter(String value) throws Exception {
        //从状态中获取先前的事件
        String preLine = preLineState.value();
        if (preLine != null) {
            //过滤重复的事件
            if (value.equals(preLine)) {
                return false;
            } else {
                //当当前行数据与上一行不同时，更新状态
                preLineState.update(value);
            }
        } else {
            //第一行数据
            preLineState.update(value);
        }
        return true;
    }
}
```

14.4.4　自定义窗口处理算子

将输入数据转换为 AISEvent 类对象后，需要对数据进行开窗处理，因此需要定义窗口处理算子。在 operator 包中定义一个 SimpleGapOperator 类（见图 14-25），继承抽象类 ProcessWindowFunction。

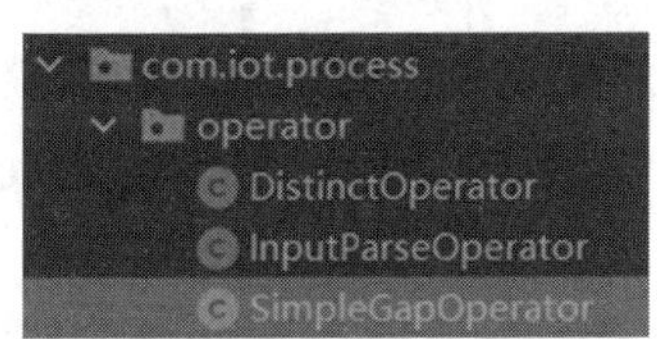

图 14-25　创建窗口处理算子

还必须在 SimpleGapOperator 类中实现 process()方法，在其中定义窗口处理的逻辑。窗口处理逻辑如下。

首先判断当前窗口中的 gapStart 和 gapEnd，process()方法中有一个 Iterable 类型的参数，它是存储了当前窗口内所有数据的集合。将此集合的第一个元素判断为 gapEnd，将集合中的最后一个元素设为 gapStart。

然后开始遍历集合，根据 14.2.2 节中提到的方法，依次判断当前窗口中的每一个元素的事件类型。我们从第二个元素开始判断，先获取当前元素的上一个状态，从中获取上一个元素的速率和角度，然后分别与当前元素计算速率差和角度差（单位分别为 km/h 和度）。如果速率差的绝对值大于 0.25knot（1knot=1.852km/h），则将当前元素判断为变速事件；如果当前速率小于 1knot，则将当前元素判断为暂停事件；如果角度差的绝对值大于 15 度，则将当前元素判断为转向事件；如果当前速率大于 30knot 或角度差的绝对值大于 60 度，则将当前元素判断为噪声事件。

判断完当前元素后，将状态更新为当前元素值，并输出当前元素。待窗口中的所有元素都判断完后，将状态清空。

14.4.5　配置运行环境及并行度

对于要执行的 Flink CEP 任务，都要事先获取一个执行环境，并调用 StreamExecutionEnvironment 中的 execute()方法来触发程序的执行。根据执行环境的类型不同，程序可能在本地触发执行或者将程序分发到集群中去执行。execute()方法返回 JobExecutionResult，JobExecutionResult 包含了执行次数及累加器的结果。

14.4.6 编写 Flink 流数据处理程序

将事件类和所有数据处理所需要的算子定义好之后，就可以开始编写 Flink 处理流数据的程序。定义一个主程序类 AISEventProcess（见图 14-26），并在其中定义 main 方法处理流数据的逻辑。

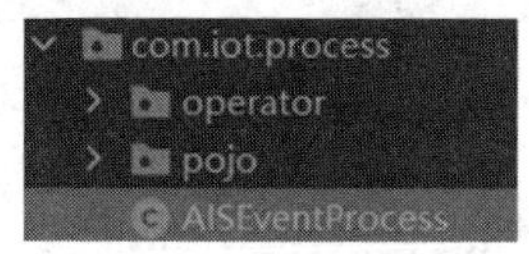

图 14-26　创建主程序类

首先通过 Flink 消费者从 Kafka 的 Topic 中读取数据，然后对数据进行去重过滤，再将过滤后的每条字符串转换成 AISEvent 对象。之后对数据流设置水位线策略并提取事件时间。前面介绍过，网络延迟等导致乱序的产生，且 Kafka 数据源多个分区的数据无法保证有序，但在进行窗口计算时，我们又不能无限期等下去，必须要有机制来设定在一个特定的时间后触发窗口计算。这就是前面介绍过的水位线策略，它可以用于处理乱序事件。窗口计算的执行是由水位线触发的。对于本实验中的 Kafka 数据源，由于时间戳在每个 Kafka 分区内递增，因此可以使用前面介绍的 Flink 内置的水位线策略——单调递增时间戳分配器。

完成这些操作后，开始正式对流数据进行处理。首先，根据船号对数据进行逻辑分区，将每条船区分开，同时对多条船进行处理；其次，对数据进行开窗处理，窗口处理逻辑使用 SimpleGapOperator 算子；最后，将所有数据处理后，先把其中的噪声数据过滤掉，然后将剩余的数据输出。示例代码如下。

```
public class AISEventProcess {
    public static void main(String[] args) throws Exception {
        //创建执行环境
        StreamExecutionEnvironment env = StreamExecutionEnvironment
.getExecutionEnvironment();
        env.setParallelism(1);

        //准备 Kafka 消费者配置信息
```

```
        Properties properties = new Properties();
        properties.setProperty("bootstrap.servers",
    "node01:9092,node02:9092,node03:9092");
        properties.put("group.id", "flink_process");

        //从 Kafka 中的 first Topic 中读取数据
        DataStream<AISEvent> kafkaStream = env.addSource(
                new FlinkKafkaConsumer<String>("first", new SimpleStringSchema(), properties)
        ).keyBy(data -> true).filter(new DistinctOperator()) //过滤重复的数据
         .map(new InputParseOperator()); //将字符串映射成 AISEvent 对象

        //设定水位线策略和提取事件时间
        DataStream<AISEvent> stream = kafkaStream.assignTimestampsAndWatermarks(
                WatermarkStrategy.<AISEvent>forMonotonousTimestamps()
                        .withTimestampAssigner(
                                new SerializableTimestampAssigner<AISEvent>() {
                                    @Override
                                    public long extractTimestamp(AISEvent element,
                                                                 long recordTimestamp) {
                                        return element.timestamp;
                                    }
                                }));

        stream.keyBy(data -> data.mmsi) //根据船号进行分区
                .window(EventTimeSessionWindows.withGap(Time.minutes(135))) //开窗
                .process(new SimpleGapOperator()) //窗口处理
                .filter(data -> !data.isNoisy) //过滤噪声数据
                .print();//打印输出数据

        //执行程序
        env.execute();
    }
}
```

14.4.7　基于 Flink CEP 编写复合事件处理程序

为了判断船舶的长期暂停事件，需要从上述的 Flink 流数据输出的 AISEvent 事件中，通过 14.2.2 节中介绍的规则进行相应复合事件处理，得出我们想要的输出结果。

首先，要判断长期暂停事件，必须定义一个或多个自定义模式，然后将其应用于数据流，以便提取匹配这些模式的 AISEvent 的子序列。

14.2.2 节已介绍了识别长期暂停事件的模式定义。针对流数据中的每条记录，根据 AISEvent 中的 isPause 属性，可以判断当前事件是否为暂停事件。该模式的第一个事件应该为非暂停事件，标记为“Start”。之后一个或多个连续传入的 AISEvent 应该为暂停事件，标记为“Middle”。如果接下来的事件是暂停事件，且是当前会话窗口中的最后一个事件，则将此事件标记为 gapStart。

对应 CEP 模块的代码如下。

```
public class CEProcess {

    public static void main(String[] args) throws Exception {
        //创建执行环境
        StreamExecutionEnvironment env = StreamExecutionEnvironment.getExecutionEnvironment();
        //设置并行度为 1
        env.setParallelism(1);

        //准备 Kafka 消费者配置信息
        Properties properties = new Properties();
        properties.setProperty("bootstrap.servers", "node01:9092,node02:9092,node03:9092");
        properties.put("group.id", "flink_process");

        //读取 Kafka Topic 中的数据，然后过滤其中重复的数据
        DataStream<String> kafkaStream = env.addSource(
                new FlinkKafkaConsumer<String>("first, new SimpleStringSchema(), properties)
        ).keyBy(data -> true).filter(new DistinctOperator());


        //将字符串映射成 AISEvent 对象，然后分配笛卡儿坐标
        DataStream<AISEvent> mapedStream = filteredStream.map(new InputParseOperator());

        //设定水位线策略和提取事件时间
        DataStream<AISEvent> stream = mapedStream.assignTimestampsAndWatermarks(
                WatermarkStrategy.<AISEvent>forMonotonousTimestamps()
                        .withTimestampAssigner(new
SerializableTimestampAssigner <AISEvent>() {
                            @Override
```

```
                        public long extractTimestamp(AISEvent element, long
recordTimestamp) {
                            return element.timestamp;
                        }
                    })
        );

            SingleOutputStreamOperator<AISEvent> filterStream = stream.keyBy(data ->
data.mmsi) //根据船号进行分区
                .window(EventTimeSessionWindows.withGap(Time.minutes(2))) //开窗
                //（会话窗口）
                .process(new SimpleGapOperator()) //窗口处理
                .filter(data -> !data.isNoisy);// 去除噪声数据
    // ---CEP---
        Pattern<AISEvent,AISEvent> patternTermStop =
Pattern.<AISEvent>begin("start"). where(new SimpleCondition<AISEvent>() {
            @Override
            public boolean filter(AISEvent aisEvent) throws Exception {

                return aisEvent.isGapEnd == true;
            }
        }).oneOrMore().next("second").where(new SimpleCondition<AISEvent>() {
            @Override
            public boolean filter(AISEvent aisEvent) throws Exception {
                return aisEvent.isPause == true;
            }
        }).next("third").where(new SimpleCondition<AISEvent>() {
            @Override
            public boolean filter(AISEvent aisEvent) throws Exception {
                return aisEvent.isGapStart = true;
            }
        }).within(Time.seconds(20));


         //时间窗口的设定
        PatternStream<AISEvent> patternStream1 = CEP.pattern(stream,patternTermStop);
        PatternStream<AISEvent> patternStream2 =
CEP.pattern(filterStream,patternTerm Stop);
        SingleOutputStreamOperator<String> output = patternStream2.select(
```

```
                new PatternSelectFunction<AISEvent, String>() {
                    @Override
                    public String select(Map<String, List<AISEvent>> map) throws Exception {
                        return "LongTermStop Event";
                    }
                }
        );
        output.print();
        //执行程序
        env.execute();
    }
}
```

14.4.8 编写 Kafka 生产者客户端程序

为了模拟 Flink 从 Kafka 中读取数据，需要编写一个 Kafka 生产者客户端程序。将 csv 文件中的数据发送到 Kafka 的 Topic 中，然后 Flink 就可以从 Kafka 中读取数据了。创建一个 producer 包，然后在包中创建一个 AISProducer 类（见图 14-27）。

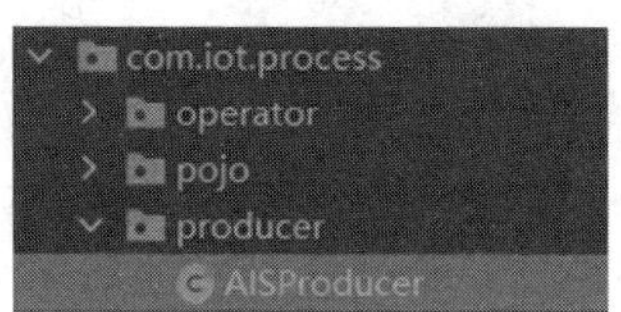

图 14-27　创建 Kafka 生产者 AISProducer 类

示例代码如下。

```
public class AISProducer {
    public static void main(String[] args) throws IOException {
        //创建 Properties 集合，用于保存 Kafka 配置信息
        Properties props = new Properties();
        //Kafka 本机地址及端口号
        props.put("bootstrap.servers", "node01:9092,node02:9092,node03:9092");
        //指定对应的 Key 和 Value 的序列化类型
        props.put("key.serializer", "org.apache.kafka.common.serialization.StringSerializer");
        props.put("value.serializer", "org.apache.kafka.common.serialization.StringSerializer");
```

```
        //创建 Kafka 生产者对象
        KafkaProducer<String, String> kafkaProducer = new KafkaProducer<>(props);

        //获取输入字符流
        BufferedReader br = new BufferedReader(new FileReader("data/source.csv"));

        //从 csv 文件中按行读取数据
        String line;
        while ((line = br.readLine()) != null) {
            //将数据传入 Kafka 的 first Topic 中
            kafkaProducer.send(new ProducerRecord<String, String>("first", line));
        }

        //关闭资源
        kafkaProducer.close();
        br.close();
    }
}
```

14.4.9 打包到集群中运行程序

编写完上述程序后，要将项目打成 jar 包，然后提交到 Flink 集群中运行。首先通过 IDEA 的 Maven 工具为当前项目打包：单击 IDEA 最右侧的竖长条菜单中的“Maven”按钮，展开 Maven 界面，然后选择 iot_process 项目中的生命周期“Lifecycle”，再依次在“clean”按钮和“package”按钮上双击左键，即依次执行 Maven 的“clean”和“package”命令（见图 14-28），以便先清理项目之前编译打包生成的历史中间文件，再进行打包。

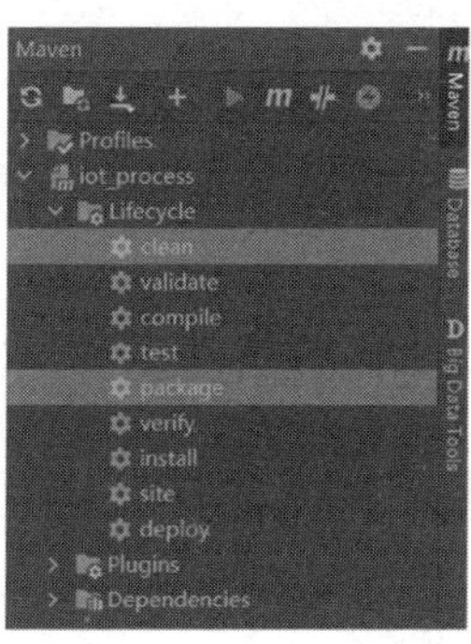

图 14-28　Maven 打包

运行完 Maven 命令后，项目中会多一个 target 目录，从中可以获取打包结果——jar 文件。如果打包成功，则我们能得到两个 jar 包：一个是由我们编写的代码打包成的 jar 包；另一个 jar 包中，除了我们自己编写的代码，还有 Maven 中添加的依赖（见图 14-29）。注意：要将带有 Maven 依赖的 jar 包放入 Flink 集群中运行。

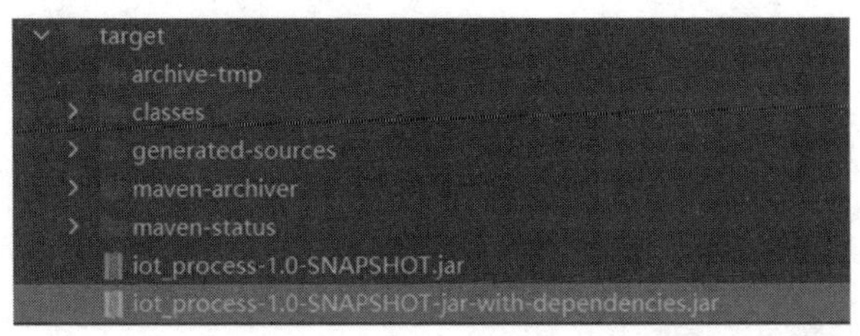

图 14-29　target 目录结构

首先启动 Kafka 集群，然后启动 Flink 集群。打开 Flink 的 Web UI 界面，选中“Submit New Job”一栏，单击“Add New”按钮添加 jar 包，然后点开添加的项目，输入要运行的主程序（这里是 com.iot.process.AISEventProcess）的全类名，并设置运行时的并行度（见图 14-30），最后直接单击“Submit”按钮提交即可。对于长期暂停事件的检测程序，则在如图 14-30 所示的对话框内输入“com.iot.process.cep.CEProcessKa”并设置相应的并行度（图中为 3）。

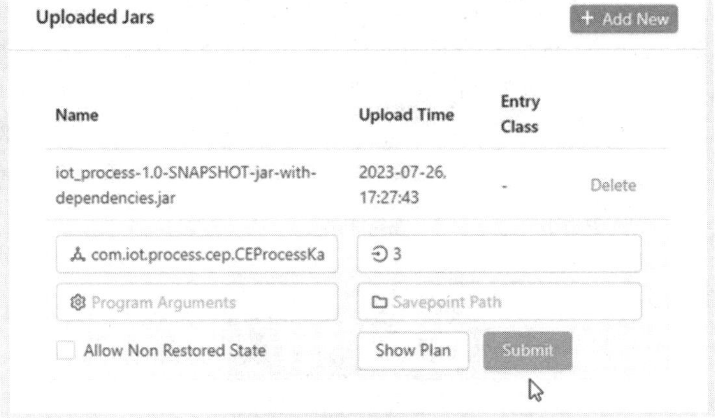

图 14-30　Flink 作业设置

然后在 IDEA 中运行 Kafka 生产者程序 AISProducer，将文件 source.csv 中的数据发送到 Kafka 中。这时，Flink 集群就会将 Kafka 中的数据读入并处理，处理结果可以在 Web UI 中查看。选择左边栏中的“Task Managers”选项，然后选中其中一个 Task Manager（见图 14-31）。

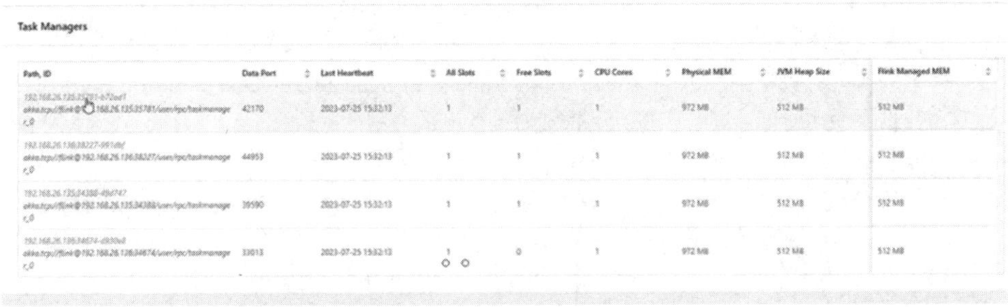

图 14-31　选择 Task Manager

在弹出的页面中，选中“Stdout”一项，就可以看到 Flink 程序运行结果的打印输出（见图 14-32）。

图 14-32　数据处理结果

值得指出的是，将输出数据直接输出到控制台（Stdout），在查看执行结果时，无法知道其是哪一个节点上的 Task Manager 任务的输出结果，这给我们查看结果带来了不便。实际场景中，流处理任务是针对无穷数据的处理，其结果也往往是持续不断地输出的。因此，更为常见的结果输出方式是输出到多个文件、输出到数据库、输出到 Kafka Topic 等。以输出到多个文件为例，Flink 提供了 StreamingFileSink 类，支持将执行结果输出到本地文件或集群 HDFS 文件。具体使用方法如下。

```
output.addSink(StreamingFileSink.forRowFormat(new Path(filePath),
                new SimpleStringEncoder<String>("UTF-8"))
```

```
                    .withRollingPolicy(
                            DefaultRollingPolicy.builder()
                            //文件滚动间隔，即每隔多久（指定时间）生成一个新文件
                             .withRolloverInterval(TimeUnit.SECONDS.toMillis(1))
//数据不活动时间，即每隔多久（指定时间）未活动数据，则将上一段时间（无数据时间
//段）也生成一个文件
                              .withInactivityInterval(TimeUnit.MINUTES.toMillis(1))
                             //文件最大容量
                            .withMaxPartSize(1024 * 1024 * 1024)
                           .build())
                    .build();
```

上述代码中的 filePath 可以是本地文件路径，也可以是 HDFS 文件路径。上述代码会每隔一个设置的间隔时间将数据写入（Sink）到新的文件中。在本书对应的 GitHub 上的示例程序中，我们分别提供了输出到控制台、输出到本地文件及输出到 Kafka Topic 的代码。

总结与展望

感谢读者读到最后！

编写本书最初的动机来自笔者所在的北方工业大学团队（大规模流数据集成与分析技术北京市重点实验室）在大规模流数据集成与分析方向上与本书作者之一王强先生带领的中科启信公司在智能交通、教育、工矿企业等行业的合作及实践。

近年来，随着移动计算、物联网、普适计算等的不断发展，传感和移动设备产生的数据剧增。相较于传统互联网数据，这些数据具有实时到达、持续不间断，且到达速度快等特征，在本书中被归类为“物联网大数据”，在学术界也常被归类为“流数据”。

云是大数据处理的基础支撑，而服务则是落实云中各类资源及能力交付的主要方式。笔者所在的北方工业大学团队多年来在分布式计算、服务计算、云计算等领域开展研究与实践，近年来则致力于用大数据、智能服务等手段有效应对大规模流数据的集成、实时处理和智能分析。王强先生则从在中国科学院软件所开展实时数据库研究到带领中科启信公司促进实时数据库在工矿企业应用的过程中，积累了丰富的研发成果与应用实践经验。笔者所在的北方工业大学团队与王强先生的合作及实践让双方都看到了更多的可能性。过去限于存储条件，源源不断产生的传感器数据很多不仅被丢弃，也没有被充分利用，物联网与云计算、大数据技术的结合，使得存储、管理和分析大规模的感知数据成为可能。过去无法存储的数据，可以根据需要进行存储，并不断扩展存储容量；过去利用普通的单个服务器在短时间内完成的计算任务，如今也可以由普通开发人员完成。但是，在智能交通、工矿企业等行业的应用实践也让我们认识到，如今大多适用于互联网的大数据处理方式无法满足物联网大数据实时查询和计算的处理需求，对这类数据，从采集、存储管理、计算处理到分析，都需要寻求更合适的途径。正是在这样的背景下，我们深感有必要梳理、探究物联网大数据的概念、特征、技术体系、相关关键技术，并将我们的认识、思考、相关的研发产品，以及行业应用实践与同行进行交流。这就是这本书的写作动机。

本书在编写过程中，将第 3 章提出的“物联网大数据技术体系”贯穿本书核心章节，以便读者将各章内容互相联系起来、更好地理解。在编写本书的过程中，我们先对大数据技术进行归纳，在此基础上探讨物联网大数据的特色。本书在第 1 版出版后，收到了出版社和很多读者宝贵的反馈意见。借第 2 版的写作契机，我们对第 1 版内容进行了更新和修订，增加了三章内容，弥补了本书在编程实践方面的不足。

由于作者水平有限，本书还有很多不足，涉及的有些问题仍然还在研究中，还待在实践中进一步丰富完善。若本书对物联网、大数据、服务计算等 IT 相关领域的教师、学生、从业者有启发和参考价值，将是作者最大的喜悦。若读者有什么建议和意见，请致信作者邮箱 wangguiing@ncut.edu.cn，我们不胜感激！

此外，本书还有一些未来得及讨论但在应用实践中不可或缺的内容，如物联网大数据智能分析更深入的一些知识和实践、物联网大数据的隐私与安全保障等方面的相关技术。但限于作者水平和时间，这些内容有的只能待在以后的版本中呈现给读者，有的则只能有待读者自行寻找相关资料。

现在，各种传感器和移动设备已遍布我们周围，随手可得、随处可见，人与各种计算设备的关系将越来越紧密。如今，在物联网、大数据、大模型等相关技术的支撑下，计算设备可以感知周围环境的变化，并且可以根据环境的变化、历史数据及行为的关联，自动做出一些用户预设的或能够满足用户需求的行为。那么，未来物联网的图景是什么样的呢？各种传感器及计算设备与人类是什么关系呢？

20 世纪 60 年代，互联网发展愿景的提出者、DARPA 计算机研究计划的首位负责人 J.C.R Licklider 曾经提出“Man-Computer Symbiosis”（人机共生）的问题，指出人和计算设备的关系应该耦合得更加紧密，计算设备不是简单地为人提供处理数据和计算任务的能力，而是参与人的实时决策过程。近年来，随着人工智能技术的突飞猛进，人们已经无须怀疑计算设备或系统能否参与人类社会生产生活的方方面面。与此同时，人们开始更加注重建设更加可靠、可信、以人为本的计算设备或系统。无论是非计算机专业的学者，还是负责任的计算机科学家，都有此共识。对于未来，如知名的历史学家赫拉利所说，“我们无法真正预测未来，因为科技并不会带来确定的结果。同样的科技，也可能创造出非常不一样的社会”。在万物互联的智能时代，愿人们“擅用技术”并“善用技术”，愿人类生活得越来越美好。

王桂玲于桥东小舍
2017 年 1 月 8 日撰写
2023 年 10 月 23 日修订